全国二级建造师执业资格考试优选教材

建设工程施工管理

二级建造师考试研究中心　主编

中国建材工业出版社

图书在版编目(CIP)数据

建设工程施工管理/二级建造师考试研究中心主编．--北京：中国建材工业出版社，2023.2

全国二级建造师执业资格考试优选教材

ISBN 978-7-5160-3634-1

Ⅰ.①建… Ⅱ.①本… Ⅲ.①建筑工程—施工管理—资格考试—自学参考资料 Ⅳ.①TU71

中国版本图书馆 CIP 数据核字(2022)第 239017 号

建设工程施工管理
Jianshe Gongcheng Shigong Guanli
二级建造师考试研究中心　主编

出版发行：中国建材工业出版社
地　　址：北京市海淀区三里河路 11 号
邮　　编：100831
经　　销：全国各地新华书店
印　　刷：北京印刷集团有限责任公司
开　　本：787mm×1092mm　1/16
印　　张：19
字　　数：460 千字
版　　次：2023 年 2 月第 1 版
印　　次：2023 年 2 月第 1 次
定　　价：70.00 元

本社网址：www.jccbs.com，微信公众号：zgjcgycbs
请选用正版图书，采购、销售盗版图书属违法行为
版权专有，盗版必究。本社法律顾问：北京天驰君泰律师事务所，张杰律师
举报信箱：zhangjie@tiantailaw.com　举报电话：(010)57811389
本书如有印装质量问题，由我社市场营销部负责调换，联系电话：(010)57811387

本书编委会

江昔平　陈之阳　李向国　刘平玉　刘晓东
戚振强　王建波　许名标　陈国鑫　陈　维
黄东宇　李敬伟　刘林佳

前　　言

注册建造师是以专业技术为依托,以工程项目管理为主业的注册执业人员。自2002年人事部、建设部联合印发《建造师执业资格制度暂行规定》以来,持有建造师执业资格证书便成为从事建设项目工程总承包和施工项目负责人的最低要求。

在我国,建造师作为从事建设项目工程总承包和施工管理关键岗位的专业技术人员,在建设工程领域起到至关重要的作用。二级建造师证书作为入门级的建筑类执业资格证书,逐渐成为工程师职业生涯中必不可少的证书,从而受到广大从业人员的强烈追捧。

二级建造师执业资格考试由三个科目组成:建设工程法规及相关知识、建设工程施工管理、专业工程管理与实务。具体考试情况如下表所示。

(单位:分)

考试科目	考试时长	题型题量	满分
建设工程法规及相关知识	2小时	单选(60×1)+多选(20×2)	100
建设工程施工管理	3小时	单选(70×1)+多选(25×2)	120
专业工程管理与实务	3小时	单选(20×1)+多选(10×2)+案例(4×20)	120

注:本系列图书专业工程管理与实务,包括建筑工程管理与实务、市政公用工程管理与实务、公路工程管理与实务等。

为了帮助考生更快通过考试,优路教育整合自身优势资源,在精研考纲和真题的基础上,结合优路教育多年积淀的培训经验,以及高等院校专业教材和标准规范,编写了《全国二级建造师执业资格考试优选教材》。本系列图书具有以下特点。

1. 真题为基,编排科学

真题是最优质的参考资料。在编写中,本系列图书以考纲为本,在精研历年真题的基础上,按照"单题为点、多点为面、多面成体"的原则,巧妙利用高等院校专业教材和标准规范,组织编排内容。这样做的好处是提炼考点精准,摒弃大量无用知识,同时依据考频、考向等,对内容进行优化,做到重难点突出、内容适用。

2. 结合培训,方法实用

能解答问题的方法才是好方法。在编写中,优路教育利用自身优质培训资源,对内容进行教研、优化,对考试内容进行凝练和图表化,专设"考情分析""复习提示"等栏目,使内容易于理解掌握,同时针对实务类与实践相结合的特点,增加了大量的实物图。总之,通过一系列措施,使考生变学习记忆性考试为技能性考试,减轻其学习负担,提高学习效率。

3. 学练结合,循环提升

做题是检验学习效果的必要手段。本系列图书有针对性地穿插了真题,在课后专设"强化练习",并附详尽解析,方便考生在学中练、在练中测,以测促学,循环学练,提高做题的正确率,提升应试信心。

编　者

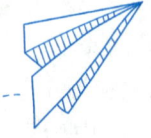

人们常说"未来可期",

那什么是可期的未来?

我想,

大概就是——

不断努力,努力,再努力!

让热爱从不降温!

让生活慢慢变成我们喜欢的样子吧!

目录

应试指导 ………………………………………………… 001

第1章 施工管理 …………………………………… 005

专题1 施工方的项目管理／006

专题2 施工管理的组织／009

专题3 施工组织设计的内容和编制程序／019

专题4 建设工程项目目标的动态控制／022

专题5 施工项目经理的任务和责任／025

专题6 施工风险管理／029

专题7 建设工程监理的工作任务和工作方法／032

强化练习／036

参考答案及解析／048

第2章 施工成本管理 …………………………… 056

专题1 建筑安装工程费用项目的组成与计算／057

专题2 建设工程定额／062

专题3 工程量清单计价／069

专题4 计量与支付／074

专题5 施工成本管理的任务和措施／089

专题6 施工成本计划和成本控制／092

专题7 施工成本核算、成本分析和成本考核／100

强化练习／105

参考答案及解析／115

第3章 施工进度管理 …………………………… 122

专题1 建设工程项目进度控制的目标和任务／122

专题2 施工进度计划的类型及其作用／126

专题3 施工进度计划的编制方法／129

专题4 施工进度控制的任务和措施／144

强化练习／147

参考答案及解析／154

第4章 施工质量管理 …………………………… 159

专题1 施工质量管理与施工质量控制／159

专题 2　施工质量管理体系 / 163

专题 3　施工质量控制的内容和方法 / 168

专题 4　施工质量事故预防与处理 / 176

专题 5　建设行政管理部门对施工质量的监督
管理 / 183

强化练习 / 186

参考答案及解析 / 192

第 5 章　施工职业健康安全与环境管理 ……… 197

专题 1　职业健康安全管理体系与环境管理
体系 / 197

专题 2　施工安全生产管理 / 203

专题 3　生产安全事故应急预案和事故处理 / 211

专题 4　施工现场文明施工和环境保护的
要求 / 216

强化练习 / 221

参考答案及解析 / 230

第 6 章　施工合同管理 …………………… 236

专题 1　施工发承包模式 / 236

专题 2　施工合同与物资采购合同 / 246

专题 3　施工合同计价方式 / 257

专题 4　施工合同执行过程的管理 / 264

专题 5　施工合同的索赔 / 267

专题 6　建设工程施工合同风险管理、工程保险
和工程担保 / 271

强化练习 / 274

参考答案及解析 / 281

第 7 章　施工信息管理 …………………… 287

专题 1　施工信息管理系统 / 287

专题 2　施工文件归档管理 / 289

强化练习 / 292

参考答案及解析 / 294

应试指导

📑 内容分析

《建设工程施工管理》作为二级建造师考试的公共科目,围绕施工方的项目管理,着眼于建设工程项目管理的主要任务"三控三管一协调"展开,注重考核与工程项目管理工作中密切相关的施工管理知识。

扫码领取本章视频课程

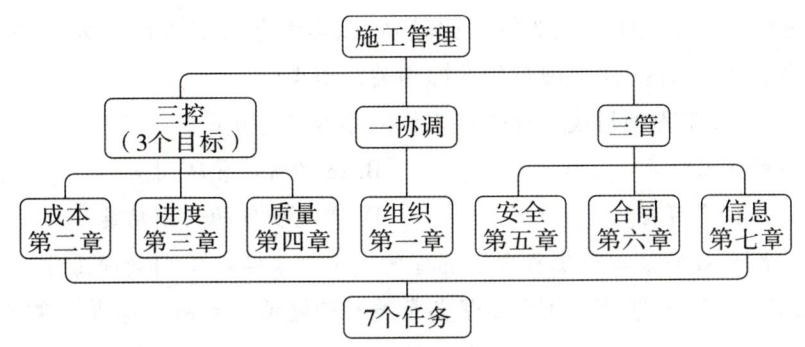

近4年考试真题分值统计表 （单位：分）

序号	章名	2022 单选	2022 多选	2021(2) 单选	2021(2) 多选	2021(1) 单选	2021(1) 多选	2020 单选	2020 多选	2019 单选	2019 多选
1	施工管理	11	8	10	8	10	8	12	8	10	6
2	施工成本管理	13	8	16	8	17	8	14	8	14	10
3	施工进度管理	10	8	9	8	8	8	9	8	9	8
4	施工质量管理	12	8	13	8	13	8	12	8	12	8
5	施工职业健康安全与环境管理	10	8	8	6	8	6	9	6	9	6
6	施工合同管理	12	10	12	12	12	12	13	10	15	10
7	施工信息管理	2	—	2	—	2	—	1	2	1	2
	合计	70	50	70	50	70	50	70	50	70	50

⚙ 题型分析

题型题量分值统计表 （单位：分）

考试科目	考试时间	题型题量	总分值	合格线
建设工程施工管理	3小时 (9:00—12:00)	单选题(70×1=70) 多选题(25×2=50)	120	72
建设工程法规及相关知识	2小时 (14:00—16:00)	单选题(60×1=60) 多选题(20×2=40)	100	60

002 《 建设工程施工管理

(续表)

考试科目	考试时间	题型题量	总分值	合格线
专业工程管理与实务	3小时 (9:00—12:00)	单选题(20×1=20) 多选题(10×2=20) 案例题(4×20=80)	120	72

从上表可以看出,"建设工程施工管理"科目考试的题型为单选题和多选题。其中,单选题为4选1,选对得分;多选题有5个选项,有2~4个符合题意,多选或错选不得分,少选则所选对的每一项得0.5分。

1. 填空型

填空型考题在历年考试中考查的频率比较高,该类考题看似以记忆为主,实则重在理解,要想在考试中答对此类考题,需要理解和掌握相关知识点。

[2022 单选] 建设工程项目决策期管理工作的主要任务是( )。

A. 确定项目的定义 B. 组建项目管理团队
C. 实现项目的投资目标 D. 实现项目的使用功能

答案: A。本题考查的是建设工程项目管理的类型。项目决策期管理工作的主要任务是确定项目的定义,而项目实施期管理的主要任务是通过管理使项目的目标得以实现。

2. 理解型

理解型考题主要是对易混淆知识点的考查,这就要求考生理解和掌握每组易混淆知识点的特点,从根本上加以区分。

[2021 单选] 下列建设工程项目管理的类型中,属于施工方项目管理的是( )。

A. 投资方的项目管理 B. 开发方的项目管理
C. 分包方的项目管理 D. 供货方的项目管理

答案: C。本题考查的是建设工程项目管理的类型。投资方、开发方和由咨询公司提供的代表业主方利益的项目管理服务都属于业主方的项目管理。施工总承包方和分包方的项目管理都属于施工方的项目管理。

3. 排序型

排序型考题考查各项工作步骤的逻辑关系。这类考题重在理解,在理解的基础上记忆。近几年考查频率比较高的排序题有"动态控制的程序""风险管理的程序""进度总目标论证的程序""事故处理的程序"等。

[2021 单选] 根据施工组织总设计的编制程序,编制施工总进度计划前应完成的工作是( )。

A. 施工总平面图设计 B. 编制资源需求量计划
C. 编制施工准备工作计划 D. 拟订施工方案

答案: D。本题考查的是施工组织总设计的编制程序。
施工组织总设计的编制通常采用如下程序:①收集和熟悉编制施工组织总设计所需的有

关资料和图纸,进行项目特点和施工条件的调查研究;②计算主要工种工程的工程量;③确定施工的总体部署;④拟订施工方案;⑤编制施工总进度计划;⑥编制资源需求量计划;⑦编制施工准备工作计划;⑧施工总平面图设计;⑨计算主要技术经济指标。

4. 计算型

计算型考题,在试卷上不反映解题的过程。这种题型需要一定的数学基础,还需要结合考点公式计算出来,这就要求对知识点公式熟记、熟背和熟用。

[2020 单选]网络计划中,某项工作的最早开始时间是第 4 天,持续 2 天,两项紧后工作的最迟开始时间是第 9 天和第 11 天。该项工作的最迟开始时间是第( )天。

A.7 B.6 C.8 D.9

答案:A。本题考查的是网络计划时间参数的计算。紧前工作的最迟完成时间 = 紧后工作的最迟开始时间的最小值 = $\min\{9,11\}$ = 9(天),本工作最迟开始时间 = 本工作最迟完成时间 - 本工作持续时间 = 9 - 2 = 7(天)。

5. 时间型

时间型考题对于时间的考查,一般出现在价款支付的程序中,如预付款、进度款支付程序、安全文明施工费支付程序、索赔程序、最终支付程序等,这些程序中涉及的时间是重要的考查对象。

[2022 单选]根据《特种作业人员安全技术培训考核管理规定》,特种作业人员离开特种岗位达( )个月以上,应当重新进行实际操作考核,合格后方可上岗作业。

A.2 B.3 C.6 D.5

答案:C。本题考查的是施工安全生产管理。离开特种作业岗位达 6 个月以上的特种作业人员,应当重新进行实际操作考核,经确认合格后方可上岗作业。

6. 排除型

对于那些没有绝对把握,不能"一举中的"的考题,要根据自己掌握知识的深度和复习经验,对错误的备选答案进行逐个排除。找出其他选项错误的理由,最后剩下的选项就是正确的。

[2020 单选]关于工程质量监督的说法,正确的是( )。

A. 建设行政主管部门对工程质量监督的性质属于行政执法行为

B. 施工单位在项目开工前向监督机构申请质量监督手续

C. 建设行政主管部门质量监督的范围包括永久性及临时性建筑工程

D. 工程质量监督指的是主管部门对工程实体质量情况实施的监督

答案:A。本题考查的是建设行政管理部门对施工质量的监督管理。选项 A 正确,工程质量监督的性质属于行政执法行为。选项 B 错误,由建设单位在项目开工前向监督机构申报质量监督手续。选项 CD 错误,对工程实体质量和工程建设、勘察、设计、施工、监理单位(此五类单位简称为工程质量责任主体)和质量检测等单位的工程质量行为实施监督。

备考建议

1. 熟读教材，整理笔记

考生可以根据看书划出的重点进行归纳整理，根据自己的读书习惯和思路归纳总结一份考点笔记。在归纳总结的时候要学会合并同类项，或者对比记忆法，也就是将教材上概念相似、容易混淆记忆的知识点总结到一起，前后对比学习，这样效率会提高很多。

2. 做真题、找感觉，强化巩固

当教材中的知识点差不多掌握之后，立即开始做1~2遍历年真题，不要求闭卷，但是务必知道每一道题考的是哪个知识点，自己是否掌握，并做好记号，下次可以查看自己的错题，通过错题查漏补缺。

3. 重点消化，反复记忆

通过做题发现自己的易错点，看问题出在哪里，哪句话是出题点，命题趋势是什么，这样就能找到自己的薄弱点，再带着这些问题去复习，并且根据自己整理的笔记大纲，按照自己的思路再回想记忆就很容易了。

第 1 章　施工管理

考情分析

本章是施工管理科目考试所占分值较多的章节,也是整本教材的核心章节。本章主要阐述施工管理的基本概念与方法,后面六章均围绕本章的内容展开。在近 4 年考试中年均考 19 分。在学习时建议考生将重点放在各类概念的理解记忆上。

扫码领取本章视频课程

近 4 年考试真题分值统计表　　　　　　　　　　　　（单位:分）

序号	专题名	2022 单选	2022 多选	2021(2) 单选	2021(2) 多选	2021(1) 单选	2021(1) 多选	2020 单选	2020 多选	2019 单选	2019 多选
1	施工方的项目管理	1	—	1	—	1	—	2	—	2	—
2	施工管理的组织	3	2	3	2	3	2	2	2	1	2
3	施工组织设计的内容和编制程序	1	2	1	2	1	2	1	2	1	2
4	建设工程项目目标的动态控制	2	—	2	—	2	—	2	—	2	—
5	施工项目经理的任务和责任	2	2	2	2	2	2	2	4	1	2
6	施工风险管理	1	—	1	—	1	—	1	—	1	—
7	建设工程监理的工作任务和工作方法	1	2	1	2	1	2	2	—	2	—
	合计	11	8	10	8	10	8	12	8	10	6

思维导图

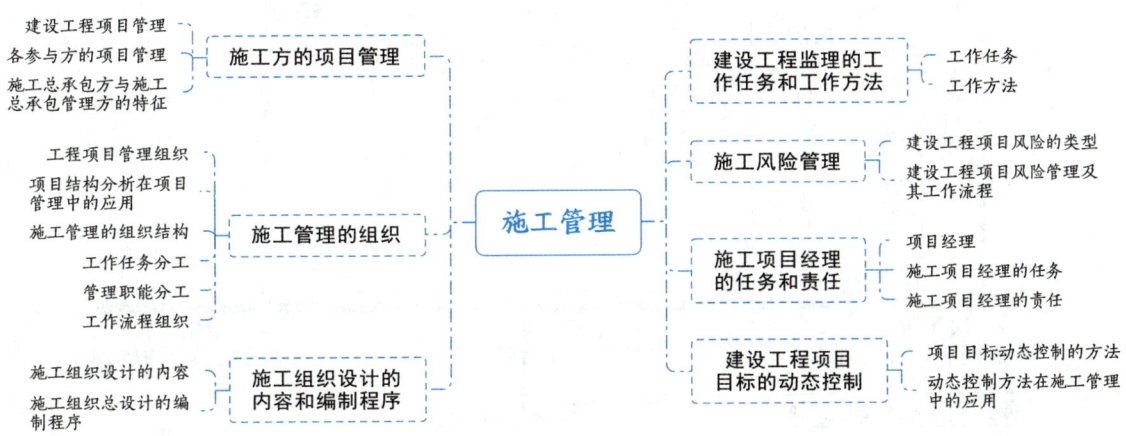

核心考点

专题1 施工方的项目管理

复习提示▷ 本专题考点主要以简单记忆为主,历年考查以单选题为主。重点掌握建设工程项目全寿命周期的内容,其对后续章节的理解起到关键作用。

[考点1] 建设工程项目管理

(一)建设工程项目管理的内涵

我国《建设工程项目管理规范》(GB/T 50326—2017)对建设工程项目管理的定义进行了如下的解释:运用系统的理论和方法,对建设工程项目进行的计划、组织、指挥、协调和控制等专业化活动。

英国皇家特许建造学会(CIOB)对建设工程项目管理的内涵进行了如下的表述:自项目开始至项目完成,通过项目策划(PP)和项目控制(PC),以使项目的费用目标、进度目标和质量目标得以实现。在上述表述中:

(1)"自项目开始至项目完成"指的是项目的实施期;
(2)"项目策划"指的是目标控制前的一系列筹划和准备工作;
(3)"费用目标"对业主而言是投资目标,对施工方而言是成本目标。

项目决策期管理工作的主要任务是确定项目的定义,而项目实施期项目管理的主要任务是通过管理使项目的目标得以实现。

(二)建设工程项目的全寿命周期

建设工程项目管理是工程管理的一个部分,在整个工程项目全寿命周期中,决策阶段的管理是 DM——开发管理,实施阶段的管理是 PM——项目管理,使用阶段(或称运营阶段)的管理是 FM——设施管理。具体如下图所示。

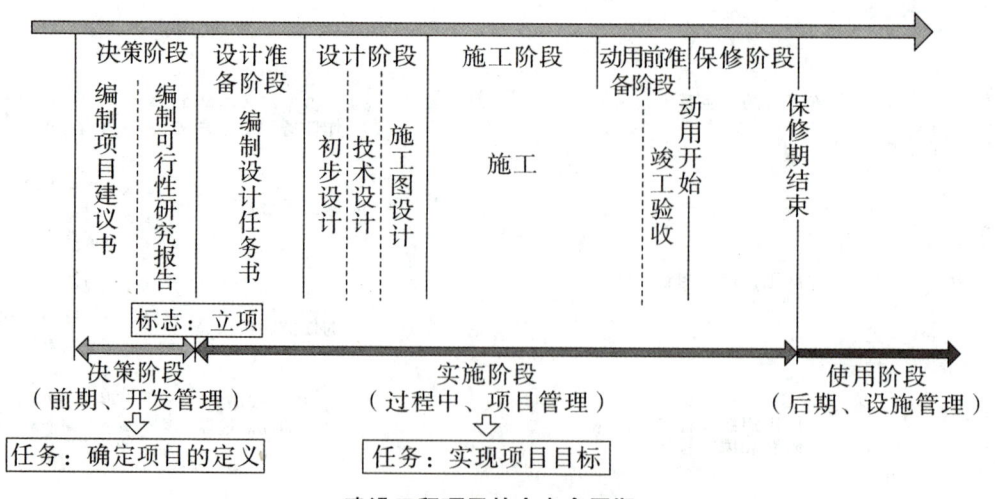

建设工程项目的全寿命周期

[提示] 项目管理的核心任务是项目的目标(费用、进度和质量)控制。

🌐 精选真题

1. [2020年真题]建设工程项目决策期管理工作的主要任务是( )。
A. 确定项目的定义 B. 组建项目管理团队
C. 实现项目的投资目标 D. 实现项目的使用功能

2. [2018年真题]EPC工程总承包方的项目管理工作涉及的阶段是( )。
A. 决策—设计—施工—动用前准备
B. 决策—施工—动用前准备—保修期
C. 设计前的准备—设计—施工—动用前准备
D. 设计前的准备—设计—施工—动用前准备和保修期

3. [2017年真题]对施工方而言,建设工程项目管理的费用目标是指项目的( )。
A. 投资目标 B. 成本目标
C. 财务目标 D. 经营目标

答案:1. A。

2. D。建设项目工程总承包方项目管理工作涉及项目实施阶段的全过程,即设计前的准备阶段、设计阶段、施工阶段、动用前准备阶段和保修期。

3. B。

[考点2] 各参与方的项目管理

(一)项目管理的"五方"

按工程项目不同参与方的工作性质和组织特征划分,工程项目管理有如下类型:①业主方的项目管理;②设计方的项目管理;③施工方的项目管理;④供货方的项目管理;⑤建设项目总承包方的项目管理。

其中,业主方是建设工程项目生产过程的总组织者和总集成者,业主方的项目管理是管理的核心,常将其称为建设工程推进的"马达"。

(二)参与"五方"的目标和任务

参与"五方"	服务对象	目标	任务	涉及阶段
业主方	业主(管理核心)	投资、进度、质量	"三控三管一协调"	实施阶段
设计方	自身+整体	投资、成本、进度、质量		实施阶段(主要在设计阶段)
供货方	自身+整体	成本、进度、质量		实施阶段
施工方	自身+整体	成本、进度、质量		实施阶段(主要在施工阶段)
项目总承包方	自身+整体	投资、成本、进度、质量	"三控三管"+风险+资源	实施阶段

其中,业主进度目标是指项目动用的时间目标,即项目交付使用的时间目标,如工厂建成

可以投入生产、道路建成可以通车、办公楼可以启用、旅馆可以开业的时间目标等。

[提示] "三控"指投资控制、进度控制、质量控制;"三管"指安全管理、合同管理、信息管理;"一协调"即组织与协调。安全管理是项目管理中最重要的任务。

🌐 **精选真题**

1.[2021年真题]下列建设工程项目管理的类型中,属于施工方项目管理的是( )。
A.投资方的项目管理　　　　　　　B.开发方的项目管理
C.分包方的项目管理　　　　　　　D.供货方的项目管理

2.[2016年真题]关于建设工程项目管理的说法,正确的是( )。
A.业主方是建设工程项目生产过程的总集成者,工程总承包方是建设工程项目生产过程的总组织者
B.建设项目工程总承包方管理的目标只包括总承包方的成本目标、项目的进度和质量目标
C.供货方项目管理的目标包括供货方的成本目标、供货的进度和质量目标
D.建设项目工程总承包方的项目管理工作不涉及项目设计准备阶段

答案:1.C。选项AB错误,投资方、开发方和由咨询公司提供的代表业主方利益的项目管理服务都属于业主方的项目管理。选项C正确,施工总承包方和分包方的项目管理都属于施工方的项目管理。选项D错误,材料和设备供应方的项目管理都属于供货方的项目管理。工程项目总承包有多种形式,如设计和施工任务综合的承包,设计、采购和施工任务综合的承包(简称EPC承包)等,它们的项目管理都属于建设项目总承包方的项目管理。

2.C。

[考点 3] 施工总承包方与施工总承包管理方的特征

(一)施工总承包方与施工总承包管理方的对比

	对比	施工总承包管理模式	施工总承包模式
不同点	工作开展程序	不依赖完整图纸	依赖完整图纸
	合同关系	1.业主与分包单位签; 2.总管与分包单位签	总承包与分包单位
	分包单位的选择和认可	业主选择,总管单位认可	由施工总承包单位选择,由业主认可
	对分包单位付款	1.总管单位支付; 2.业主支付(需总管单位认可)	总包支付
	合同价格	只确定总管费用,不确定工程总造价	确定工程总造价
相同点	对分包单位管理和服务	1.负责对现场施工的总体管理和协调; 2.负责对分包人提供相应的配合施工服务	

(二)建设项目工程总承包的特点

(1)基本出发点——借鉴工业生产组织的经验,实现建设生产过程的组织集成化。

(2)主要意义——并不在于总价包干,也不是"交钥匙",其核心是通过设计与施工过程的组织集成,促进设计与施工的紧密结合,以达到为项目建设增值的目的。

🌐 **精选真题**

1.[2022年真题]建设项目管理过程中,负责施工的总体管理和协调,也可按业主要求负责整个施工招标和发包工作的主体是(　　)。
 A.施工总承包方　　　　　　　　B.工程监理方
 C.施工总承包管理方　　　　　　D.设计方

2.[2020年真题]建设项目工程总承包模式的基本出发点是借鉴工业生产组织的经验,实现建筑生产过程的(　　)。
 A.连续化　　　　　　　　　　　B.机械化
 C.组织集成化　　　　　　　　　D.管理现代化

3.[2019年真题]关于施工总承包管理方主要特征的说法,正确的是(　　)。
 A.在平等条件下可通过竞标获得施工任务并参与施工
 B.不能参与业主的招标和发包工作
 C.对于业主选定的分包方,不承担对其的组织和管理责任
 D.只承担质量、进度和安全控制方面的管理任务和责任

4.[2021年真题]施工总承包管理模式下,项目各参与方可能存在的合同关系包括(　　)。
 A.监理单位与施工总承包管理单位签订合同
 B.监理单位与分包单位签订合同
 C.业主与分包单位直接签订合同
 D.施工总承包管理单位与分包单位签订合同
 E.施工总承包管理单位与施工总承包单位签订合同

答案:1.C。一般情况下,施工总承包管理方不与分包方和供货方直接签订施工合同,这些合同都由业主方直接签订。但若施工总承包管理方应业主方的要求,协助业主参与施工的招标和发包工作,其参与的工作深度由业主方决定。业主方也可能要求施工总承包管理方负责整个施工的招标和发包工作。

2.C。3.A。

4.CD。施工总承包管理模式的合同关系有两种可能,即业主与分包单位直接签订合同或者由施工总承包管理单位与分包单位签订合同。在国内的工程实践中,也有采用业主、施工总承包管理单位和分包单位三方共同签订的形式。

专题2　施工管理的组织

复习提示 ▷ 本专题为组织管理常考内容,几乎每年都会出题,内容少,需对"四图两表"的

特点熟练掌握,还要能对不同组织论内容的静态和动态进行区分。

[考点 1] 工程项目管理组织

组织是难以目睹的,我们可以看见诸如一幢高层建筑、一个计算机工作站或一个优秀的员工,但组织是模糊的、抽象的,并且可能分布在不同的地点。

对一个工程项目而言,在决策阶段、设计准备阶段、设计阶段、建设准备阶段、施工阶段和收尾阶段,其组织系统不仅包括建设单位本身的组织系统,还包括各参与单位(设计单位、项目管理单位、施工承包单位、供货单位等)共同或分别建立的针对该工程项目的组织系统。

(一)组织论和组织工具

1. 组织论

组织论是对组织的系统研究,它是与项目管理学相关的一门非常重要的基础理论学科。一般来说,组织论的主要研究内容包括组织结构模式、组织分工、组织工作流程三个方面,它们各自又可细分为不同的研究内容,如下图所示。

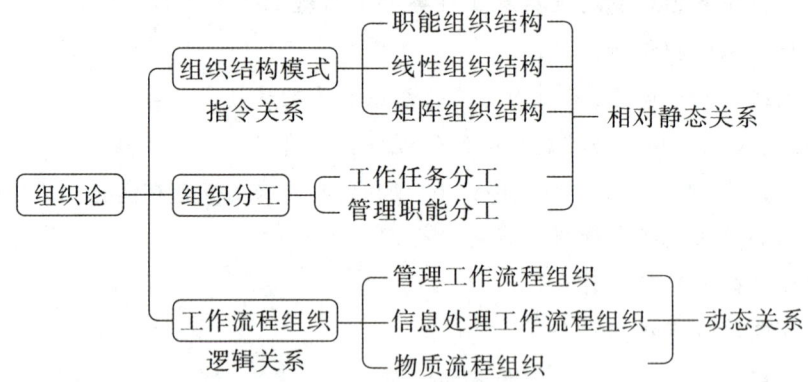

(1)组织结构模式:表达指令关系,即"谁管谁"。
(2)组织分工:表达各司其职,即"谁干什么"。
(3)工作流程组织:定义工作的流程,即"怎么干"。

2. 组织工具

组织工具是组织论的应用手段,用图或表的形式表示各种组织关系,具体内容如下图所示。

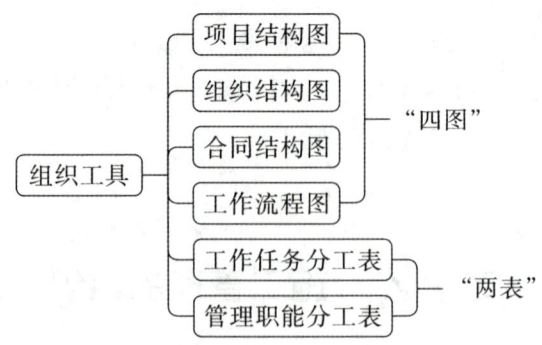

(二)组织与目标的关系

系统的目标决定了系统的组织,而组织是目标能否实现的决定性因素。控制项目目标的主要措施包括组织措施、管理措施、经济措施和技术措施,其中组织措施是最重要的。

如果对一个项目的管理进行诊断,首先应分析其组织方面存在的问题;如果要实施一个项目的项目管理,首先应进行该项目的组织设计。影响一个系统目标实现的主要因素,如下图所示。

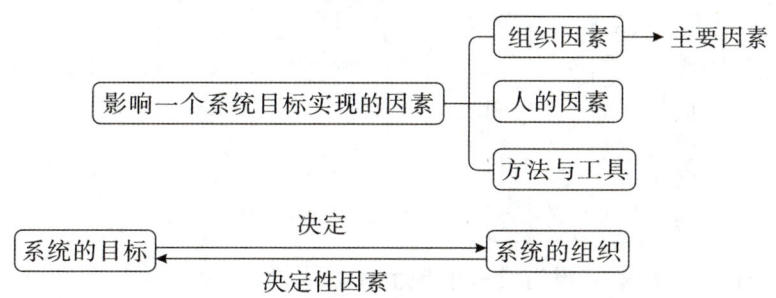

◈ 精选真题

1.[2021年真题]影响建设工程项目目标实现的决定性因素是( )。
   A.组织   B.资源   C.方法   D.工具

2.[2020年真题]下列项目目标控制措施中,最重要的是( )。
   A.组织措施   B.管理措施   C.经济措施   D.技术措施

3.[2020年真题]下列图表中,属于组织工具的有( )。
   A.项目结构图   B.工作任务分工表
   C.因果分析图   D.工作流程图
   E.管理职能分工表

答案:1.A。2.A。3.ABDE。

[考点2] 项目结构分析在项目管理中的应用

(一)建设项目的项目结构分解

项目结构图是一个重要的组织工具,它通过树状图的方式对一个项目的结构进行逐层分解,以反映组成该项目的所有工作任务(该项目的组成部分),如下图所示。项目结构图中,矩形框表示工作任务,矩形框之间的连接用连线表示。

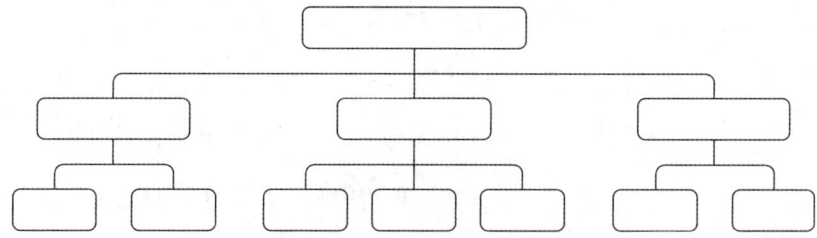

同一个建设工程项目可以有不同的项目结构的分解方法,项目结构的分解应和整个工程实施的部署相结合,并和将采用的合同形式相结合。如地铁工程主要有两种不同的合同分解

方式,其对应的项目结构也不同,左图为地铁车站和区间隧道分别发包相应的项目结构,右图为地铁车站和区间隧道一起发包相应的项目结构。

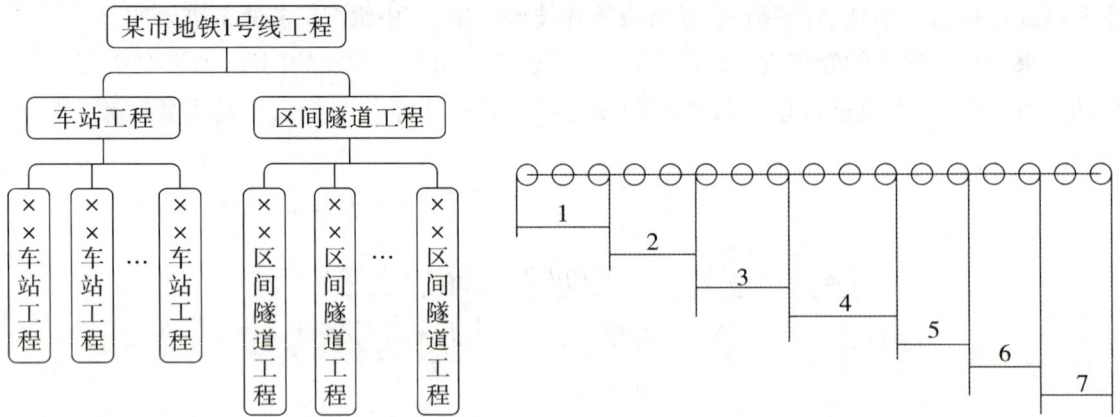

综上所述,项目结构分解并没有统一的规范和模式,但应结合项目的特点并参考以下原则进行:

(1)考虑项目进展的总体部署。

(2)考虑项目的组成。

(3)有利于项目实施任务(设计、施工和物资采购)的发包和有利于项目实施任务的进行,并结合合同结构的特点。

(4)有利于项目目标的控制。

(5)结合项目管理的组织结构的特点等。

以上所列举的都是群体工程的项目结构分解,单体工程如有必要(如投资、进度和质量控制的需要)也应进行项目结构分解。

(二)建设项目结构的编码

项目的结构编码依据项目结构图,对项目结构每一层的每一个组成部分进行编码。它和用于投资控制、进度控制、质量控制、合同管理和信息管理的编码有紧密的有机联系,但它们之间又有区别。项目结构图及项目结构的编码是编制上述其他编码的基础。某国际会展中心进度计划的工作项编码示意图如下图所示。

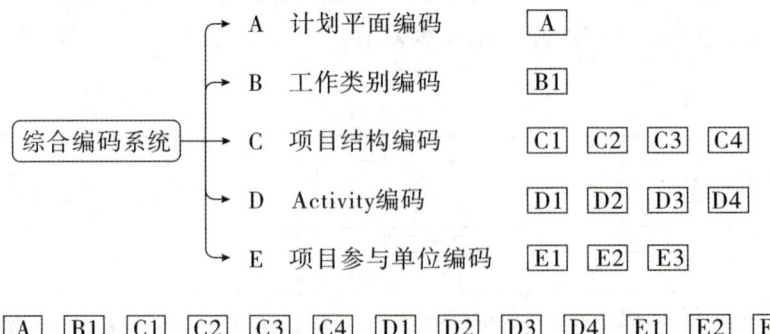

精选真题

1. [2021年真题]下列组织工具中,可以用来对项目的结构进行逐层分解,反映组成该项目的所有工作任务的是( )。
   A. 组织结构图　　B. 项目结构图　　C. 工作流程图　　D. 合同结构图

2. [2021年真题]项目结构图反映的是组成该项目的( )。
   A. 各子系统之间的关系　　　　B. 各部门的职责分工
   C. 各参与方之间的关系　　　　D. 所有工作任务

3. [2018年真题]关于建设工程项目结构分解的说法,正确的有( )。
   A. 项目结构分解应结合项目进展的总体部署
   B. 项目结构分解应结合项目合同结构的特点
   C. 项目结构分解应结合项目组织结构的特点
   D. 单体项目也可进行项目结构分解
   E. 每一个项目只能有一种项目结构分解方法

4. [2016年真题]承包商对工程的成本控制、进度控制、质量控制、合同管理和信息管理等管理工作进行编码的基础有( )。
   A. 管理职能分工表　　　　　　B. 工作任务分工表
   C. 工作流程图　　　　　　　　D. 项目结构的编码
   E. 项目结构图

答案:1. B。2. D。3. ABCD。4. DE。

[考点3] 施工管理的组织结构

(一)基本的组织结构模式

组织结构模式可用组织结构图来描述,在组织结构图中,矩形框表示工作部门,上级工作部门对其直接下属工作部门的指令关系用单向箭头表示,如左图所示。合同结构图如右图所示。

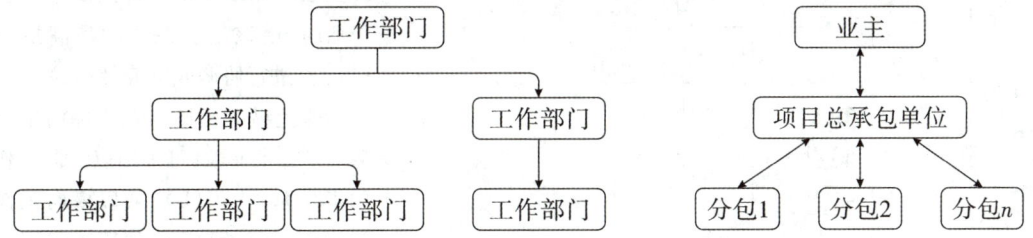

1. "四图"的区别

组织工具	表达的含义	框的类别和含义	矩形框的连接
项目结构图	对一个项目的结构进行逐层分解,以反映组成该项目的所有工作任务	矩形框,工作任务	直线
组织结构图	反映一个组织系统中各组成部门(组成元素)之间的组织关系(指令关系)	矩形框,工作部门	单向箭线

(续表)

组织工具	表达的含义	框的类别和含义	矩形框的连接
合同结构图	反映一个建设项目参与单位之间的合同关系	矩形框,参与单位	双向箭线
工作流程图	反映工作之间的逻辑关系	工作(矩形); 判别条件(菱形)	单向箭线

2. 常用的组织结构模式

常用的组织结构模式包括职能组织结构、线性组织结构和矩阵组织结构等。这几种常用的组织结构模式既可以在企业管理中运用,也可在建设项目管理中运用。

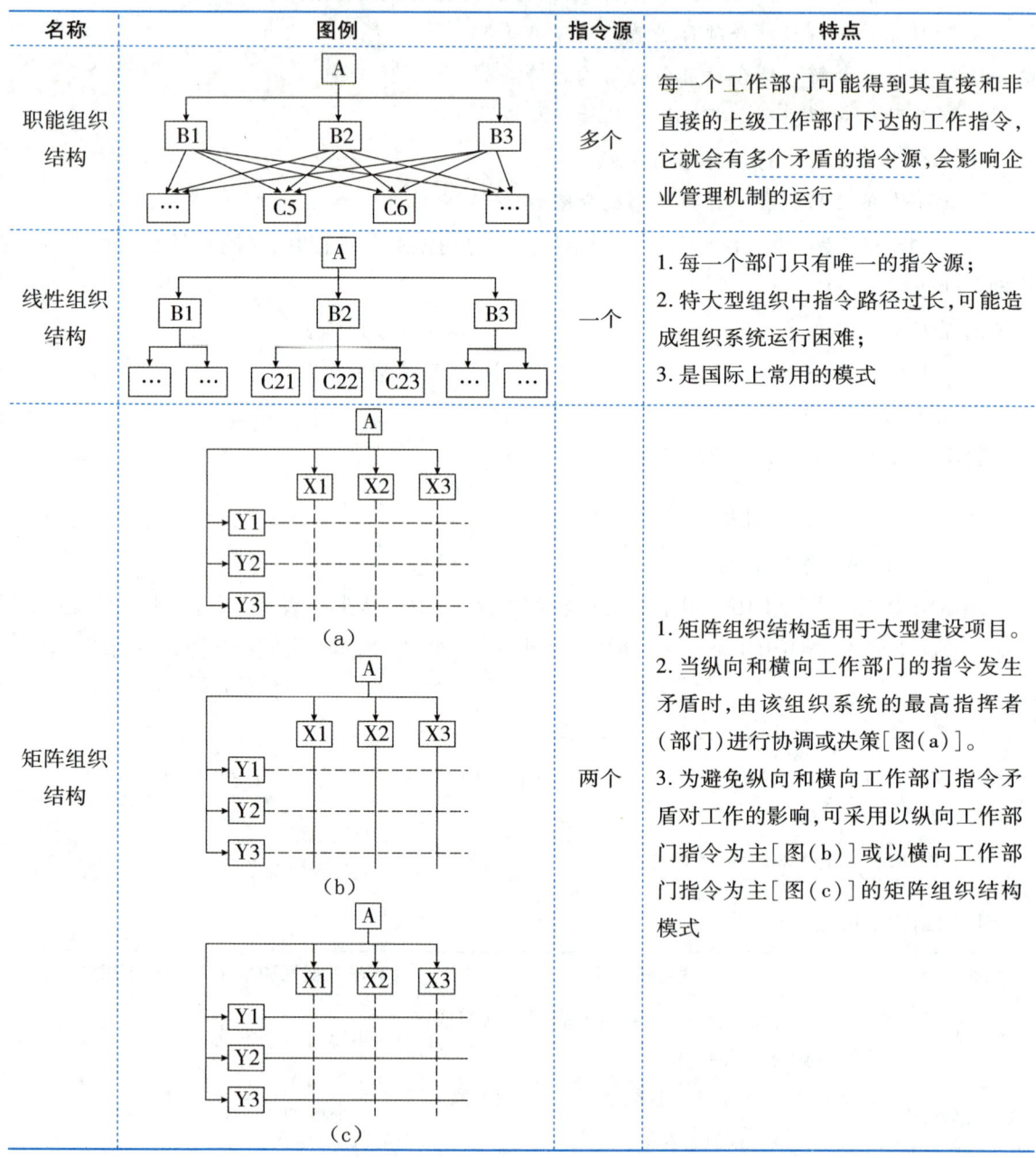

名称	图例	指令源	特点
职能组织结构		多个	每一个工作部门可能得到其直接和非直接的上级工作部门下达的工作指令,它就会有多个矛盾的指令源,会影响企业管理机制的运行
线性组织结构		一个	1. 每一个部门只有唯一的指令源; 2. 特大型组织中指令路径过长,可能造成组织系统运行困难; 3. 是国际上常用的模式
矩阵组织结构	(a) (b) (c)	两个	1. 矩阵组织结构适用于大型建设项目。 2. 当纵向和横向工作部门的指令发生矛盾时,由该组织系统的最高指挥者(部门)进行协调或决策[图(a)]。 3. 为避免纵向和横向工作部门指令矛盾对工作的影响,可采用以纵向工作部门指令为主[图(b)]或以横向工作部门指令为主[图(c)]的矩阵组织结构模式

(二)项目管理的组织结构图

对一个项目的组织结构进行分解,并用图的方式表示,就形成项目组织结构图,或称项目管理组织结构图。

项目组织结构图应反映项目经理和费用(投资或成本)控制、进度控制、质量控制、合同管理、信息管理及组织与协调等主管工作部门或主管人员之间的组织关系。如下图所示,在线性组织结构中,每一个工作部门只有唯一的上级工作部门,不允许出现多重指令,其指令来源是唯一的。

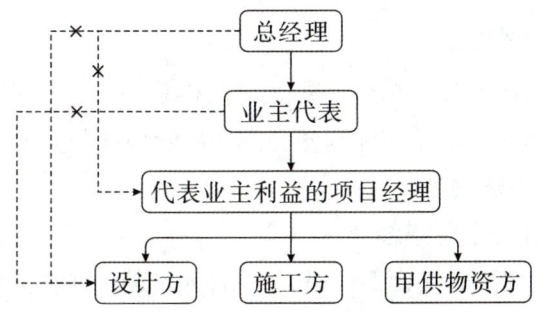

项目组织结构示意图

🌐 **精选真题**

1.[2021年真题] 具有两个工作指令源,指令分别来自纵向和横向两个工作部门的是( )。

A. 职能组织结构　　　　　　　　B. 矩阵组织结构
C. 网络组织结构　　　　　　　　D. 线性组织结构

2.[2020年真题] 某项目管理机构设立了合约部、工程部和物资部等部门,其中物资部下设采购组和保管组,合约部、工程部均可对采购组下达工作指令,则该组织结构模式是( )。

A. 强矩阵组织结构　　　　　　　B. 弱矩阵组织结构
C. 职能组织结构　　　　　　　　D. 线性组织结构

3.[2018年真题] 某施工企业采用矩阵组织结构模式,其横向工作部门可以是( )。

A. 合同管理部　　　　　　　　　B. 计划管理部
C. 财务管理部　　　　　　　　　D. 项目管理部

4.[2021年真题] 施工项目部采用线性组织结构模式如下图,图中 A、B、C 表示不同级别的工作部门,关于下达工作指令的说法,正确的有( )。

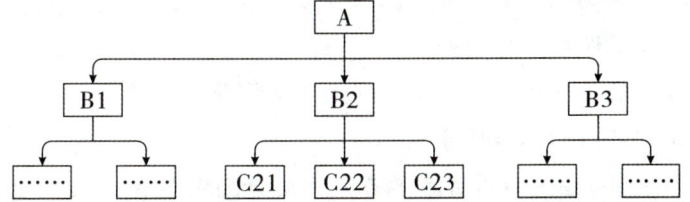

A. 部门 B2 可以对部门 C21 下达指令　　B. 部门 A 可以对部门 B3 下达指令
C. 部门 A 可以对部门 C21 下达指令　　D. 部门 B3 可以对部门 C23 下达指令
E. 部门 B2 可以对部门 C23 下达指令

答案:1.B。2.C。

3.D。一个施工企业,如采用矩阵组织结构模式,则纵向工作部门可以是计划管理、技术管理、合同管理、财务管理和人事管理部门等,而横向工作部门可以是项目部。

4.ABE。选项C错误,在线性组织结构中,每一个工作部门只能对其直接的下属部门下达工作指令,每一个工作部门也只有一个直接的上级部门,部门A不能越级对C21下达命令。选项D错误,B3不能对C23下达命令,可对其下属部门下达命令。

[考点4] 工作任务分工

业主方和项目各参与方,如设计单位、施工单位、供货单位和工程管理咨询单位等都有各自的项目管理的任务,上述各方都应该编制各自的项目管理任务分工表。

1. 工作任务分工表的编表程序

(1)分解——对管理任务进行详细分解。

(2)分配——定义项目经理、主管工作部门、主管人员的工作任务。

(3)编制——编制工作任务分工表。

2. 工作任务分工表的特点

(1)明确主办、协办和配合的部门并在表中用不同的三个符号表示。例如某大型公共建筑工程的工作任务分工表见下表(☆是主办;△是协办;○是配合)。

序号	工作项目	经理室、指挥部室	技术委员会	专家顾问组	办公室	总工程师室	综合部	财务部	计划部	工程部	设备部	运营部	物业开发部
1	人事	☆				△							
2	重大技术审查决策	☆	△	○	○	△	○	○	○	○	○		○
3	设计管理			○		☆			○	△	△	○	

(2)任务分工表的每一个任务,都有至少一个主办工作部门。

(3)运营部和物业开发部参与整个项目实施过程。

🌐 精选真题

[2021年真题]关于编制项目管理工作任务分工表的说法,正确的是( )。

A.项目各参与方应编制统一的项目管理任务分工表

B.首先要明确项目经理的工作任务

C.已经确定的工作任务表在项目实施过程中不能调整

D.需要明确各工作部门的工作任务

答案:D。选项A错误,业主和项目各参与方都应该编制各自的项目管理任务分工表。选项B错误,为了编制项目管理任务分工表,首先应对项目实施的各阶段的费用(投资或成本)控制、进度控制、质量控制、合同管理、信息管理和组织与协调等管理任务进行详细分解。选项C错误,在项目的进展过程中,应视必要性对工作任务分工表进行调整。选项D正确,在项目管理任务分解的基础上,明确项目经理和各管理任务主管工作部门或主管人员的工作任务,从而编制工作任务分工表。

[考点 5] 管理职能分工

(一)管理职能分工的环节

同工作任务分工类似,管理职能分工也是组织结构的补充和说明,体现对于一项工作任务,组织中各任务承担者管理职能上的分工。管理是由多个环节组成的有限的循环过程,如下图所示。

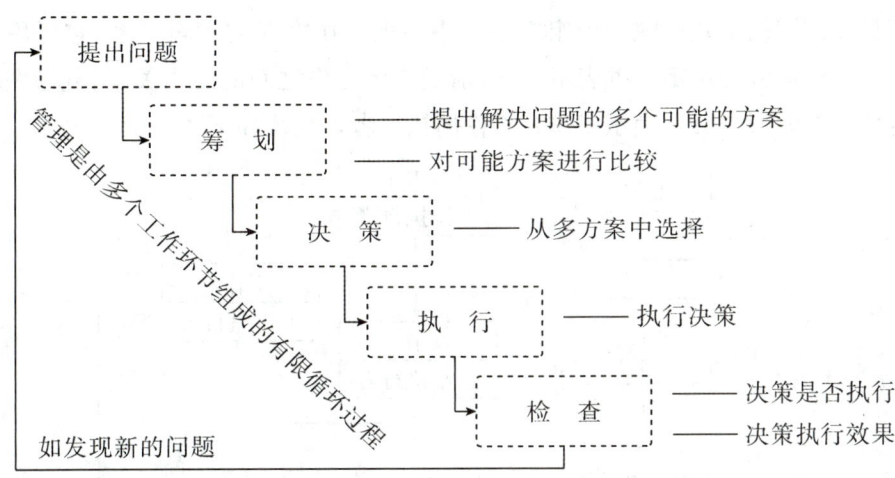

(二)管理职能分工表

管理职能分工表可反映项目管理班子内部项目经理、各工作部门和各工作岗位对各项工作任务的项目管理职能分工,也可用于企业管理。

我国习惯用岗位责任描述书描述每一个工作部门的工作任务,工业发达国家广泛用管理职能分工表(分工更加清晰和严谨),可暴露岗位责任描述书所掩盖的矛盾。若仍有不足,可辅以使用管理职能分工描述书。

🌐 **精选真题**

1.[2020 年真题]项目管理人员为解决施工进度拖延,拟定了增加夜班、增加设备、增加人员三个解决方案并进行了比较。这属于管理职能中的(   )。

A.筹划　　　　　B.决策　　　　　C.执行　　　　　D.检查

2.[2018 年真题]建设工程施工管理是多个环节组成的过程,第一个环节的工作是(   )。

A.提出问题　　　B.决策　　　　　C.执行　　　　　D.检查

3.[2019 年真题]关于建设工程项目进度管理职能各环节工作的说法,正确的有(   )。

A.落实夜班施工条件并组织施工是决策环节的工作

B.对进度计划值和实际值比较,发现进度推迟是提出问题环节的工作

C.提出多个加快进度的方案并进行比较是筹划环节的工作

D. 检查增加夜班施工的决策能否被执行是检查环节的工作

E. 增加夜班施工执行的效果评价是执行环节的工作

答案: 1. A。2. A。

3. BCD。选项 A 错误,落实夜班施工条件并组织施工是执行环节的工作。选项 E 错误,增加夜班施工执行的效果评价是检查环节的工作。

[考点 6] 工作流程组织

(一)工作流程图

工作流程图用图的形式反映一个组织系统中各项工作之间的逻辑关系,它可用以描述工作流程组织。工作流程图用矩形框表示工作,箭线表示工作之间的逻辑关系,菱形框表示判别条件。也可用两个矩形框分别表示工作和工作的执行者。具体如下图所示。

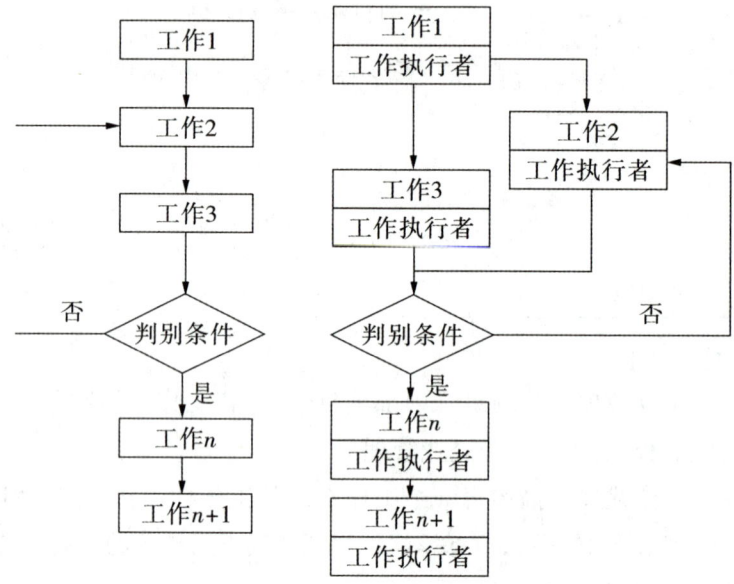

(二)工作流程组织的分类

分类	示例
管理工作流程组织	投资控制、进度控制、合同管理、付款和设计变更等流程
信息处理工作流程组织	与生成月度进度报告有关的数据处理流程
物质流程组织	钢结构深化设计工作流程、弱电工程物资采购工作流程、外立面施工工作流程

🌐 精选真题

1. [2022 年真题]关于项目工作流程图的说法,正确的是(   )。

A. 项目各参与方应形成统一的工作流程图

B. 工作流程图反映组织系统中各工作间的逻辑关系

C. 工程流程图中用菱形框表示工作和工作的执行者

D. 工作流程图中用双向箭线表示工作间的逻辑关系

2.[2020年真题]在工作流程图中,菱形框表示的是( )。
A. 工作　　　　　B. 工作执行者　　　　C. 逻辑关系　　　　D. 判别条件

3.[2017年真题]某项目部根据项目的特点制定了投资控制、进度控制、合同管理、付款和设计变更等工作流程,这些工作流程组织属于( )。
A. 物质流程组织　　　　　　　　　　B. 管理工作流程组织
C. 信息处理工作流程组织　　　　　　D. 施工工作流程组织

4.[2021年真题]下列项目管理的工作流程中,属于管理工作流程组织的有( )。
A. 投资控制工作流程　　　　　　　　B. 进度控制工作流程
C. 合同管理工作流程　　　　　　　　D. 钢结构深化设计流程
E. 弱电工程物资采购工作流程

答案:1.B。2.D。3.B。4.ABC。

专题3　施工组织设计的内容和编制程序

复习提示▷ 本专题需区分施工组织设计各组成部分所包含的内容及区分各类施工组织设计包含的内容,为每年必考点,应避免混淆。

[考点1]　施工组织设计的内容

施工组织设计是对施工活动实行科学管理的重要手段,具有战略部署和战术安排双重作用。

(一)施工组织设计的基本内容

分类	内容
工程概况	项目的性质、规模、建设地点,地形、水文气象、资源供应情况,施工环境与条件等
施工部署及施工方案	1. 全面部署施工任务,合理安排施工顺序,确定主要工程的施工方案; 2. 通过技术经济评价,选择最佳施工方案
施工进度计划	1. 反映了最佳施工方案在时间上的安排,使工期、成本、资源等达到优化配置,符合目标要求; 2. 编制人力和时间安排计划、资源需求计划和施工准备计划
施工平面图	1. 施工平面图是施工方案及施工进度计划在空间上的全面安排; 2. 合理布置施工现场,使整个现场能有组织地进行文明施工
主要技术经济指标	用以衡量组织施工的水平,对施工组织设计文件的技术经济效益进行全面评价

(二)施工组织设计的分类

(1)施工组织设计按编制的时间、设计阶段、编制对象的范围、使用时间的长短、编制内容的繁简程度进行分类,具体见下表。

分类依据		内容
按编制时间分类		1. 投标前编制的施工组织设计(标前施工组织设计); 2. 签订合同后编制的施工组织设计(标后施工组织设计)
按设计阶段分类	按两阶段	施工组织总设计(扩大初步施工组织设计);单位工程施工组织设计
	按三阶段	施工组织设计大纲(初步施工组织条件设计);施工组织总设计;单位工程施工组织设计
按编制对象的范围分类		1. 施工组织总设计;2. 单位工程施工组织设计;3. 分部分项工程施工组织设计
按使用时间的长短分类		1. 长期施工组织设计;2. 年度施工组织设计;3. 季度施工组织设计
按编制内容的繁简程度分类		1. 完整的施工组织设计;2. 简单的施工组织设计

(2)根据施工组织设计编制的广度、深度和作用的不同,可分为:①施工组织总设计;②单位工程施工组织设计;③分部(分项)工程施工组织设计。具体见下表。

分类	施工组织总设计	单位工程施工组织设计	分部(分项)工程施工组织设计
示例	一个工厂、一个机场、一个道路工程、一个居住小区等	一栋楼房、一个烟囱、一段道路、一座桥等	深基础、无黏结预应力混凝土、特大构件的吊装、大量土石方工程、定向爆破工程等
编制对象	整个建设工程项目	单位工程	某些特别重要的、技术复杂的,或采用新工艺、新技术施工的分部(分项)工程
主要内容	1. 建设项目的工程概况; 2. 施工部署及其核心工程的施工方案; 3. 全场性施工准备工作计划; 4. 施工总进度计划; 5. 各项资源需求量计划; 6. 全场性施工总平面图设计; 7. 主要技术经济指标	1. 工程概况及施工特点分析; 2. 施工方案的选择; 3. 单位工程施工准备工作计划; 4. 单位工程施工进度计划; 5. 各项资源需求量计划; 6. 单位工程施工总平面图设计; 7. 技术组织措施、质量保证措施和安全施工措施; 8. 主要技术经济指标	1. 工程概况及施工特点分析; 2. 施工方法和机械的选择; 3. 分部(分项)工程施工准备工作计划; 4. 分部(分项)工程施工进度计划; 5. 各项资源需求量计划; 6. 作业区施工平面布置图设计; 7. 技术组织措施、质量保证措施和安全施工措施

[提示] 分部无部署、无指标、有方法;单位有方案;总设计有部署、无措施。

(三)施工组织设计的编制原则
(1)重视工程的组织对施工的作用。
(2)提高施工的工业化程度。
(3)重视管理创新和技术创新。
(4)重视工程施工的目标控制。
(5)积极采用国内外先进的施工技术。
(6)充分利用时间和空间,合理安排施工顺序,提高施工的连续性和均衡性。
(7)合理部署施工现场,实现文明施工。

精选真题

1.［2021年真题］施工顺序的安排属于工程项目施工组织设计基本内容中的（　　）。
A.施工进度计划
B.施工平面图
C.施工部署和施工方案
D.工程概况

2.［2019年真题］针对建设工程项目中的深基础工程编制的施工组织设计属于（　　）。
A.施工组织总设计
B.单项工程施工组织设计
C.单位工程施工组织设计
D.分部工程施工组织设计

3.［2021年真题］下列工程中，需要编制分部分项工程施工组织设计的有（　　）。
A.深基坑工程
B.高大模板工程
C.无粘结预应力混凝土工程
D.砌筑工程
E.住宅小区绿化工程

4.［2020年真题］根据《建筑施工组织设计规范》，施工组织设计按编制对象可分为（　　）。
A.施工组织总设计
B.单位工程施工组织设计
C.生产用施工组织设计
D.投标用施工组织设计
E.分部工程施工组织设计

答案：1.C。2.D。3.ABC。4.ABE。

［考点2］ 施工组织总设计的编制程序

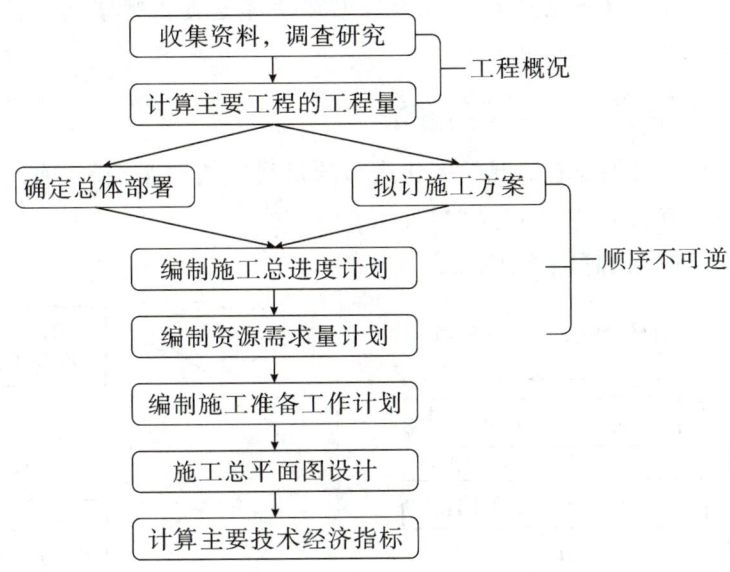

［速记］ 茶几不防毒，需备图标。

精选真题

1.［2021年真题］根据施工组织总设计的编制程序，编制施工总进度计划前应完成的工作是（　　）。
A.施工总平面图设计
B.编制资源需求量计划
C.编制施工准备工作计划
D.拟订施工方案

2. [2020年真题]编制施工组织设计时,编制资源需求量计划的紧前工作是(　　)。
A. 制定施工方案　　　　　　　　B. 编制施工总进度计划
C. 施工总平面设计　　　　　　　D. 编制施工准备工作计划

3. [2019年真题]施工组织总设计的编制程序中,先后顺序不能改变的有(　　)。
A. 先拟订施工方案,再编制施工总进度计划
B. 先编制施工总进度计划,再编制资源需求量
C. 先确定施工总体部署,再拟订施工方案
D. 先计算主要工种工程的工程量,再拟订施工方案
E. 先计算主要工种工程的工程量,再确定施工总体部署

答案:1. D。2. B。

3. AB。施工组织总设计的编制程序中,有些顺序必须这样,不可逆转,例如:①拟订施工方案后才可编制施工总进度计划(因为进度的安排取决于施工的方案);②编制施工总进度计划后才可编制资源需求量计划(因为资源需求量计划要反映各种资源在时间上的需求)。

专题4　建设工程项目目标的动态控制

复习提示▷ 本专题以简单记忆为主,历年主要考查单选题。需掌握项目目标动态控制的程序及投资控制中计划值与实际值的区别。

[考点1] 项目目标动态控制的方法

在项目实施过程中必须随着情况的变化进行项目目标的动态控制,项目目标的动态控制是项目管理最基本的方法论。

(一)项目目标动态控制的工作程序

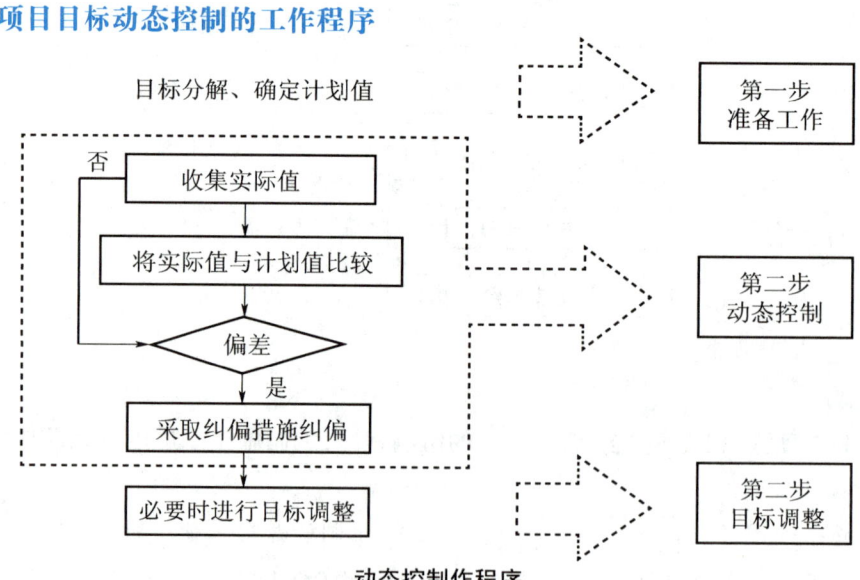

动态控制作程序

1. 项目目标动态控制的准备工作

将对项目的目标进行分解,以确定用于目标控制的计划值。

2. 在项目实施过程中对项目目标进行动态跟踪和控制

(1)收集项目目标的实际值,如实际投资/成本、实际施工进度和施工的质量状况等。

(2)定期(如每两周或每月)进行计划值和实际值的比较。

(3)如有偏差,则采取纠偏措施进行纠偏。

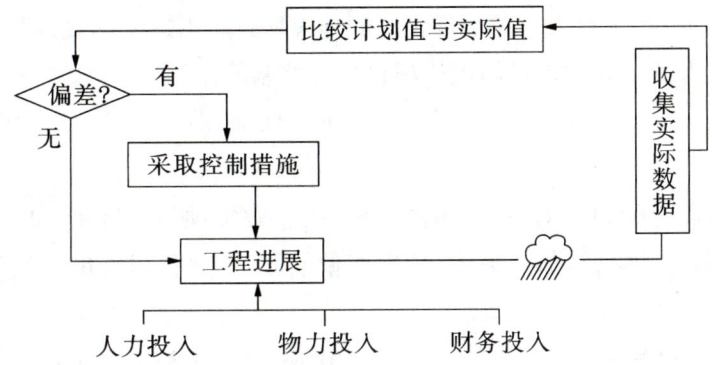

3. 目标调整

如有必要,进行项目目标的调整,目标调整后控制过程再回到上述的第一步。

[提示] 项目目标动态控制的核心:定期比较+纠偏。

(二)项目目标动态控制的纠偏措施

措施类别	实例	关键词
组织措施	调整项目组织结构、任务分工、工作流程组织、管理班子人员等	组织论、人、分工、流程
管理(包括合同)措施	调整管理方法和手段、改变施工管理和强化合同管理等	管理方法、手段,合同
经济措施	落实加快工程施工进度所需的资金等	资金
技术措施	调整设计、改进施工方法和改变施工机具等	设计、工艺、方法、材料、机械

(三)项目目标的事前控制

当发现项目目标偏离时,采取纠偏措施。为了避免项目目标偏离的发生,还应重视事前的主动控制。

目标控制	具体措施	简记
事前控制 (主动控制)	1.事前分析可能导致项目目标偏离的各种影响因素; 2.针对这些影响因素采取有效的预防措施	未雨绸缪
过程控制 (动态控制)	1.定期进行项目目标的计划值和实际值的比较; 2.当发现项目目标偏离时采取纠偏措施	亡羊补牢

⊕ 精选真题

1.[2022年真题]某工程项目施工中,针对实际施工进度滞后的状况,施工单位改进了施工工艺,该做法表明施工单位采取了( )措施进行项目目标动态控制。

A.技术 B.管理 C.经济 D.组织

2.[2021年真题]某项目因资金缺乏导致总体进度延误,项目经理采取尽快落实资金解决此问题,该措施属于项目目标控制的( )。

A.组织措施 B.管理措施
C.经济措施 D.技术措施

3.[2020年真题]某项目由于关键设备采购延误导致施工进度延误,项目经理部决定采取调整项目采购负责人的措施。该措施属于项目目标控制的( )。

A.组织措施 B.管理措施
C.经济措施 D.技术措施

4.[2020年真题]项目目标动态控制的工作有:①收集项目实际值;②确定用于目标控制的计划值;③项目目标分解;④如有偏差,采取纠偏措施;⑤项目目标的计划值和实际值比较。正确的工作程序是( )。

A.②→③→①→⑤→④ B.③→①→②→④→⑤
C.③→②→①→⑤→④ D.②→①→③→⑤→④

答案:1.A。2.C。3.A。4.C。

[考点2] 动态控制方法在施工管理中的应用

(一)运用动态控制原理控制施工成本

(1)目标分解

通过编制施工成本规划,分析和论证施工成本目标实现的可能性,并对施工成本目标进行分解。

(2)对施工成本目标进行动态跟踪和控制

①收集项目施工成本的实际值,并定期进行项目目标的计划值和实际值的比较,一般的项目控制周期为一个月。包括5组施工成本实际值与计划值的比较,如下图所示。

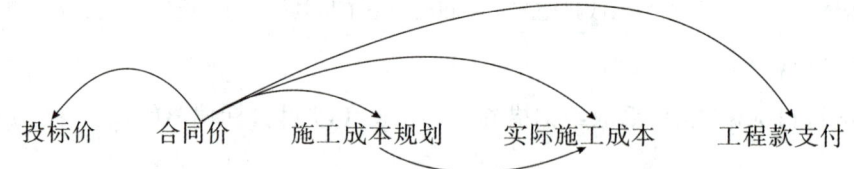

[提示] 比较方法是相对靠前的为计划值,相对靠后的为实际值。

②比较施工成本计划值和实际值,如有偏差,则必须采取相应的纠偏措施进行纠偏。

(3)调整施工成本目标

如有必要,则调整施工成本目标。

(二)运用动态控制原理控制施工进度

(1)施工进度目标的逐层分解。

对于大型建设工程项目,应通过编制施工总进度规划、施工总进度计划、项目各子系统和子项目施工进度计划等进行项目施工进度目标的逐层分解。

(2) 在施工过程中对施工进度目标进行动态跟踪和控制。

①收集施工进度实际值。

②定期对施工进度的计划值和实际值进行比较。一般项目的控制周期为一个月,对于重要的项目,可定为一旬或一周等。进度的计划值和实际值的比较应是定量的数据比较,比较的成果是进度跟踪和控制报告,如编制进度控制的旬、月、季、半年和年度报告等。

③比较施工进度计划值和实际值,如发现进度的偏差,则必须采取相应的纠偏措施进行纠偏。

(3) 如有必要,需进行项目目标的调整。

◈ 精选真题

1.[2021年真题]在对施工成本目标进行动态跟踪和控制过程中,如工程合同价为计划值,则相对的实际值可以是(   )。

A. 工程概算　　　　B. 工程预算　　　　C. 投标报价　　　　D. 施工成本规划值

2.[2021年真题]应用动态控制原理控制施工进度的核心是(   )。

A. 定期比较计划值和实际值,并采取纠偏措施

B. 针对目标影响因素采取有效的预防措施

C. 对进度目标由粗到细进行逐层分解

D. 按照进度控制的要求,收集施工进度实际值

3.[2018年真题]大型建设工程项目进度目标分解的工作有:①编制各子项目施工进度计划;②编制施工总进度计划;③编制施工总进度规划;④编制项目各子系统进度计划。正确的目标分解过程是(   )。

A. ②→③→①→④　　　　　　　　B. ②→③→④→①

C. ③→②→①→④　　　　　　　　D. ③→②→④→①

4.[2017年真题]运用动态控制原理控制施工成本时,相对于实际施工成本,宜作为分析对比的成本计划值是(   )。

A. 投标报价　　　　　　　　　　　B. 工程支付款

C. 施工成本规划值　　　　　　　　D. 施工决算成本

答案:1. D。

2. A。项目目标动态控制的核心是,在项目实施的过程中定期地进行项目目标的计划值和实际值的比较,当发现项目目标偏离时采取纠偏措施。

3. D。4. C。

专题5　施工项目经理的任务和责任

复习提示▷ 本专题需掌握项目经理的职责与权限的区别,考试时多以多选题方式考查知识点。

[考点1] 项目经理

(一)项目经理的基本认知

项目经理 ⇌（一定有／企业决定）建造师注册证书

项目经理 ⇌（代表／委托）企业法定代表人

项目经理 ⇌（签订劳动合同／缴纳社会保险）承包人（施工方）

(1)大、中型工程项目施工的项目经理必须由取得建造师注册证书的人员担任；是否担任工程项目施工的项目经理由企业自主决定。

(2)项目经理是指受企业法定代表人委托对工程项目施工过程全面负责的项目管理者，是建筑施工企业法定代表人在工程项目上的代表人(仅我国是，国际上不是)。

(3)建造师是一种专业人士的名称，而项目经理是一个工作(管理)岗位的名称。

(4)项目经理应为合同当事人所确认的人选，并在专用合同条款中明确姓名、职称、注册执业证书编号、联系方式及授权范围等事项。项目经理应是承包人正式聘用的员工，承包人应向发包人提交项目经理与承包人之间的劳动合同，以及承包人为项目经理缴纳社会保险的有效证明。

(5)项目经理应常驻施工现场，且每月在施工现场时间不得少于专用合同条款约定的天数。项目经理不得同时担任其他项目的项目经理。

(二)项目经理的紧急情况处理与特殊情况授权

1. 紧急情况处理

在紧急情况下为确保施工安全和人员安全，在无法与发包人代表和总监理工程师及时取得联系时，项目经理有权采取必要的措施保证与工程有关的人身、财产和工程的安全，但应在 48h 内向发包人代表和总监理工程师提交书面报告。

2. 特殊情况授权

项目经理因特殊情况授权其下属人员履行其某项工作职责的，应提前 7 天将人员(具备履行相应职责的能力)的姓名和授权范围书面通知监理人，并征得发包人书面同意。

(三)项目经理的更换

(1)承包人需要更换项目经理的，应提前 14 天书面通知发包人和监理人，并征得发包人书面同意。

(2)发包人有权书面通知承包人更换其认为不称职的项目经理。承包人应在接到更换通知后 14 天内向发包人提出书面的改进报告。发包人收到改进报告后仍要求更换的，承包人应在接到第二次更换通知的 28 天内进行更换。

🌐 **精选真题**

1.[2021 年真题]关于建造师与施工项目经理的说法，正确的是(   )。

A. 取得建造师注册证书的人员就是施工项目经理

B. 建造师是管理岗位,施工项目经理是技术岗位

C. 施工项目经理必须由取得建造师注册证书的人员担任

D. 建造师职业资格制度可以替代施工项目经理岗位责任制

2.[2018年真题]根据《建设工程施工合同(示范文本)》(GF-2017-0201),项目经理在紧急情况下有权采取必要措施保证与工程有关的人身、财产和工程安全,但应在48h内向( )提交书面报告。

A. 承包方法定代表人和总监理工程师 B. 监督职能部门和承包方法定代表人

C. 发包人代表和总监理工程师 D. 政府职能监督部门和发包人代表

3.[2021年真题]根据《建设工程施工合同(示范文本)》(GF-2017-0201),关于施工项目经理的说法,正确的有( )。

A. 项目经理经承包人授权后代表承包人负责履行合同

B. 项目经理每月在施工现场时间可根据现场情况自行决定

C. 承包人应向发包人提交与项目经理的劳动合同以及为其缴纳社会保险的有效证明

D. 发包人书面通知承包人更换其认为不称职的项目经理后,承包人必须更换

E. 一个注册建造师可同时担任数个项目的项目经理

答案: 1. C。选项D错误,在全面实施建造师执业资格制度后仍然要坚持落实项目经理岗位责任制。项目经理岗位是保证工程项目建设质量、安全、工期的重要岗位。

2. C。3. AC。

[考点 2] 施工项目经理的任务

施工企业项目经理往往是一个施工项目施工方的总组织者、总协调者和总指挥者。项目经理不仅要考虑项目的利益,还应服从企业的整体利益。在企业法定代表人授权范围内,行使下表所示管理权力与任务。

管理权力	管理任务
1.组织项目管理班子。 2.以企业法定代表人的代表身份处理与所承担的工程项目有关的外部关系,受托签署有关合同。 3.指挥工程项目建设的生产经营活动,调配并管理进入工程项目的人力、资金、物资、机械设备等生产要素。 4.选择施工作业队伍。 5.进行合理的经济分配。 6.企业法定代表人授予的其他管理权力	1.施工安全管理。 2.工程合同管理。 3.工程信息管理。 4.施工质量控制。 5.施工成本控制。 6.施工进度控制。 7.工程组织与协调

[提示] 项目经理可以直接选择施工作业队伍,此时施工作业队伍指的是施工现场内部的,项目经理可以直接选择,但对于分包单位,项目经理只是参与选择。

🌐 **精选真题**

1.[2020年真题]施工企业项目经理的管理权限由企业( )授权。
  A.董事会   B.经理层
  C.股东大会   D.法定代表人

2.[2018年真题]在建设工程施工管理过程中,项目经理在企业法定代表人授权范围内可以行使的管理权力有( )。
  A.对外进行纳税申报   B.制定企业经营目标
  C.选择施工作业队伍   D.组织项目管理班子
  E.指挥工程项目建设的生产经营活动

答案:1.D。 2.CDE。

[考点 3] 施工项目经理的责任

(一)项目管理目标责任书
(1)签订时间——项目实施之前。
(2)签订方式——由法定代表人或其授权人与项目经理协商制定。
(3)编制依据——项目合同文件;组织管理制度;项目管理规划大纲;组织经营方针和目标;项目特点和实施条件与环境。

(二)项目经理的职责与权限

职责(必须做)	权限(可做可不做)
1.项目管理目标责任书中规定的职责; 2.工程质量安全责任承诺书中应履行的职责; 3.组织或参与编制项目管理规划大纲、项目管理实施规划,对项目目标进行系统管理; 4.主持制定并落实质量、安全技术措施和专项方案,负责相关的组织协调工作; 5.对各类资源进行质量管控和动态管理; 6.对进场的机械、设备、工器具的安全、质量使用进行监控; 7.建立各类专业管理制度并组织实施; 8.制定有效的安全、文明和环境保护措施并组织实施; 9.组织或参与评价项目管理绩效; 10.进行授权范围内的任务分解和利益分配; 11.按规定完善工程资料,规范工程档案文件,准备工程结算和竣工资料,参与工程竣工验收; 12.接受审计,处理项目管理机构解体的善后工作; 13.协助和配合组织进行项目检查、鉴定和评奖申报; 14.配合组织完善缺陷责任期的相关工作。	权限 ├─参与──招标投标、合同签订 │ ├─组建项目管理机构 │ ├─组织对项目的重大决策 │ ├─选择具有资质的分包人 │ └─选择供应商 ├─授权──授权范围内资源使用 │ └─授权范围内与相关方的直接沟通 ├─主持──项目管理机构工作 └─制定──项目管理机构管理制度

(三)责任

项目经理对施工承担全面管理的责任:工程项目施工应建立以项目经理为首的生产经营管理系统,实行项目经理负责制。项目经理在工程项目施工中处于中心地位。

项目经理由于主观原因,或由于工作失误有可能承担法律责任和经济责任。政府主管部门被追究的主要是其法律责任,企业被追究的主要是其经济责任。但是,企业也有可能被追究法律责任。

🌐 精选真题

1. [2018年真题] 根据《建设工程项目管理规范》(GB/T 50326—2017),建设工程实施前由施工企业法定代表人或其授权人与项目经理协商制定的文件是( )。

 A. 施工组织设计　　　　　　　　　B. 项目管理目标责任书
 C. 施工总体规划　　　　　　　　　D. 工程承包合同

2. [2021年真题] 根据《建设工程项目管理规范》(GB/T 50326—2017),施工项目经理应履行的职责有( )。

 A. 组织或参与编制项目管理规划大纲　　B. 主持编制项目管理目标责任书
 C. 对各类资源进行质量管控和动态管理　D. 组织或参与评价项目管理绩效
 E. 进行授权范围内的利益分配

3. [2020年真题] 根据《建设工程项目管理规范》(GB/T 50326—2017),项目管理机构负责人的权限有( )。

 A. 参与组建项目管理机构　　　　　　B. 决定授权范围内的项目资源使用
 C. 参与选择大宗资源的供应单位　　　D. 决定具有资质的分包人
 E. 主持项目管理机构工作

答案:1. B。2. ACDE。3. ABCE。

专题6　施工风险管理

复习提示▷本专题需辨别风险等级的划分,掌握不同风险类型、风险管理流程及内容,防止在单选题中混淆。

[考点1]　建设工程项目风险的类型

(一)风险和风险量

(1)风险指的是损失的不确定性,对建设工程项目而言,风险是指可能出现的影响项目目标实现的不确定因素。

(2)风险量反映不确定的损失程度和损失发生的概率。事件风险量的区域表示如下图所示。

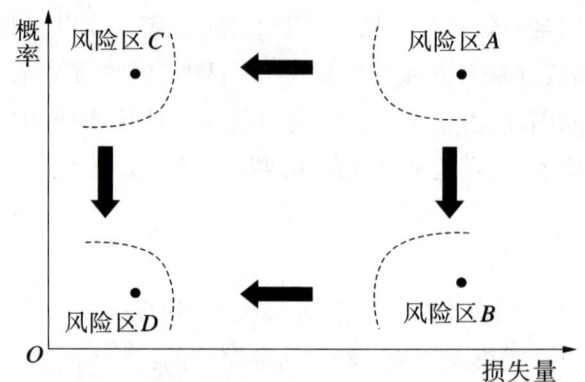

若经过风险评估,某事件处于风险区 A,则应采取措施,降低其概率,以使它移至风险区 B;也可采取措施降低其损失量,以使它移至风险区 C。风险区 B 和 C 的事件则应采取措施,使其移至风险区 D。

(二)风险的类型

业主方和其他项目参与方都应建立风险管理体系,明确各层管理人员的相应管理职责,以减小项目实施过程中的不确定因素对项目的影响。

风险类型	关键词	具体内容
组织风险	人员、能力、知识、经验	1. 承包商管理人员和一般技工的知识、经验和能力。 2. 施工机械操作人员的知识、经验和能力。 3. 损失控制和安全管理人员的知识、经验和能力等
经济与管理风险	资金、合同、"两防""两安全"	1. 工程资金供应条件。 2. 合同风险。 3. 现场与公用防火设施的可用性及其数量。 4. 事故防范措施和计划。 5. 人身安全控制计划。 6. 信息安全控制计划等
工程环境风险	自然、特殊	1. 自然灾害。 2. 岩土地质条件和水文地质条件。 3. 气象条件。 4. 引起火灾和爆炸的因素等
技术风险	机械、方案、物资、设计	1. 工程设计文件。 2. 工程施工方案。 3. 工程物资。 4. 工程机械等

🌐 **精选真题**

1. [2021年真题] 某施工企业在项目实施过程中,因部分管理人员缺乏施工经验而造成的风险属于( )。

   A. 组织风险　　　　　　　　　　B. 经济与管理风险
   C. 工程环境风险　　　　　　　　D. 技术风险

2. [2020年真题] 项目风险管理中,风险等级是根据( )评估确定的。

   A. 风险因素发生的概率和风险管理能力
   B. 风险损失量和承受风险损失的能力
   C. 风险因素发生的概率和风险损失量(或效益水平)
   D. 风险管理能力和风险损失量(或效益水平)

3. [2018年真题] 根据构成风险的因素分类,建设工程施工现场因防火设施数量不足而产生的风险属于( )风险。

   A. 经济与管理　　B. 组织　　　　C. 工程环境　　　D. 技术

   答案:1. A。2. C。3. A。

[考点2] 建设工程项目风险管理及其工作流程

风险管理包括策划、组织、领导、协调和控制等方面的工作。风险管理工作流程包括项目风险识别、项目风险评估、项目风险响应和项目风险控制。

工作流程	含义	具体内容
风险识别（找风险）	识别实施过程存在哪些风险	1. 收集与项目风险有关的信息; 2. 确定风险因素; 3. 编制项目风险识别报告
风险评估（量化）	风险分析并得出结论	1. 分析各种因素发生的概率; 2. 分析各种风险的损失量; 3. 确定各种风险的风险量和风险等级
风险应对（措施）	针对风险采取的相应对策	1. 风险规避、减轻、自留、转移及其组合等策略; 2. 对难以控制的风险,向保险公司投保是风险转移的一种措施
风险监控（监测）	实时监测,发现风险,提出预警	收集和分析风险信息,预测风险,对其监控并提出预警

[提示] 规避——避开不良地基、依法进行招标投标等;减轻——制定应急预案;转移——分包转移、担保转移、保险转移;自留——预留不可预见费、设立风险基金。

🌐 **精选真题**

1. [2021年真题] 根据《建设工程项目管理规范》(GB/T 50326—2017),项目风险管理正确的程序是( )。

   A. 风险识别→风险评估→风险应对→风险监控

B. 风险计划→风险分析→风险评估→风险应对

C. 风险识别→风险分析→风险应对→风险监控

D. 风险规划→风险评估→风险自留→风险转移

2. [2019年真题] 在建设工程项目施工前,承包人对难以控制的风险向保险公司投保,此行为属于风险应对措施中的( )。

A. 风险规避　　　B. 风险减轻　　　C. 风险转移　　　D. 风险保留

答案: 1. A。2. C。

专题7　建设工程监理的工作任务和工作方法

复习提示 ▷ 本专题需区分总监理工程师及监理工程师的职责权限,需对监理规划、监理实施细则编制审批程序、编制依据及编制内容进行区分。对于工程监理在各阶段的工作任务进行了解区分。

[考点1] 工作任务

建设工程监理是一种高智能的有偿技术服务,属业主方项目管理范畴。国际上把这类服务称为工程咨询(工程顾问)服务。

(一) 工程监理的工作性质

(1) 服务性。提供的是服务,不保证项目目标一定实现,但会尽力进行目标控制。

(2) 科学性。拥有专业人士——监理工程师。

(3) 独立性。在组织和经济上不依附于监理工作对象(承包商、材料和设备的供应商)。

(4) 公平性。在维护业主的合法权益时,不损害承包商的合法权益。

(二) 工程监理的工作任务

1. 代表建设业主方对施工质量实施监理

未经监理工程师签字的建筑材料、建筑构配件和设备不得在工程上使用或安装。施工单位不得对下一道工序进行施工。未经总监理工程师签字,建设单位不拨付工程款,不进行竣工验收。

监理工程师应当按照工程监理规范的要求,采取旁站、巡视和平行检验等形式,对建设工程实施监理。

[提示] (1) 材料进场、建筑构配件和设备安装、工序交接——专业监理工程师签字。

(2) 开工、停工、复工、拨付工程款、竣工验收——总监理工程师签字。

2. 审查施工组织设计中的安全技术措施

(1) 开工前,工程监理单位应审查施工组织设计中的安全技术措施或专项施工方案是否符合工程建设强制性标准。

（2）工程监理单位实施监理的过程如下图所示。

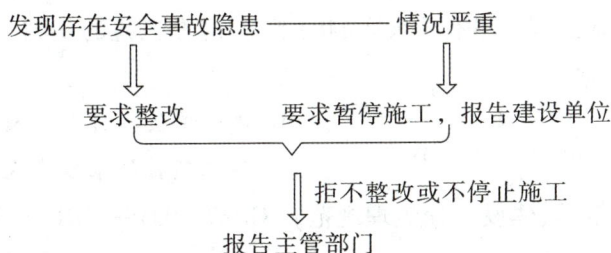

3. 项目实施的几个主要阶段的监理工作的主要任务

阶段	工作内容
施工准备阶段	1. 审查施工单位选择的分包单位的资质。 2. 监督检查施工单位质量保证体系及安全技术措施，完善质量管理程序与制度。 3. 参与设计单位向施工单位的设计交底。 4. 审查施工组织设计。 5. 在单位工程开工前检查施工单位的复测资料。 6. 对重点工程部位的中线和水平控制进行复查。 7. 审批一般单项工程和单位工程的开工报告
施工阶段	1. 质量控制： （1）核验施工测量放线、验收隐蔽工程、分部分项工程，签署分项、分部和单位工程质量评定表； （2）审查施工单位报送的工程材料、构配件、设备的质量证明资料，抽检进场的工程材料、构配件的质量； （3）检查施工单位的测量、检测仪器设备、度量衡定期检验的证明文件。 2. 进度控制： （1）监督施工单位严格按照施工合同规定的工期组织施工； （2）建立工程进度台账，核对工程形象进度，按月、季和年度向业主报告工程执行情况、工程进度以及存在的问题。 3. 投资控制： （1）审核施工单位提交的工程款支付申请，签发或出具工程款支付证书，并报业主审核、批准；建立计量支付签证台账，定期与施工单位核对清算。 （2）审查施工单位提交的工程变更申请，协调处理施工费用索赔、合同争议等事项。 （3）审查施工单位提交的竣工结算申请
竣工验收阶段	1. 督促和检查施工单位及时整理竣工文件和验收资料，并提出意见。 2. 审查施工单位提交的竣工验收申请，编写工程质量评估报告。 3. 组织工程预验收，参加业主组织的竣工验收，并签署竣工验收意见。 4. 编制、整理工程监理归档文件并提交给业主

🌐 精选真题

1. [2021年真题] 对工程质量有重大影响的工序,应在三检的基础上,经( )最终检查认可后才能进行下道工序。

A. 监理工程师 B. 建设单位项目负责人

C. 施工项目经理 D. 施工项目技术负责人

2. [2019年真题] 根据《建设工程监理规范》(GB/T 50319—2013),竣工验收阶段建设监理工作的主要任务是( )。

A. 负责编制工程管理归档文件并提交给政府主管部门

B. 审查施工单位的竣工验收申请并组织竣工验收

C. 参与工程预验收并编写工程质量评估报告

D. 督促和检查施工单位及时整理竣工文件和验收资料

3. [2018年真题] 根据《建设工程安全生产管理条例》,关于工程监理单位安全责任的说法,正确的是( )。

A. 在实施监理过程中发现情况严重的安全事故隐患,应要求施工单位整改

B. 在实施监理过程中发现情况严重的安全事故隐患,应及时向有关主管部门报告

C. 应审查专项施工方案是否符合工程建设强制性标准

D. 对于情节严重的安全事故隐患,施工单位拒不整改时应向建设单位报告

4. [2022年真题] 建设工程监理的工作性质包括( )。

A. 服务性 B. 科学性

C. 创造性 D. 独立性

E. 公平性

答案:1. A。2. D。3. C。4. ABDE。

[考点 2] 工作方法

(一)工程监理的工作程序

(1)编制工程建设监理规划。

(2)按工程建设进度,分专业编制工程建设监理实施细则。

(3)按照建设监理细则进行建设监理。

(4)参与工程竣工预验收,签署建设监理意见。

(5)建设监理业务完成后,向项目法人提交工程建设监理档案资料。

(二)监理规划和监理实施细则

工程监理的工作方法包括建设监理规划和监理实施细则两种,工程监理应先编制建设监理规划,再在此基础上编制监理实施细则,二者分别在编制要求和编制依据上有所不同,如下表所示。

项目	建设监理规划	监理实施细则
适用范围	所有委托监理的项目	采用新材料、新工艺、新技术、新设备的工程,以及专业性较强、危险性较大的分部分项工程
编制时间	在签订委托监理合同及收到设计文件后开始编制,在召开第一次工地会议前报送业主	在相应工程施工前
主持人	总监理工程师	项目监理机构
参与人	各有关专业监理工程师	各有关专业监理工程师
审批人	工程监理单位技术负责人	总监理工程师
编制依据	1.建设工程的相关法律、法规、项目审批文件； 2.与工程项目有关的标准、设计文件和技术资料； 3.监理大纲、委托监理合同文件及建设项目相关的合同文件	1.监理规划； 2.相关标准、工程设计文件； 3.施工组织设计、专项施工方案
内容	1.建设工程概况；2.监理工作范围；3.监理工作内容；4.监理工作目标；5.监理工作依据；6.项目监理机构的组织形式；7.项目监理机构的人员配备计划；8.项目监理机构的人员岗位职责；9.监理工作程序；10.监理工作方法及措施；11.监理工作制度；12.监理设施	1.专业工程特点；2.监理工作流程；3.监理工作要点；4.监理工作方法和措施

[提示] 监理大纲的编制人员应当是监理单位经营部门或技术管理部门人员,也应包括拟定的总监理工程师。先有监理大纲,再有建设监理规划,最后有监理实施细则。

(三) 旁站监理人员的主要职责

施工企业根据监理企业制定的旁站监理方案,在需要实施旁站监理的关键部位、关键工序进行施工前24h,应当书面通知项目监理机构。项目监理机构安排旁站监理人员实施旁站监理。旁站监理人员在监理过程中和监理工作完成后需要符合以下要求：

(1)旁站监理人员和现场质检人员需在旁站记录上签字,否则不得进行下一道工序施工。

(2)施工单位违反工程建设强制性标准时,旁站监理有权责令其立即整改,当已经或可能危及工程质量时,旁站监理要向监理工程师或总监理工程师报告,由总监理工程师下达局部暂停施工指令或采取其他应急措施。

🌐 **精选真题**

1.[2022年真题] 根据《建设工程监理规范》(GB/T 50319—2013),项目监理机构在召开第一次工地会议前应将工程建设监理规划报送( )。

A.建设单位　　　　　　　　B.建设主管部门
C.施工单位　　　　　　　　D.设计单位

2.[2020年真题] 项目监理规划编制完成后,其审核批准者为( )。

A.监理单位技术负责人　　　B.业主方驻工地代表
C.总监理工程师　　　　　　D.政府质量监督人员

3. [2019年真题]根据《建设工程监理规范》(GB/T 50319—2013),关于土方回填工程旁站监理的说法,正确的是( )。

A. 监理人员实施旁站监理的依据是监理规划

B. 旁站监理人员仅对施工过程跟班监督

C. 承包人应在施工前24小时书面通知监理方

D. 旁站监理人员到场但未在监理记录上签字,不影响进行下一道工序施工

4. [2021年真题]关于旁站监理的说法,正确的有( )。

A. 旁站监理指项目监理机构对工程关键部位或关键工序的施工安全进行的监督活动

B. 监理单位在需要实施旁站监理的关键部位、关键工序进行施工前24小时,书面通知项目监理机构

C. 旁站监理人员的主要职责包括检查施工企业现场特殊工种人员的持证上岗情况

D. 旁站监理人员实施旁站监理时,发现施工企业有违反工程建设强制性标准的行为,有权下达局部暂停施工指令

E. 凡旁站监理人员和施工企业现场管理人员未在旁站监理记录上签字的,不得进行下一道工序施工

答案:1. A。2. A。3. C。4. BC。

强化练习

一、单项选择题

1. 建设项目总承包的核心意义在于( )。
   A. 合同总价包干降低成本
   B. 总承包方负责"交钥匙"
   C. 设计与施工的责任明确
   D. 为项目建设增值

2. 应视项目的规模和特点确定进度的控制周期,重要的项目的控制周期可定为一旬或一周,一般的项目控制周期为( )。
   A. 一周   B. 三周
   C. 一个月   D. 三个月

3. 关于影响系统目标实现的因素的说法,正确的是( )。
   A. 组织是影响系统目标实现的决定性因素
   B. 系统组织决定了系统目标
   C. 增加人员数量一定会有助于系统目标的实现
   D. 生产方法与工具的选择与系统目标实现无关

4. 关于管理职能分工表的说法,错误的是( )。
   A. 是用表的形式反映项目管理班子内部项目经理、各工作部门和各工作岗位对各项工作任务的项目管理职能分工
   B. 管理职能分工表无法暴露仅用岗位描述书时所掩盖的矛盾
   C. 可辅以管理职能分工描述书来明确每个工作部门的管理职能
   D. 可以用管理职能分工表来区分业主方和代表业主利益的项目管理方和工程建设监理方等的管理职能

5. 工作流程图反映一个组织系统中各项工作

之间的( )关系。
A. 指令 B. 逻辑
C. 主次 D. 合同

6. 某项目在进行施工组织设计,其中对于施工力量、劳动力、机具、材料、构件等资源供应情况的分析应当属于( )部分的内容。
A. 工程概况
B. 施工部署及施工方案
C. 施工进度计划
D. 主要技术经济指标

7. 针对某新建工厂的特大构件的吊装,应当编制( )。
A. 分项工程施工组织设计
B. 单位工程施工组织设计
C. 施工规划分部
D. 施工组织总设计

8. 下列选项中,属于施工组织总设计编制依据的是( )。
A. 建设工程概况
B. 核心工程施工方案
C. 各项资源需求量计划
D. 设计文件及合同文件

9. 关于编制施工组织设计应考虑的原则,下列说法错误的是( )。
A. 提高施工的工业化程度
B. 只采用国内先进的施工技术
C. 重视工程施工的目标控制
D. 合理安排施工顺序,提高施工的连续性和均衡性

10. 施工组织总设计包括如下工作:①计算主要工程的工程量;②编制施工总进度计划;③编制资源需求量计划;④拟订施工方案。其正确的工作顺序是( )。
A. ①→②→③→④
B. ①→④→②→③
C. ①→③→②→④
D. ④→①→②→③

11. 关于项目目标动态控制的说法,错误的是( )。
A. 动态控制首先应将目标分解,制定目标控制的计划值
B. 当目标的计划值和实际值发生偏差时应进行纠偏
C. 在项目实施过程中对项目目标进行动态跟踪和控制
D. 目标的计划值在任何情况下都应保持不变

12. 为确保项目目标的实现和便于工程的组织管理,某市地铁一号线项目划分为土建、车辆段、机电设备工程、前期工程、运营准备等子系统,甲公司承接了其中的土建施工任务。项目实施中出现进度滞后,经技术人员论证、项目经理决策,选用了一种新型施工机械来替换原有施工机械。甲公司用新型施工机械替换原有施工机械的做法,属于项目目标动态控制纠偏措施中的( )。
A. 组织措施 B. 管理措施
C. 经济措施 D. 技术措施

13. 工程项目目标动态控制的核心是( )。
A. 目标的逐层分解
B. 目标实际数据的收集
C. 目标的计划值和实际值的比较,当发现项目目标偏离时采取纠偏措施
D. 调整项目目标

14. 承包人需要更换项目经理的,应提前( )天书面通知发包人和监理人,并征得发包人书面同意。
A. 7 B. 14
C. 28 D. 30

15. 发包人要求承包人更换不称职的项目经理的说法,错误的是( )。
   A. 承包人应在接到更换通知后7天内向发包人提出书面的改进报告
   B. 发包人收到改进报告后仍要求更换的,承包人应在接到第二次更换通知的28天内进行更换
   C. 承包人应将新任命的项目经理的注册执业资格、管理经验等资料书面通知发包人
   D. 发包人有权书面通知承包人更换其认为不称职的项目经理,通知中应当载明要求更换的理由

16. 按照《建设工程项目管理规范》(GB/T 50326—2017)中风险评估等级,风险量区域中,风险等级最低的区域是( )。
   A. 风险区A   B. 风险区B
   C. 风险区C   D. 风险区D

17. 建设工程施工风险管理的工作程序中,风险应对的下一步工作是( )。
   A. 风险评估   B. 风险监控
   C. 风险识别   D. 风险预测

18. 下列建设工程施工风险因素中,属于组织风险的是( )。
   A. 承包人管理人员的能力
   B. 公用防火设施的可用性
   C. 岩土地质条件
   D. 工程机械的稳定性

19. 下列选项中,属于风险识别工作的是( )。
   A. 确定风险因素
   B. 分析各种风险的损失量
   C. 向保险公司投保
   D. 分析风险因素发生的概率

20. 项目监理机构处理业主和承包方的利益冲突或矛盾时,应坚持的原则是( )。
   A. 无条件维护业主的权益
   B. 无条件维护承包方的权益
   C. 在不损害业主合法权益的前提下,维护承包方的权益
   D. 在维护业主的权益时,不损害承包方的合法权益

21. 根据《建设工程质量管理条例》,未经( )签字的建筑材料不得在工程上使用。
   A. 监理员
   B. 专业监理工程师
   C. 总监理工程师代表
   D. 总监理工程师

22. 对于需要实施旁站监理的施工关键部位、关键工序,施工企业应在进行施工前( )小时,书面通知项目监理机构。
   A. 12   B. 24
   C. 36   D. 48

23. 下列不属于工程建设监理的工作程序的是( )。
   A. 编制工程建设监理规划
   B. 对施工图纸变更进行批复
   C. 参与工程竣工预验收,签署建设监理意见
   D. 按照建设监理细则进行建设监理

24. 业主方项目管理的进度目标指的是( )。
   A. 道路试运行结束
   B. 道路竣工结算完成
   C. 工厂通过竣工验收
   D. 工厂建成投入生产

25. 下列不属于施工方涉及的阶段是( )。
   A. 设计阶段   B. 动用前准备阶段
   C. 保修期   D. 决策阶段

26. 关于施工总承包管理方的主要特征,下列

说法错误的是( )。

A. 一般情况下,施工总承包管理方要承担施工任务,并且进行施工的总体管理和协调

B. 一般情况下,施工总承包管理方不与分包方和供货方直接签订施工合同,这些合同都由业主方直接签订,业主方也可能要求施工总承包管理方负责整个施工的招标和发包工作

C. 无论是业主方选定的分包方,还是经业主方授权由施工总承包管理方选定的分包方,施工总承包管理方都承担对其的组织和管理责任

D. 施工总承包管理方和施工总承包方承担相同的管理任务和责任,因此,由业主选定的分包方应经施工总承包管理方的认可,否则施工总承包管理方难以承担对工程管理的总责任

27. 关于建设工程项目管理的说法,正确的是( )。

A. 施工方的项目管理涉及项目全寿命周期

B. 施工方的项目管理主要服务于施工方本身的利益

C. 业主方项目管理是整个项目管理的核心

D. 施工方项目管理的目标包括项目的投资目标以及施工的成本、进度和质量目标

28. 建设项目工程总承包方的项目管理工作主要在项目的( )进行。

A. 施工阶段
B. 实施阶段
C. 设计阶段和实施阶段
D. 施工阶段和保修阶段

29. 甲企业为某工程项目的施工总承包方,乙企业为甲企业自行分包的分包单位,丙企业为该工程项目业主指定的分包单位,这三家企业在施工及管理中的正确关系是( )。

A. 甲企业只负责完成自己承担的施工任务

B. 丙企业只听从业主的指令

C. 丙企业可指挥乙企业的施工

D. 甲企业负责组织和指挥乙企业与丙企业的施工

30. 业主方的项目管理工作涉及项目实施阶段的过程,在设计准备阶段的工作是( )。

A. 编制设计任务书
B. 编制项目建议书
C. 编制可行性研究报告
D. 施工图设计

31. 工程监理代表建设单位对施工质量实施监理,下列说法中错误的是( )。

A. 工程监理单位受业主委托,代表建设单位对施工质量实施监理,并对施工质量承担监理责任

B. 实施监理活动中,当业主和承包商发生利益冲突或矛盾时,在维护业主合法权益时,不损害承包商的合法权益,这体现了监理公平性的工作特点

C. 建筑材料、构配件和设备未经总监理工程师签字,不得在工程上使用或安装

D. 审查施工单位选择的分包单位的资质是施工准备阶段的工作内容之一

32. 反映一个组织系统中各子系统之间指令关系的是( )。

A. 组织结构图   B. 职能分工表
C. 项目合同图   D. 工作流程图

33. 某建设工程项目的管理按照职能组织结构模式运行，这个组织系统的特点是（　　）。
   A. 没有相互矛盾的指令源
   B. 有纵向和横向的指令源
   C. 可能有多个矛盾的指令源
   D. 指令源唯一

34. 编制项目投资编码、进度编码、合同编码和工程档案编码的基础是（　　）。
   A. 项目结构图和项目结构编码
   B. 组织结构图和组织结构编码
   C. 工作流程图和项目结构编码
   D. 工作流程图和组织结构编码

35. 项目管理任务分工表的编制程序包括：①编制任务分工表；②进行项目管理任务分解；③明确各工作部门或个人的工作任务。其正确的顺序是（　　）。
   A. ①→②→③   B. ②→①→③
   C. ③→②→①   D. ②→③→①

36. 某企业以建设项目工程总承包的形式承担了某大学新校区建设项目，该项目占地400万 m^2，其中包括教学区、行政办公区、实验区、体育运动区、学生生活区、教职工生活区以及场区道路、绿化、管网等。项目工期要求紧，企业根据该项目的具体情况，采用了矩阵组织结构模式，并在组织系统内进行了工作任务分工和管理职能分工。该项目承包方制定了工作任务分工表，该分工表的作用是（　　）。
   A. 清晰地反映该项目的结构
   B. 清晰地反映该项目的组织结构
   C. 描述该项目各项工作的流程
   D. 明确各项工作主办、协办和配合的部门

37. 能够反映项目管理班子内部项目经理、各工作部门和各工作岗位在各项管理工作中所应承担的策划、执行、控制等职责的组织工具是（　　）。
   A. 管理职能分工表
   B. 组织结构图
   C. 工作任务分工表
   D. 工作流程图

38. 关于工作流程与工作流程图的说法，正确的是（　　）。
   A. 业主方与项目各参与方工作流程组织的任务是一致的
   B. 工作流程组织的任务就是编制组织结构图
   C. 工作流程图可以用来描述工作流程组织
   D. 工作流程图中用双向箭线表示工作间的逻辑关系

39. 某住宅小区工程施工前，施工项目管理机构绘制了如下框图。该图是（　　）。

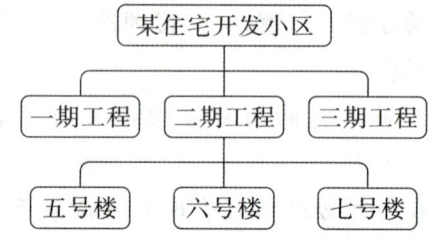

   A. 项目结构图   B. 组织结构图
   C. 工作流程图   D. 合同结构图

40. 项目监理机构在施工阶段进度控制的主要工作是（　　）。
   A. 合同执行情况的分析和跟踪管理
   B. 定期与施工单位核对签证台账
   C. 监督施工单位严格按照合同规定的工期组织施工
   D. 审查单位工程施工组织设计

41. 关于组织工具，下列说法正确的是（　　）。
   A. 组织结构模式反映一个组织系统中各

项工作之间的指令关系

B. 组织分工反映一个组织系统中各单位间工作任务分工和管理职能分工

C. 组织结构模式和组织分工都是一种相对动态的组织关系

D. 工作流程组织则可反映一个组织系统中各项工作之间的逻辑关系

42. 监理实施细则应报(　　)审批。
   A. 监理单位技术负责人
   B. 专业监理工程师
   C. 总监理工程师
   D. 总监理工程师代表

43. 下列关于建设工程监理规划的说法,正确的是(　　)。
   A. 监理规划由项目总监理工程师组织编写
   B. 监理规划应当由监理单位技术负责人签字
   C. 监理规划应当在投标阶段编制
   D. 监理规划应该在第一次监理例会前报送建设单位

44. 把施工所需的各种资源、生产、生活活动场地及各种临时设施合理地布置在施工现场,使整个现场能有组织地进行文明施工,属于施工组织设计中(　　)的内容。
   A. 施工部署
   B. 施工方案
   C. 安全施工专项方案
   D. 施工平面图

45. 作业区施工平面布置图设计属于(　　)的主要内容。
   A. 单位工程施工组织设计
   B. 施工组织总设计
   C. 分部(分项)工程施工组织设计
   D. 单项工程施工组织设计

46. 某工程项目包括办公楼、住宅楼、综合楼各栋以及室外工程。针对综合楼施工所做的施工组织设计属于(　　)。
   A. 施工规划
   B. 单位工程施工组织设计
   C. 施工组织总设计
   D. 分部分项工程施工组织设计

47. 下列分部(分项)工程中,需要编制分部(分项)工程施工组织设计的是(　　)。
   A. 零星土石方工程
   B. 场地平整
   C. 混凝土垫层工程
   D. 定向爆破工程

48. 根据现行《建设工程安全生产管理条例》,工程监理单位发现存在安全事故隐患情况严重的,应当要求施工单位暂时停止施工,并及时报告(　　)。
   A. 工程总承包单位
   B. 建设主管部门
   C. 质量监督站
   D. 建设单位

49. 施工项目技术负责人每天在施工日志上对当天的施工质量和进度情况进行详细记载,属于项目目标动态控制过程中(　　)的工作。
   A. 准备阶段
   B. 收集项目实际值
   C. 进行目标计划值和实际值比较
   D. 纠偏环节

50. 下列项目目标动态控制措施中,属于管理措施的是(　　)。
   A. 强化合同管理
   B. 调整职能分工
   C. 优化组织结构
   D. 改进施工工艺

51. 根据《建设工程安全生产管理条例》，工程监理单位应当审核施工组织设计中的安全技术措施或者专项施工方案是否符合（　　）。

    A. 工程建设设计文件

    B. 工程建设施工合同

    C. 工程建设技术规程

    D. 工程建设强制性标准

52. 某施工企业承揽了一个住宅施工项目，确定了项目目标的计划值，为了对项目进行动态跟踪和控制，在项目施工过程中，下列各项工作中首先应做的是（　　）。

    A. 调整项目目标

    B. 比较项目目标的实际值与计划值

    C. 收集项目目标的实际值

    D. 采取纠偏措施进行纠偏

53. 在项目目标动态控制的纠偏措施中，调整管理职能分工属于（　　）。

    A. 组织措施　　　B. 管理措施

    C. 经济措施　　　D. 技术措施

54. 过渡期满后，大、中型工程在施工成本动态控制过程中，当对工程合同价与实际施工成本、工程款支付进行比较时，成本的计划值是（　　）。

    A. 工程合同价　　B. 实际施工成本

    C. 工程款支付额　D. 施工图预算

55. 项目管理目标责任书应在项目实施之前，由（　　）与项目经理协商制定。

    A. 法人与授权人

    B. 法人与监理

    C. 法定代表人或其授权人

    D. 法定代表人与监理

56. 下列选项中，属于施工企业与项目经理签订项目管理目标责任书依据的是（　　）。

    A. 项目特点和实施条件与环境

    B. 项目投标文件

    C. 项目管理实施目标

    D. 项目管理规范

57. 某工程的项目经理由于工作失误，致使施工人员死亡并造成重大经济损失，施工企业对该项目经理可以采取的处理方式是（　　）。

    A. 追究行政责任　B. 吊销资格证书

    C. 追究社会责任　D. 追究经济责任

58. 根据《建设工程施工合同（示范文本）》（GF-2017-0201），发包人有权书面通知承包人更换其认为不称职的项目经理，承包人应在接到第二次更换通知的（　　）天内进行更换。

    A. 7　　　　　　B. 14

    C. 15　　　　　 D. 28

59. 取得建造师注册证书的人员是否担任工程项目施工的项目经理，由（　　）决定。

    A. 政府主管部门　B. 业主

    C. 施工企业　　　D. 监理工程师

60. 下列各项管理权力中，属于施工项目经理管理权力的是（　　）。

    A. 自行决定是否分包及选择分包企业

    B. 编制和确定需政府监管的招标方案，评选和确定投标、中标单位

    C. 指挥项目建设的生产经营活动，调配并管理进入工程项目的生产要素

    D. 代表企业法人参加民事活动，行使企业法人的一切权力

61. 根据《建设工程施工合同（示范文本）》（GF-2017-0201），项目经理因特殊情况授权下属人员履行其某项工作职责的，应选派有相应能力的人员并提前（　　）将上述人员及授权情况书面通知监理人并征得发包人同意。

A. 14 天　　　　B. 7 天
C. 28 天　　　　D. 3 天

62. 依据《建设工程施工合同(示范文本)》(GF-2017-0201)中涉及项目经理的条款，下列说法中正确的是(　　)。
   A. 项目经理可同时担任两个以上项目的项目经理
   B. 项目经理确需离开施工现场时应事先通知监理人并取得发包人的书面同意
   C. 承包人在提前7天通知发包人和监理人的情况下可更换项目经理
   D. 项目经理可随时将其某项工作职责授权其下属人员履行

63. 项目施工过程中，由于施工管理人员水平低，责任心差，使得安全隐患无法及时发现和有效控制而可能产生安全事故的风险，属于(　　)风险。
   A. 工程环境　　　B. 组织
   C. 技术　　　　　D. 经济与管理

64. 某建设工程项目在基坑开挖阶段，遇到了不利的软弱土层，需要进行地基处理，使施工进度延误，施工费用增加，该风险属于(　　)。
   A. 组织风险
   B. 技术风险
   C. 工程环境风险
   D. 经济与管理风险

65. 下列选项中属于风险评估工作内容的是(　　)。
   A. 编制施工风险识别报告
   B. 确定应对各种风险的对策
   C. 分析各种风险发生的概率和损失量
   D. 对风险进行监控并提出预警

二、多项选择题

1. 建设工程参建各方中具有投资目标的项目管理包括(　　)的项目管理。
   A. 业主方　　　　B. 施工方
   C. 设计方　　　　D. 供货方
   E. 项目总承包方

2. 供货方的项目管理工作主要在施工阶段进行，但它也涉及(　　)。
   A. 设计准备阶段　B. 设计阶段
   C. 动用前准备阶段　D. 决策阶段
   E. 保修期

3. 影响一个系统目标实现的主要因素包括(　　)。
   A. 管理人员的数量
   B. 管理的方法与工具
   C. 生产的方法与工具
   D. 生产人员的质量
   E. 作业环境

4. 关于项目结构图和组织结构图的说法，正确的有(　　)。
   A. 项目结构图中，矩形框表示工作任务
   B. 项目结构图中，用双向箭线连接矩形框
   C. 组织结构图中，用直线连接矩形框
   D. 组织结构图中，矩形框表示工作部门
   E. 项目结构图和组织结构图都是组织工具

5. 关于建设工程的工作任务及管理职能分工表，下列说法正确的有(　　)。
   A. 管理职能分工表不足以明确管理职能时，可辅以管理职能分工描述书
   B. 业主方和项目参建各方均应编制各自的管理任务分工表
   C. 在任务分工表中，每个任务最多应有一个主办部门
   D. 运营部和物业开发部是在工程竣工前才介入工作
   E. 管理职能分工表只适用于项目管理，不适用于企业管理

6. 下列选项中,属于施工准备阶段监理工作的主要任务的有( )。
   A. 监督施工单位严格执行合同
   B. 参与设计单位向施工单位的交底
   C. 审查施工单位选择的分包单位的资质
   D. 检查和评价施工单位的工程自检工作
   E. 在单位工程开工前检查施工单位的复测资料

7. 下列关于项目目标动态控制的说法中,正确的有( )。
   A. 项目目标动态控制应重视事前的主动控制
   B. 项目目标动态控制有利于项目目标的实现
   C. 项目目标动态控制是项目管理最基本的方法论
   D. 当计划值与实际值产生偏差时调整项目的目标
   E. 项目目标动态控制的准备工作是将项目目标进行分解

8. 在施工过程中定期对施工成本的计划值和实际值进行比较,是运用动态控制原理控制施工成本的步骤之一。施工成本的计划值和实际值的比较包括( )。
   A. 工程合同价与投标价中的相应成本项的比较
   B. 工程合同价与工程款支付中的相应成本项的比较
   C. 施工成本规划与合同价规划中的相应成本项的比较
   D. 投标价与实际施工成本中的相应成本项的比较
   E. 实际施工成本与工程款支付中的相应成本项的比较

9. 项目经理在项目管理中的任务包括( )。
   A. 施工队伍选择   B. 组织审查施工图纸
   C. 工程合同管理   D. 施工质量控制
   E. 施工进度控制

10. 风险量的含义为( )。
    A. 损失发生的概率
    B. 实际损失的大小
    C. 风险因素的多少
    D. 不确定的损失程度
    E. 风险控制的力度

11. 按构成风险的因素进行分类,工程技术风险主要包括( )等。
    A. 工程物资
    B. 工程资金供应条件
    C. 工程设计文件
    D. 工程施工方案
    E. 损失控制和安全管理人员的知识、经验和能力等

12. 工程建设监理实施细则的编制依据包括( )。
    A. 委托监理合同文件
    B. 施工组织设计、专项施工方案
    C. 相关的标准、工程设计文件
    D. 监理规划
    E. 监理大纲

13. 关于建设工程项目管理的说法,正确的有( )。
    A. "项目开始至项目完成"包括项目的决策、实施阶段
    B. 同一项目的目标内涵对项目的各参与单位来说是相同的
    C. 项目决策阶段的主要任务是确定项目的定义
    D. 项目实施阶段的主要任务是实现项目的目标
    E. 项目的策划指的是项目目标控制前的策划和准备工作

14. 设计方的项目管理工作主要在设计阶段进行,但它也会涉及( )。
    A. 设计前准备阶段   B. 施工阶段
    C. 动用前准备阶段   D. 决策阶段
    E. 保修阶段

15. 关于施工总承包管理方责任的说法,正确的有( )。
    A. 施工总承包管理方和施工总承包方承担的管理任务和责任不同
    B. 施工总承包管理方承担对分包方的组织和管理责任
    C. 施工总承包管理方不能承担施工任务,它只负责进行施工的总体管理和协调
    D. 施工总承包管理方必须直接与分包方和供货方签订施工合同
    E. 施工总承包管理方可以应业主方要求负责整个施工的招标和发包工作

16. 某建设项目的总承包商为实现项目目标,运用组织工具设计了项目组织系统,包括项目结构图、组织结构图(管理组织结构图)、工作任务分工表、管理职能分工表和工作流程组织图(如投资控制流程、进度控制流程、工程设计变更流程组织、信息处理工作流程组织等)。上述案例背景中属于动态关系的组织工具有( )。
    A. 设计变更流程组织
    B. 组织结构图
    C. 项目结构图
    D. 信息处理工作流程组织
    E. 工作任务分工表

17. 关于项目结构分解,下列说法正确的有( )。
    A. 项目结构图通过树状图的方式对一个项目的结构进行逐层分解
    B. 项目结构图能够反映组成该项目的所有工作任务
    C. 同一个建设工程项目只能有一种项目结构分解方法
    D. 项目结构分解应该和整个工程的部署相结合,并结合将采用的合同形式
    E. 项目结构分解考虑到项目进展的总体部署,采用统一的分解方案

18. 某施工单位采用下图所示的组织结构模式,则关于该组织结构的说法,正确的有( )。

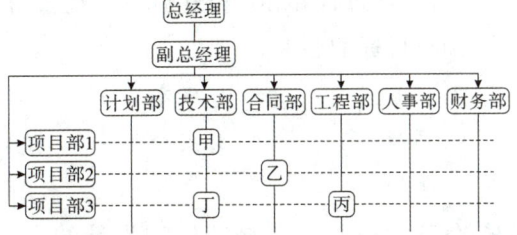

    A. 技术部可以对甲、乙、丙、丁直接下达指令
    B. 工程部不可以对甲、乙、丙、丁直接下达指令
    C. 甲工作涉及的指令源有2个,即项目部1和技术部
    D. 该组织结构属于矩阵式
    E. 上图中当乙工作来自项目部2和合同部的指令矛盾时,以合同部指令为主

19. 项目技术组针对施工进度滞后的情况,提出了增加夜班作业、改进施工方法两种加快进度的方案,项目经理通过比较,确定采用增加夜班作业以加快进度,物资组落实了夜间施工照明条件,安全组对夜间施工安全条件进行了复查。上述管理工作体现在管理职能中"筹划"环节的有( )。
    A. 提出两种可能加快进度的方案
    B. 两种方案的比较分析
    C. 确定采用增加夜间施工加快进度的

方案

D. 复查夜间施工安全条件

E. 落实夜间施工照明条件

20. 建设项目管理常用的组织结构模式有( )。

A. 网络组织结构　B. 职能组织结构

C. 多层组织结构　D. 矩阵组织结构

E. 线性组织结构

21. 施工进度计划反映了最佳施工方案在时间上的安排,采用计划的形式,使( )等方面,通过计算和调整达到优化配置,符合项目目标的要求。

A. 工期　　　　　B. 成本

C. 质量　　　　　D. 安全

E. 资源

22. 分部(分项)工程施工组织设计的主要内容有( )。

A. 建设项目的工程概况

B. 施工方法的选择

C. 施工机械的选择

D. 劳动力需求量计划

E. 安全施工措施

23. 在施工组织设计的工程概况中应包含( )。

A. 项目的性质、规模

B. 地区地形、水文和气象情况

C. 劳动力、机具等资源供应情况

D. 施工条件

E. 施工进度计划的安排

24. 根据《建筑施工组织设计规范》,单位工程施工组织设计的内容包括( )。

A. 施工方案的选择

B. 单位工程施工进度计划

C. 各项资源需求量计划

D. 项目施工总体部署

E. 单位工程施工平面图设计

25. 下列关于施工组织设计内容的说法,错误的有( )。

A. 施工平面图是施工方案及施工进度计划在空间上的全面安排

B. 只有在编制施工总体部署之后才可拟订施工方案

C. 只有拟订施工方案之后才可编制施工进度计划

D. 施工顺序往往安排在施工部署内容中

E. 所有工程的施工组织设计中均需要包括技术组织措施和资源需求量计划

26. 项目目标动态控制过程中,属于事前控制内容的有( )。

A. 分析可能导致项目目标偏离的各种影响因素

B. 定期进行目标计划值和实际值的比较

C. 针对可能导致目标偏离的影响因素采取预防措施

D. 发现目标偏离时采取纠偏措施

E. 分析目标偏离产生的原因和影响

27. 在监理工作开始前,专业监理工程师编制的监理实施细则,其主要内容包括( )。

A. 监理工作流程　B. 监理工作要点

C. 专业工程特点　D. 监理工作的程序

E. 监理工作范围

28. 根据《建设工程施工合同(示范文本)》(GF-2017-0201),施工合同签订后,承包人应向发包人提交的关于项目经理的有效证明文件包括( )。

A. 劳动合同　　　B. 缴纳社保证明

C. 身份证　　　　D. 职称证书

E. 注册执业证书

29. 根据《建设工程项目管理规范》(GB/T

50326—2017)，项目经理的职责有( )。

A. 组织或参与编制项目管理实施规划
B. 对资源进行动态管理
C. 进行授权范围内的利益分配
D. 主持项目经理部工作
E. 制定项目管理机构管理制度

30. 关于施工项目经理的地位、作用的说法，正确的有( )。

A. 项目经理是一种专业人士的名称
B. 项目经理是企业法定代表人在项目上的代表人
C. 取得建造师注册证书的人员均可成为施工项目经理
D. 没有取得建造师执业资格的人员可以担任施工项目的项目经理
E. 项目经理不得同时担任其他项目的项目经理

31. 根据《建设工程施工合同(示范文本)》(GF-2017-0201)，如承包人不能向发包人提交合同确认的项目经理的劳动合同、社会保险等有效证明，则符合合同约定的做法有( )。

A. 发包人要求更换项目经理
B. 发包人安排另家施工单位进场施工
C. 承包人安排临近工地项目经理兼任本项目经理
D. 承包人另安排一名生产经理代行项目经理职责
E. 承包人承担由此增加的费用和延误的工期

32. 结合我国《建设工程施工合同(示范文本)》(GF-2017-0201)中涉及项目经理的条款，下列选项中有关项目经理的说法，正确的是( )。

A. 建造师和项目经理是同一概念

B. 在我国，项目经理是建筑施工企业法定代表人在工程项目上的代表人
C. 项目经理和施工企业签订了劳动合同，就有权行使其在施工管理中的职责
D. 承包人需要更换项目经理应提前28天书面通知发包人和监理人，征得发包人书面同意，否则应承担违约责任
E. 参与选择具有相应资质的分包人是项目经理的权限

33. 下列建设工程项目风险中，属于经济与管理风险的是( )。

A. 设计人员和监理工程师的能力
B. 工程设计文件
C. 人身安全控制计划
D. 引起火灾和爆炸的因素
E. 公用防火设施的数量

34. 某建设工程正在进行楼板钢筋绑扎施工。施工总承包单位的技术负责人现场检查后，确认施工进度按预定计划执行，但楼板负弯矩钢筋标高不符合设计要求，保证楼板负弯矩钢筋标高的措施不可靠，随即组织有关人员分析并制定改进措施，同时要求所属施工队立即执行。施工单位制定的改进措施主要包括：增加钢筋支架的数量；增加施工用跳板的铺设，减少对负弯矩钢筋的踩踏；在该项目部内安排一名质检员专门负责检查监督楼板负弯矩钢筋的标高；强化工人质量意识，加强成品保护。上述改进措施主要有( )。

A. 组织措施　　B. 管理措施
C. 经济措施　　D. 技术措施
E. 合同措施

35. 根据工作流程图的绘制要求，以下工作流程图中，表达错误的有( )。

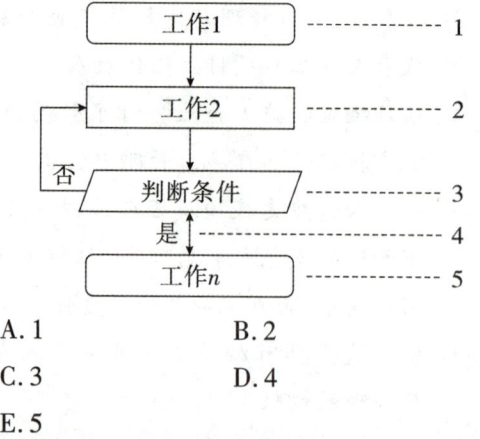

A. 1 B. 2
C. 3 D. 4
E. 5

36. 下列关于施工风险管理的说法中,正确的是( )。

A. 确定风险因素是风险评估的重要工作
B. 风险应对指的是针对项目的风险而采取的相应对策
C. 风险识别的主要任务是确定风险的损失量
D. 对难以控制的风险向保险公司投保是风险转移的一种措施
E. 风险监控是风险应对的重要内容

37. 根据《建设工程质量管理条例》的有关规定,未经监理工程师签字,建筑材料、建筑构配件和设备不得( )。

A. 在工程上使用 B. 在工程上安装
C. 检验验收 D. 进入施工现场
E. 进行竣工验收

参考答案及解析

一、单项选择题

1. D [解析] 建设项目工程总承包的主要意义并不在于总价包干,也不是"交钥匙",其核心是通过设计与施工过程的组织集成,促进设计与施工的紧密结合,以达到为项目建设增值的目的。故选D。

2. C [解析] 根据项目的规模和特点确定进度的控制周期,重要的项目的控制周期可定为一旬或一周,一般的项目控制周期为一个月。故选C。

3. A [解析] 选项A正确,组织是目标能否实现的决定性因素。选项B错误,系统的目标决定了系统的组织。选项CD错误,影响一个系统目标实现的主要因素除了组织以外,还有:①人的因素,包括管理人员和生产人员的数量和质量;②方法与工具,包括管理的方法与工具以及生产的方法与工具。故选A。

4. B [解析] 管理职能分工表的分工更清晰和更严谨,会暴露仅用岗位责任描述书时所掩盖的矛盾。故选B。

5. B [解析] 工作流程图用图的形式反映一个组织系统中各项工作之间的逻辑关系。故选B。

6. A [解析] 工程概况包括项目的性质、规模、建设地点、地形、水文气象、资源供应情况、施工环境与条件等内容。题干中叙述的是资源供应情况。故选A。

7. A [解析] 分部(分项)工程施工组织设计是针对某些特别重要的、技术复杂的、或采用新工艺、新技术施工的分部(分项)工程,如深基础、无粘结预应力混凝土、特大构件的吊装、大量土石方工程、定向爆破工程等为对象编制的。故选A。

8. D [解析] 施工组织总设计的编制依据主要包括:①计划文件;②设计文件;③合同文

件;④建设地区基础资料;⑤有关的标准、规范和法律;⑥类似建设工程项目的资料和经验。选项ABC属于施工组织总设计的主要内容。故选D。

9. B [解析]在编制施工组织设计时,宜考虑以下原则:①重视工程的组织对施工的作用;②提高施工的工业化程度;③重视管理创新和技术创新;④重视工程施工的目标控制;⑤积极采用国内外先进的施工技术;⑥充分利用时间和空间,合理安排施工顺序,提高施工的连续性和均衡性;⑦合理部署施工现场,实现文明施工。故选B。

10. B [解析]施工组织总设计的编制通常采用如下程序:①收集和熟悉编制施工组织总设计所需的有关资料和图纸,进行项目特点和施工条件的调查研究;②计算主要工程的工程量;③确定施工的总体部署;④拟订施工方案;⑤编制施工总进度计划;⑥编制资源需求量计划;⑦编制施工准备工作计划;⑧施工总平面图设计;⑨计算主要技术经济指标。故选B。

11. D [解析]比较施工进度计划值和实际值,如有偏差,则采取纠偏措施进行纠偏。如有必要,进行项目目标的调整,目标调整后控制过程再回到第一步。故选D。

12. D [解析]改变施工机械的做法,属于施工技术的原因而影响项目目标的实现,因此,属于技术措施。故选D。

13. C [解析]工程项目目标动态控制的核心是目标的计划值和实际值的比较,当发现项目目标偏离时采取纠偏措施。故选C。

14. B [解析]承包人需要更换项目经理的,应提前14天书面通知发包人和监理人,并征得发包人书面同意。故选B。

15. A [解析]发包人有权书面通知承包人更换其认为不称职的项目经理,通知中应当载明要求更换的理由。选项A错误,承包人应在接到更换通知后14天内向发包人提出书面的改进报告。发包人收到改进报告后仍要求更换的,承包人应在接到第二次更换通知的28天内进行更换,并将新任命的项目经理的注册执业资格、管理经验等资料书面通知发包人。故选A。

16. D [解析]风险等级最低就是风险的损失量和风险发生的概率最低,因此是风险区D。故选D。

17. B [解析]施工风险管理过程包括施工全过程的风险识别、风险评估、风险应对和风险监控。故选B。

18. A [解析]组织风险包括:①承包商管理人员和一般技工的知识、经验和能力;②施工机械操作人员的知识、经验和能力;③损失控制和安全管理人员的知识、经验和能力等。选项B属于经济与管理风险。选项C属于工程环境风险。选项D属于技术风险。故选A。

19. A [解析]风险识别的任务是识别实施过程存在哪些风险,其工作程序包括:①收集与项目风险有关的信息;②确定风险因素;③编制项目风险识别报告。选项BD属于风险评估的工作。选项C属于风险应对的工作。故选A。

20. D [解析]工程监理机构受业主的委托进行工程建设的监理活动,当业主方和承包商发生利益冲突或矛盾时,工程监理机构应以事实为依据,以法律和有关合同为准绳,在维护业主的合法权益时,不损害承包商的合法权益,这体现了建设工程监理的公平性。故选D。

21. B [解析]根据《建设工程质量管理条

例》，未经监理工程师签字，建筑材料、建筑构配件和设备不得在工程上使用或者安装，施工单位不得进行下一道工序的施工。未经总监理工程师签字，建设单位不拨付工程款，不进行竣工验收。故选B。

22. B [解析]施工企业根据监理企业制定的旁站监理方案，在需要实施旁站监理的关键部位、关键工序进行施工前24小时，应当书面通知项目监理机构。项目监理机构应当安排旁站监理人员实施旁站监理。故选B。

23. B [解析]工程建设监理一般应按下列程序进行：①编制工程建设监理规划；②按工程建设进度，分专业编制工程建设监理实施细则；③按照建设监理细则进行建设监理；④参与工程竣工预验收，签署建设监理意见；⑤建设监理业务完成后，向项目法人提交工程建设监理档案资料。故选B。

24. D [解析]进度目标指的是项目动用的时间目标，也即项目交付使用的时间目标，如工厂建成可以投入生产、道路建成可以通车、办公楼可以启用、旅馆可以开业的时间目标等。故选D。

25. D [解析]施工方的项目管理工作主要在施工阶段进行，但它也涉及设计准备阶段、设计阶段、动用前准备阶段和保修期。故选D。

26. A [解析]选项A错误，一般情况下，施工总承包管理方不承担施工任务，其主要进行施工的总体管理和协调。故选A。

27. C [解析]选项A错误，不涉及决策阶段和使用阶段。选项B错误，施工方的项目管理主要服务于项目的整体利益和施工方本身的利益。选项D错误，施工方项目管理的目标包括施工的成本目标、施工的进度

目标和施工的质量目标。故选C。

28. B [解析]建设项目工程总承包方项目管理工作涉及项目实施阶段的全过程，即设计前的准备阶段、设计阶段、施工阶段、动用前准备阶段和保修阶段。故选B。

29. D [解析]施工总承包方是工程施工的总执行者和总组织者，它除了完成自己承担的施工任务外，还负责组织和指挥它自行分包和业主指定的分包施工单位的施工，并为分包施工单位提供和创造必要的施工条件。故选D。

30. A [解析]建设工程项目的设计准备阶段的任务是编制设计任务书。选项BC属于决策阶段。选项D属于设计阶段。故选A。

31. C [解析]未经监理工程师签字，建筑材料、建筑构配件和设备不得在工程上使用或者安装，施工单位不得进行下一道工序的施工。未经总监理工程师签字，建设单位不拨付工程款，不进行竣工验收。故选C。

32. A [解析]组织结构图反映了一个组织系统中各组成部门（组成元素）之间的组织关系（指令关系）。故选A。

33. C [解析]职能组织结构的特点是每一个工作部门可能得到其直接或者非直接的上级部门下达的工作指令，它就会有多个矛盾的指令源。故选C。

34. A [解析]项目结构图和项目结构编码是编制其他编码的基础。故选A。

35. D [解析]工作任务分工表的编制程序是：①对管理任务进行详细分解；②定义项目经理、主管工作部门、主管人员的工作任务；③编制工作任务分工表。故选D。

36. D [解析]工作任务分工表主要明确哪项任务由哪个部门（机构）负责主办，另明确

协办部门和配合部门。故选D。

37. A [解析]管理职能分工表是用表的形式反映项目管理班子内部项目经理、各工作部门和各工作岗位对各项工作任务的项目管理职能分工。故选A。

38. C [解析]选项A错误,业主方与项目各参与方都有各自的工作流程组织的任务。选项B错误,工作流程组织的任务是根据建设项目的特点,从多个可能的工作流程方案中确定主要的工作流程组织,即定义工作的流程。选项D错误,工作流程图中用单向箭线表示工作之间的逻辑关系。故选C。

39. A [解析]项目结构图是一个重要的组织工具,它通过树状图的方式对一个项目的结构进行逐层分解,以反映组成该项目的所有工作任务。故选A。

40. C [解析]施工阶段的进度控制:①监督施工单位严格按照施工合同规定的工期组织施工;②建立工程进度台账,核对工程形象进度,按月、季和年度向业主报告工程执行情况、工程进度以及存在的问题。故选C。

41. D [解析]选项A错误,组织结构模式反映一个组织系统中各子系统之间或各元素(各工作部门或各管理人员)之间的指令关系。选项B错误,组织分工反映一个组织系统中各子系统或各元素的工作任务分工和管理职能分工。选项C错误,组织结构模式和组织分工都是一种相对静态的组织关系。故选D。

42. C [解析]监理实施细则应在相应工程施工开始前由专业监理工程师编制,并报总监理工程师审批。故选C。

43. A [解析]选项A正确,监理规划由项目总监理工程师组织编写。选项B错误,总监理工程师组织专业监理工程师参加编制,总监理工程师签字后由工程监理单位技术负责人审批。选项CD错误,工程建设监理规划应在签订委托监理合同及收到设计文件后开始编制,在召开第一次工地会议前报送建设单位。故选A。

44. D [解析]施工平面图是施工方案及施工进度计划在空间上的全面安排。它把投入的各种资源、材料、构件、机械、道路、水电供应网络、生产、生活活动场地及各种临时工程设施合理地布置在施工现场,使整个现场能有组织地进行文明施工。故选D。

45. C [解析]作业区施工平面布置图设计属于分部工程施工组织设计的内容。故选C。

46. B [解析]单位工程施工组织设计是以单位工程为对象编制的,如一栋楼房、一个烟囱、一段道路、一座桥等。故选B。

47. D [解析]分部(分项)工程施工组织设计是以深基础、定向爆破工程等为对象编制的。故选D。

48. D [解析]工程监理单位在实施监理过程中,发现存在安全事故隐患的,应当要求施工单位整改;情况严重的,应当要求施工单位暂时停止施工,并及时报告建设单位。施工单位拒不整改或者不停止施工的,工程监理单位应当及时向有关主管部门报告。故选D。

49. B [解析]收集项目目标的实际值,如实际投资/成本、实际施工进度和施工的质量状况等。故选B。

50. A [解析]选项BC属于组织措施。选项D属于技术措施。故选A。

51. D [解析]工程监理单位应当审查施工组织设计中的安全技术措施或者专项施工方案是否符合工程建设强制性标准。故选D。

52. C [解析]在项目实施过程中对项目目标进行动态跟踪和控制:①收集项目目标的实际值;②定期(如每两周或每月)进行项目目标的计划值和实际值的比较;③比较项目目标的计划值和实际值,如有偏差,则采取纠偏措施进行纠偏。故选C。

53. A [解析]人员、分工、组织、流程等都属于组织措施。故选A。

54. A [解析]在前为计划值,在后即为前面实际值。故选A。

55. C [解析]项目管理目标责任书应在项目实施之前,由法定代表人或其授权人与项目经理协商制定。故选C。

56. A [解析]签订项目管理目标责任书的依据有:①项目合同文件;②组织管理制度;③项目管理规划大纲;④组织的经营方针和目标;⑤项目特点和实施条件与环境。故选A。

57. D [解析]项目经理由于主观原因,或由于工作失误有可能承担法律责任和经济责任。政府主管部门将追究的主要是其法律责任,企业将追究的主要是其经济责任。但是,如果由于项目经理的违法行为而导致企业的损失,企业也有可能追究其法律责任。故选D。

58. D [解析]承包人应在接到第二次更换通知的28天内进行更换。故选D。

59. C [解析]取得建造师注册证书的人员是否担任工程项目施工的项目经理,由企业自主决定。故选C。

60. C [解析]项目经理行使以下管理权力:①组织项目管理班子;②以企业法定代表人的代表身份处理与所承担工程项目有关的外部关系,受托签署有关合同;③指挥工程项目建设的生产经营活动,调配并管理进入工程项目的人力、资金、物资、机械设备等生产要素;④选择施工作业队伍;⑤进行合理的经济分配;⑥企业法定代表人授予的其他管理权力。故选C。

61. B [解析]项目经理因特殊情况授权其下属人员履行其某项工作职责的,该下属人员应具备履行相应职责的能力,并应提前7天将上述人员的姓名和授权范围书面通知监理人,并征得发包人书面同意。故选B。

62. B [解析]选项A错误,项目经理不得同时担任其他项目的项目经理。选项B正确,项目经理确需离开施工现场时,应事先通知监理人,并取得发包人的书面同意。选项C错误,承包人需要更换项目经理的,应提前14天书面通知发包人和监理人,并征得发包人书面同意。选项D错误,项目经理因特殊情况授权其下属人员履行其某项工作职责的,该下属人员应具备履行相应职责的能力,并应提前7天将上述人员的姓名和授权范围书面通知监理人,并征得发包人书面同意。故选B。

63. B [解析]组织风险包括:①承包商管理人员和一般技工的知识、经验和能力;②施工机械操作人员的知识、经验和能力;③损失控制和安全管理人员的知识、经验和能力等。故选B。

64. C [解析]工程环境风险包括:①自然灾害;②岩土地质条件和水文地质条件;③气象条件;④引起火灾和爆炸的因素等。故选C。

65. C [解析]风险评估包括以下工作:①分析风险发生的概率;②分析各种风险的损失量;③确定各种风险的风险量和风险等级。选项A属于风险识别的工作内容。选项B属于风险应对的工作内容。选项D属于风险监控的工作内容。故选C。

二、多项选择题

1. ACE [解析] 选项BD只有成本、进度、质量目标,没有投资目标。故选ACE。

2. ABCE [解析] 供货方的项目管理工作主要在施工阶段进行,但它也涉及设计准备阶段、设计阶段、动用前准备阶段和保修期。故选ABCE。

3. ABCD [解析] 影响一个系统目标实现的主要因素除了组织以外,还有以下两种因素:①人的因素,它包括管理人员和生产人员的数量和质量;②方法与工具,它包括管理的方法与工具以及生产的方法与工具。故选ABCD。

4. ADE [解析] 选项B错误,项目结构图中,矩形框之间的连接用连线表示。选项C错误,组织结构图中,用单向箭线连接矩形框。故选ADE。

5. AB [解析] 选项C错误,在任务分工表中,每个任务最少应有一个主办部门。选项D错误,运营部和物业开发部参与整个项目实施过程,而不是在工程竣工前才介入工作。选项E错误,管理职能分工表不仅适用于项目管理,还适用于企业管理。故选AB。

6. BCE [解析] 监理单位在施工准备阶段的主要任务有:①审查施工单位选择的分包单位的资质;②监督检查施工单位质量保证体系及安全技术措施,完善质量管理程序与制度;③参与设计单位向施工单位的设计交底;④审查施工组织设计;⑤在单位工程开工前检查施工单位的复测资料;⑥对重点工程部位的中线和水平控制进行复查;⑦审批一般单项工程和单位工程的开工报告。故选BCE。

7. ABCE [解析] 选项D错误,当计划值与实际值产生偏差时采取纠偏措施进行纠偏,

故选ABCE。

8. AB [解析] 选项C错误,施工成本规划与实际施工成本中的相应成本项的比较。选项D错误,工程合同价与实际施工成本中的相应成本项的比较。选项E错误,工程合同价与工程款支付中的相应成本项的比较。故选AB。

9. CDE [解析] 项目经理的任务包括:①施工安全管理;②施工成本控制;③施工进度控制;④施工质量控制;⑤工程合同管理;⑥工程信息管理;⑦工程组织与协调。故选CDE。

10. AD [解析] 风险量指的是不确定的损失程度和损失发生的概率。故选AD。

11. ACD [解析] 技术风险包括:①工程设计文件;②工程施工方案;③工程物资;④工程机械等。选项B属于经济与管理风险。选项E属于组织风险。故选ACD。

12. BCD [解析] 监理实施细则的编制依据包括:监理规划;相关的标准、工程设计文件;施工组织设计、专项施工方案。选项AE属于建设监理规划的编制依据。故选BCD。

13. CDE [解析] 选项A错误,"项目开始至项目完成"指的是项目的实施期。选项B错误,同一项目的目标内涵对项目的各参与单位来说是不相同的。故选CDE。

14. ABCE [解析] 设计方的项目管理工作主要在设计阶段进行,但它也涉及设计前的准备阶段、施工阶段、动用前准备阶段和保修阶段。故选ABCE。

15. BE [解析] 选项A错误,施工总承包管理方和施工总承包方承担相同的管理任务和责任。选项C错误,一般情况下,施工总承包管理方不承担施工任务,它主要进行施工的总体管理和协调。如果施工总承包管

理方通过投标(在平等条件下竞标)获得一部分施工任务,则它也可参与施工。选项 D 错误,一般情况下,施工总承包管理方不与分包方和供货方直接签订施工合同,这些合同都由业主方直接签订。业主方也可能要求施工总承包管理方负责整个施工的招标和发包工作。故选 BE。

16. AD [解析]选项 BCE 属于一种静态的关系。故选 AD。

17. ABD [解析]选项 C 错误,同一个建设工程项目可有不同的项目结构的分解方法。选项 E 错误,项目结构分解并没有统一的模式。故选 ABD。

18. CDE [解析]选项 A 错误,技术部可以对甲、丁直接下达指令。选项 B 错误,工程部不可以对甲、乙和丁直接下达指令。故选 CDE。

19. AB [解析]筹划是指提出解决问题的可能的方案,并对多个可能的方案进行比较。选项 C 属于决策环节。选项 D 属于检查环节。选项 E 属于执行环节。故选 AB。

20. BDE [解析]常用的组织结构模式包括职能组织结构、线性组织结构和矩阵组织结构等。故选 BDE。

21. ABE [解析]施工进度计划反映了最佳施工方案在时间上的安排,采用计划的形式,使工期、成本、资源等方面,通过计算和调整达到优化配置,符合项目目标的要求。故选 ABE。

22. BCDE [解析]分部(分项)施工组织设计的内容包括:①工程概况及施工特点分析;②施工方法和施工机械的选择;③施工准备工作计划;④施工进度计划;⑤各项资源需求量计划;⑥作业区施工平面布置图设计;⑦技术组织措施、质量保证措施和安全施工措施。选项 A 属于施工组织总设计的主要内容。故选 BCDE。

23. ABCD [解析]选项 E 属于施工进度计划的内容。故选 ABCD。

24. ABCE [解析]单位工程施工组织设计的主要内容如下:①工程概况及施工特点分析;②施工方案的选择;③单位工程施工准备工作计划;④单位工程施工进度计划;⑤各项资源需求量计划;⑥单位工程施工总平面图设计;⑦技术组织措施、质量保证措施和安全施工措施;⑧主要技术经济指标。故选 ABCE。

25. BE [解析]选项 B 错误,对于大型项目,不需要整个项目全部部署完成再拟订施工方案,可以先部署一部分,再对这部分拟订施工方案,再部署下一部分,再对这部分拟订施工方案,故整体上而言,施工部署和拟订施工方案是可以交叉的。选项 E 错误,所有工程的施工组织设计中均有资源需求量计划和工程概况。故选 BE。

26. AC [解析]事前(主动)控制,即事前分析可能导致项目目标偏离的各种影响因素,并针对这些影响因素采取有效的预防措施。选项 BD 属于过程控制。故选 AC。

27. ABC [解析]监理实施细则主要内容:①专业工程特点;②监理工作流程;③监理工作要点;④监理工作方法及措施。选项 DE 属于建设监理规划的主要内容。故选 ABC。

28. AB [解析]项目经理应是承包人正式聘用的员工,承包人应向发包人提交项目经理与承包人之间的劳动合同,以及承包人为项目经理缴纳社会保险的有效证明。故选 AB。

29. ABC [解析]项目经理应履行下列职责:①项目管理目标责任书中规定的职责;

②工程质量安全责任承诺书中应履行的职责;③组织或参与编制项目管理规划大纲、项目管理实施规划,对项目目标进行系统管理;④主持制定并落实质量、安全技术措施和专项方案,负责相关的组织协调工作;⑤对各类资源进行质量管控和动态管理;⑥对进场的机械、设备、工器具的安全、质量使用进行监控;⑦建立各类专业管理制度并组织实施;⑧制定有效的安全、文明和环境保护措施并组织实施;⑨组织或参与评价项目管理绩效;⑩进行授权范围内的任务分解和利益分配;⑪按规定完善工程资料,规范工程档案文件,准备工程结算和竣工资料,参与工程竣工验收;⑫接受审计,处理项目管理机构解体的善后工作;⑬协助和配合组织进行项目检查、鉴定和评奖申报;⑭配合组织完善缺陷责任期的相关工作。选项 DE 属于项目经理的权限。故选 ABC。

30. BE [解析]选项 A 错误,项目经理是一个工作岗位的名称。选项 C 错误,取得建造师注册证书的人员是否担任工程项目施工的项目经理由企业自主决定。选项 D 错误,大、中型工程项目施工的项目经理必须由取得建造师注册证书的人员担任。故选 BE。

31. AE [解析]承包人应向发包人提交项目经理与承包人之间的劳动合同,以及承包人为项目经理缴纳社会保险的有效证明。承包人不提交上述文件的,项目经理无权履行职责,发包人有权要求更换项目经理,由此增加的费用和(或)延误的工期由承包人承担。故选 AE。

32. BE [解析]选项 A 错误,建造师是一种专业人士的名称,而项目经理是一个工作岗位的名称。选项 C 错误,项目经理应是承包人正式聘用的员工,承包人应向发包人提交项目经理与承包人之间的劳动合同,以及承包人为项目经理缴纳社会保险的有效证明。承包人不提交上述文件的,项目经理无权履行职责,发包人有权要求更换项目经理。选项 D 错误,承包人需要更换项目经理的,应提前 14 天书面通知发包人和监理人,并征得发包人书面同意。故选 BE。

33. CE [解析]选项 A 属于组织风险。选项 B 属于技术风险。选项 D 属于工程环境风险。故选 CE。

34. ABD [解析]在该项目部内安排一名质检员专门负责检查监督楼板负弯矩钢筋的标高属于组织措施;增加钢筋支架的数量属于技术措施;强化工人质量意识,加强成品保护属于管理措施。选项 C 错误,上述改进措施不包括经济措施(经济措施是指分析由于经济的原因而影响项目目标的实现的问题,并采取相应的措施,如落实加快工程施工进度所需的资金等)。选项 E 错误,背景中并无涉及合同管理的措施。故选 ABD。

35. ACDE [解析]工作流程图中矩形框表示工作,菱形框表示判别条件,单向箭线表示工作之间的逻辑关系。故选 ACDE。

36. BD [解析]选项 A 错误,确定风险因素是风险识别的工作。选项 C 错误,风险识别的主要任务是确定风险因素。选项 E 错误,风险监控和风险应对都属于风险管理的工作流程,是并列的关系。故选 BD。

37. AB [解析]未经监理工程师签字,建筑材料、建筑构配件和设备不得在工程上使用或者安装,施工单位不得进行下一道工序的施工;未经总监理工程师签字,建设单位不拨付工程款,不进行竣工验收。故选 AB。

第 2 章 施工成本管理

考情分析

本章属于重点章节,成本控制是"三控"之一,学习本章内容要沿着"预计控、核分考"的思路。本章内容有建筑安装工程费用项目的组成与计算、建设工程定额、工程量清单计价、计量与支付等,相对来说,学习难度较大,需要进行理解。在近4年考试中年均考23分,在学习时用关键词法及顺口溜记忆法,对核心知识进行理解记忆,对于计算题应反复做题进行练习。

扫码领取本章视频课程

近4年考试真题分值统计表
（单位:分）

序号	专题名	2022 单选	2022 多选	2021(2) 单选	2021(2) 多选	2021(1) 单选	2021(1) 多选	2020 单选	2020 多选	2019 单选	2019 多选
1	建筑安装工程费用项目的组成与计算	2	—	2	2	2	—	2	2	1	2
2	建设工程定额	2	2	2	2	3	2	2	2	2	2
3	工程量清单计价	2	—	3	—	2	2	2	—	2	—
4	计量与支付	2	4	3	2	2	2	2	2	5	2
5	施工成本管理的任务和措施	2	2	2	2	1	2	2	2	1	2
6	施工成本计划和成本控制	2	—	2	—	2	—	2	—	2	—
7	施工成本核算、成本分析和成本考核	1	—	2	—	3	—	2	—	1	2
	合计	13	8	16	8	17	8	14	8	14	10

思维导图

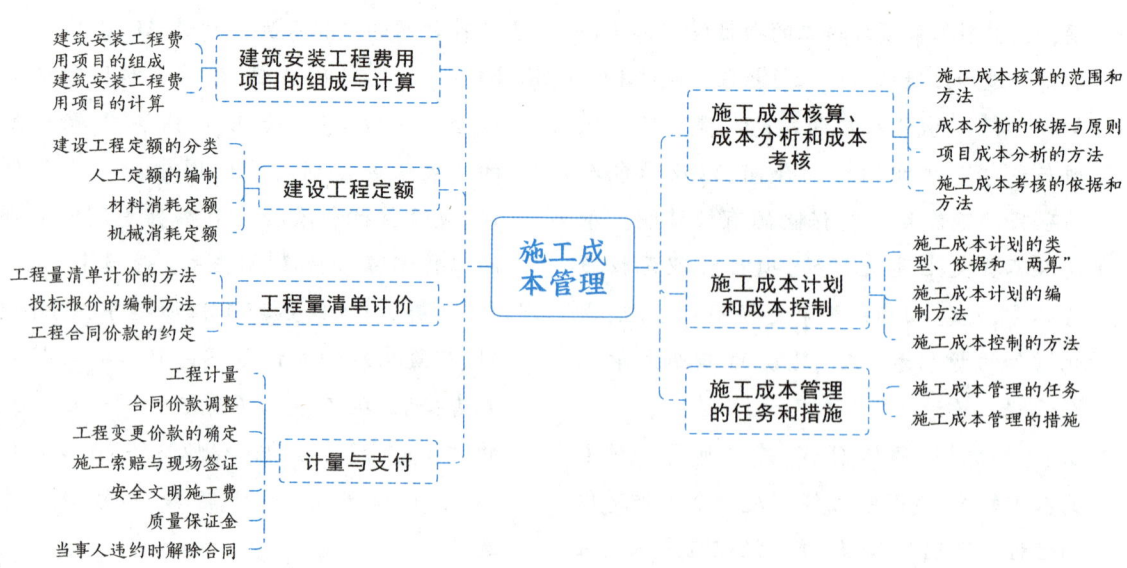

专题1 建筑安装工程费用项目的组成与计算

复习提示▷ 本专题主要讲解建筑安装工程费用的组成与计算,历年考查以单选题为主。建议考生重点掌握各种费用组成与费用计算的相关公式,注意区分不同分类条件下的各项费用。

[考点1] 建筑安装工程费用项目的组成

(一)按费用构成要素划分的费用项目组成

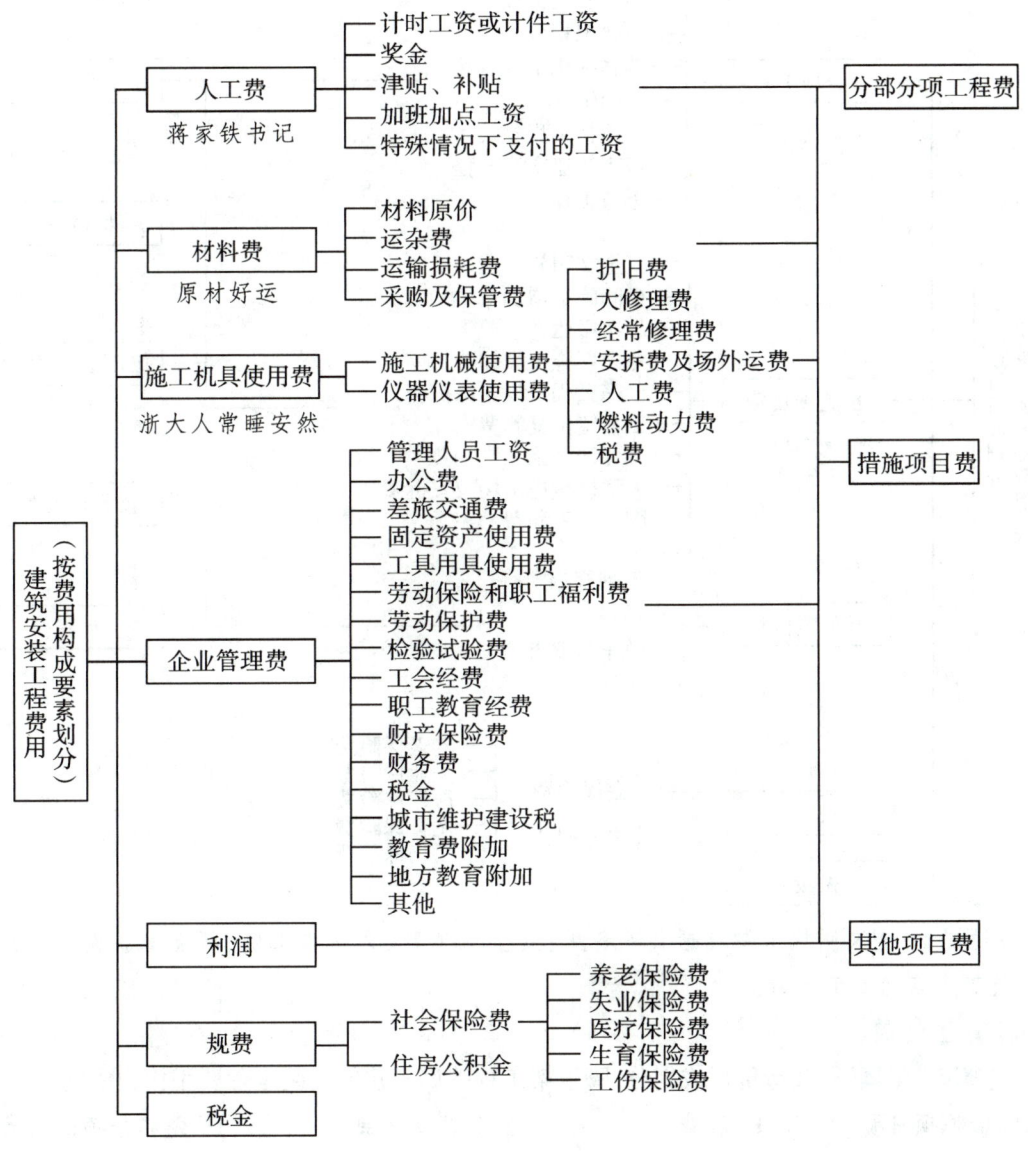

[注意] (1)"人工费"中的"特殊情况下支付的工资"可以理解为"带薪假"中的"薪"。

(2)"采购及保管费"包括采购费、仓储费、工地保管费、仓储损耗费。

(3)"安拆费及场外运费"不包括大型机械,例如"塔吊"。

(4)"检验试验费"指的是一般鉴定、检查所发生的费用,不包括新材料、破坏性试验、特殊要求试验、建设单位委托的试验费用。

(5)区分两种不同的人工费:①第一种"人工费",指生产工人和附属生产单位工人的各项费用;②第二种"人工费"是施工机械使用费中的"人工费",指的是机上操作人员的人工费。

(二)按工程造价形成划分的费用项目组成

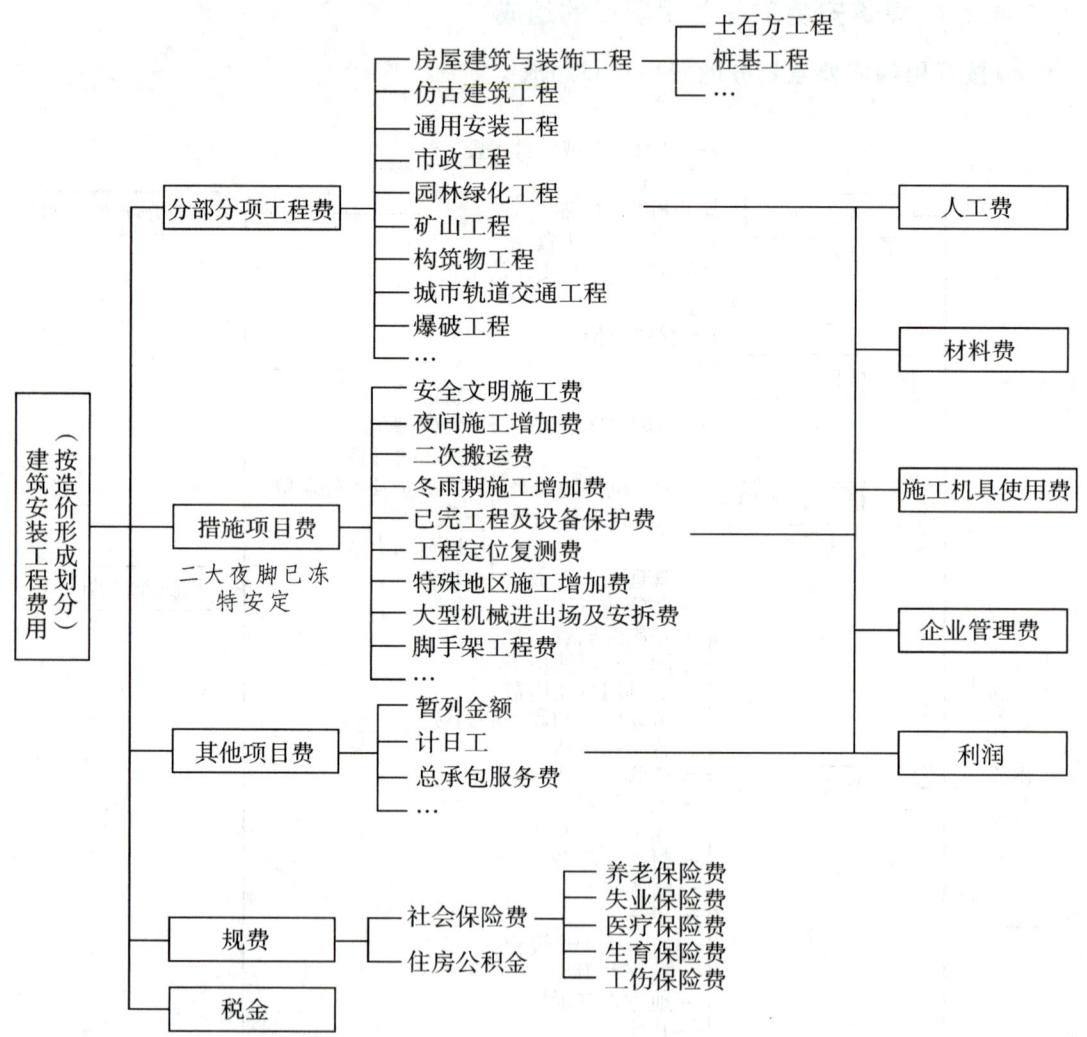

[提示] 安全文明施工费包括五笔费用:安全施工费、文明施工费、环境保护费、临时设施费、建筑工人实名制管理费。

◈ 精选真题

1.[2021年真题]按造价形成划分,脚手架工程费属于建筑安装工程费用构成中的(　　)。

A.措施项目费　　　　B.规费　　　　　　C.其他项目费　　　　D.分部分项工程费

2.[2020年真题]企业为施工生产提供履约担保所发生的费用应计入建筑安装工程费用中的(　　)。
　　A.企业管理费　　　B.规费　　　C.税金　　　D.财产保险费
3.[2020年真题]下列施工费用中,属于施工机具使用费的有(　　)。
　　A.塔吊进入施工现场的费用　　　B.挖掘机施工作业消耗的燃料费用
　　C.压路机司机的工资　　　D.通勤车辆的过路过桥费
　　E.土方运输汽车的年检费
4.[2019年真题]下列与材料有关的费用中,应计入建筑安装工程材料费的有(　　)。
　　A.运杂费　　　B.运输损耗费
　　C.检验试验费　　　D.采购费
　　E.工地保管费

答案:1.A。2.A。
3.BCE。选项A属于措施项目费中的大型机械进出场及安拆费。选项B属于燃料动力费。选项C属于施工机械使用费中的人工费。选项D属于企业管理费。选项E属于税费。
4.ABDE。选项C属于企业管理费。

[考点 2] **建筑安装工程费用的计算**

建筑安装工程费用计算方法分为按各费用构成要素的费用计算方法和按建筑安装工程计价的费用计算方法,现分述如下。

(一)按各费用构成要素的费用计算方法
1.人工费

$$人工费 = \sum(工日消耗量 \times 日工资单价)$$

$$日工资单价 = \frac{生产工人平均月工资(计时、计件) + 平均月(奖金 + 津贴补贴 + 特殊情况下支付的工资)}{年平均每月法定工作日}$$

2.材料费
(1)材料费

$$材料费 = \sum(材料消耗量 \times 材料单价)$$

$$材料单价 = \{(材料原价 + 运杂费) \times [1 + 运输损耗率(\%)]\} \times [1 + 采购保管费率(\%)]$$

[注意] 材料单价是指"出库单价",而施工现场内运输的损耗应归入材料的消耗量。
(2)工程设备费

$$工程设备费 = \sum(工程设备量 \times 工程设备单价)$$

$$工程设备单价 = (设备原价 + 运杂费) \times [1 + 采购保管费率(\%)]$$

3.施工机具使用费
(1)施工机械使用费

$$施工机械使用费 = \sum(施工机械台班消耗量 \times 机械台班单价)$$

机械台班单价 = 台班折旧费 + 台班大修费 + 台班经常修理费 + 台班安拆费及场外运费 + 台班人工费 + 台班燃料动力费 + 台班车船税费

①折旧费

$$台班折旧费 = \frac{机械预算价格 \times (1 - 残值率)}{耐用总台班数}$$

$$耐用总台班数 = 折旧年限 \times 年工作台班$$

②大修理费

$$台班大修理费 = \frac{一次大修理费 \times 大修次数}{耐用总台班数}$$

[注意] 大修次数的计算,例如某机械使用年限为6年,每两年大修一次,那么大修次数为6/2 - 1 = 2(次)。

(2)仪器仪表使用费

仪器仪表使用费 = 工程使用的仪器仪表摊销费 + 维修费

4. 企业管理费

企业管理费 = 计算基数 × 企业管理费费率

企业管理费的计算基数根据规定,可以是定额人工费或定额人工费 + 定额机械费。

[注意] 若未给出企业管理费的计算基数,则以∑(人 + 材 + 机)作为企业管理费的计算基数。

5. 利润

利润 = 计算基数 × 费率

利润的计算基数根据规定,可以是定额人工费或定额人工费 + 定额机械费。

[注意] 若未给出利润的计算基数,则以∑(人 + 材 + 机 + 管)作为利润的计算基数。

6. 规费

规费包括社会保险费和住房公积金。

社会保险费和住房公积金 = ∑(工程定额人工费 × 社会保险费和住房公积金费率)

7. 税金

一般纳税人发生应税行为适用一般计税方法计税。小规模纳税人发生应税行为适用简易计税方法计税。当采用一般计税方法时,建筑业增值税税率为9%。税前工程造价为人工费、材料费、施工机具使用费、企业管理费、利润和规费之和。

(二)按建筑安装工程计价的费用计算方法

费用要素	计算方法
分部分项工程费	分部分项工程量 × 综合单价(人、材、机、企业管理费和利润)
措施项目费	1. 应予计量的:措施项目工程量 × 综合单价。 2. 不宜计量的:计算基数 × 费率
其他项目费	1. 暂列金额由建设单位掌握使用,如有剩余,归建设单位; 2. 计日工按签证计价; 3. 总承包服务费由施工企业自主报价,施工过程中按签约合同价执行
规费和税金	不得作为竞争性费用

[提示] 相关问题的说明：

(1)各专业工程计价定额的使用周期原则上为5年。

(2)建设单位在编制招标控制价时,应按照各专业工程的计量规范和计价定额以及工程造价信息编制。

(3)施工企业在使用计价定额时除不可竞争费用外,其余仅供参考,由施工企业投标时自主报价。

(4)计算基数的总结见下表。

费用项目		计算基数
措施项目费	企业管理费、利润	定额人工费或(定额人工费+定额机械费)
	其他不可计量的措施项目费	
	安全文明施工费	定额基价(定额分部分项工程费+定额中可以计量的措施项目费)、定额人工费或(定额人工费+定额机械费)
规费		定额人工费

🌐 **精选真题**

1.[2021年真题]建筑安装工程费用的构成中,社会保险费的计算基础是(　　)。

A.定额机械费+定额人工费　　B.企业管理费

C.定额人工费　　D.实际人工费

2.[2019年真题]某建设工程师项目的造价中人工费为3000万元,材料费为6000万元,施工机具使用费为1000万元,企业管理费为400万元,利润800万元,规费300万元,各项费用均不包含增值税可抵扣进项税额,增值税税率为9%,则增值税销项税额为(　　)万元。

A.900　　B.1035　　C.936　　D.1008

3.[2021年真题]根据《建设工程工程量清单计价规范》(GB 50500—2013),分部分项工程综合单价包括(　　)。

A.人工费　　B.材料费

C.规费　　D.利润

E.企业管理费

答案:1.C。

2.B。增值税销项税额=税前造价×9%。税前造价为人工费、材料费、施工机具使用费、企业管理费、利润和规费之和,各费用项目均不包含增值税可抵扣进项税额的价格计算。(3000+6000+1000+400+800+300)×9%=1035(万元)。

3.ABDE。

专题 2　建设工程定额

复习提示▷ 本专题涉及的计算公式较多,学习难度较大,需要理解学习,建议多做真题,有针对性地学习。

[考点 1]　建设工程定额的分类

建设工程定额是指按照国家有关的产品标准、设计规范和施工验收规范、质量评定标准,并参考行业、地方标准,以及有代表性的工程设计和施工资料确定的工程建设过程中完成规定计量单位产品所消耗的人工、材料、机械等消耗量的标准。

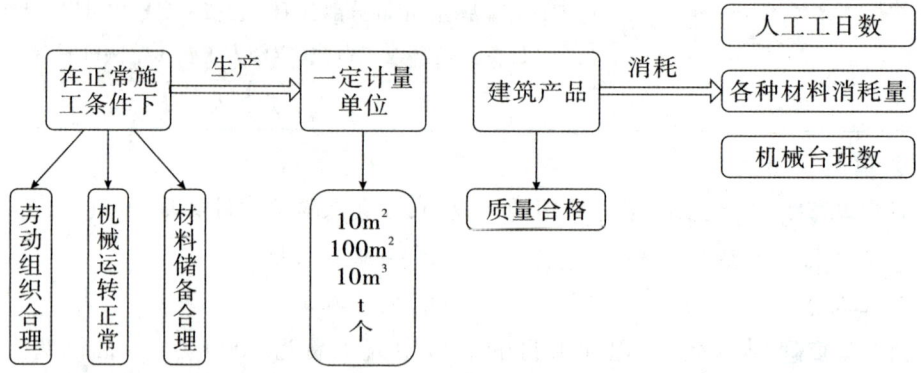

建设工程定额是工程建设中各类定额的总称,包括多种定额。为了对建设工程定额有一个全面的了解,可以按照不同的原则和方法对其进行科学的分类,具体分类如下图所示。

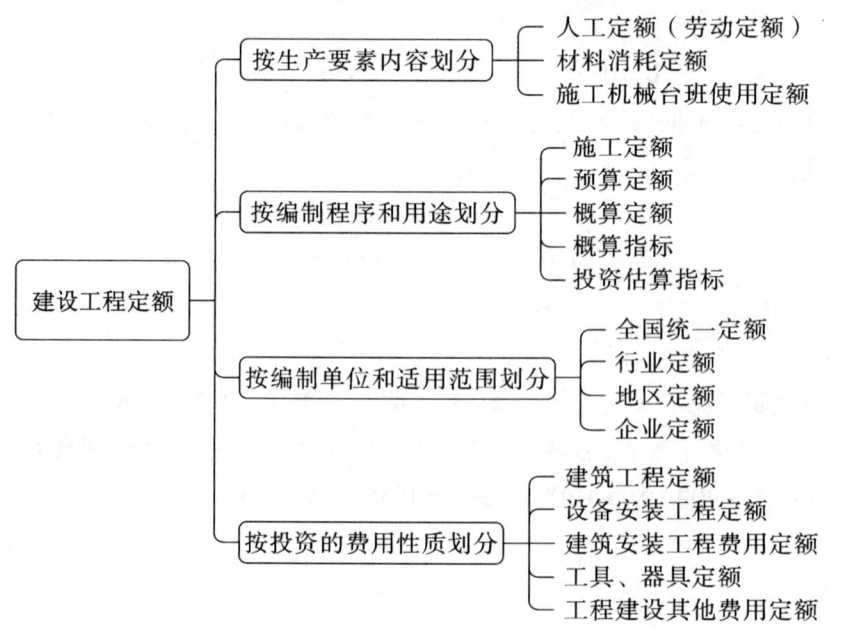

其中,按编制程序和用途划分的五种定额对比如下表所示。

类型	编制对象	作用	性质
施工定额	同一性质的施工过程(工序)	编制预算定额的基础(分项最细、定额子目最多)	企业定额
预算定额	分部分项工程	编制施工图预算的主要依据	社会定额
概算定额	扩大的分部分项工程	编制扩大初步设计概算的依据	
概算指标	整个建筑物和构筑物	编制估算指标的基础	
投资估算指标	独立的单项工程或完整的工程项目	可行性研究阶段编制投资估算的基础	

[提示] (1)五种定额的编制顺序依次是"施工定额→预算定额→概算定额→概算指标→投资估算指标"。

(2)施工定额是施工单位内部机密,只有施工单位自己能用,着重于施工中用,因此其作用主要就体现在施工过程中。

(3)预算定额是行业性质的,施工单位可用,建设单位也能用,着重于投标报价用。

🌐 **精选真题**

1.[2021年真题]下列建设工程定额中,属于企业定额性质的是(　　)。
A.施工定额　　　B.预算定额　　　C.概算定额　　　D.概述指标

2.[2021年真题]下列建设工程定额中,分项最细、子目最多的定额是(　　)。
A.施工定额　　　B.费用定额　　　C.概算定额　　　D.预算定额

3.[2021年真题]建设单位编制年度投资计划时,通常所依据的建设工程定额是(　　)。
A.概算指标　　　B.预算定额　　　C.劳动定额　　　D.投资估算指标

4.[2022年真题]按生产要素内容分类,建设工程定额可以分为(　　)。
A.建筑工程定额　　　　　　　B.人工定额
C.设备安装工程定额　　　　　D.材料消耗定额
E.施工机械台班使用定额

答案:1.A。2.A。

3.A。概算指标的设定和初步设计的深度相适应,是设计单位编制设计概算或建设单位编制年度投资计划的依据,也可作为编制估算指标的基础。

4.BDE。

[考点2] 人工定额的编制

人工定额(又称劳动定额)是指在一定的技术装备和劳动组织条件下,生产单位合格施工产品或完成一定的施工作业过程所必需的劳动消耗量的额度或标准。

(一)人工定额的形式

人工定额按表现形式的不同,可分为时间定额和产量定额两种形式,时间定额和产量定额两者互为倒数。

形式	含义	单位
时间定额	班组或个人完成单位合格产品所必需的工作时间	工日(8h)
产量定额	班组或个人在单位工日中所完成的合格产品的数量	个、m²、m、t等

(二)人工定额的编制方法

制定方法	特点	适用情况
技术测定法	具有较高的准确性和科学性,是制定新定额和典型定额的主要方法	对施工过程中各工序采用测时法、写实记录法、工作日写实法,测出各工序的工时消耗等资料,再分析得出人工定额
统计分析法	一般偏向于先进,可能大多数工人都达不到,不能较好地体现平均先进的原则	适用于施工条件正常、工序重复量大和统计工作制度健全的施工过程
比较类推法	计算简便,工作量小	适用于同类型产品规格多、工序重复、工作量小的施工过程
经验估计法	方法简单,速度快;容易受到参加制定人员的主观因素和局限性的影响	通常作为一次性定额使用,只适用于企业内部,作为某些局部项目的补充定额

(三)人工定额消耗量的确定

1. 分析、整理基础资料

①计时观察资料的整理、分析;②日常积累资料的整理、分析;③拟定定额的编制方案。

2. 确定正常的施工条件

①拟定工作地点的组织;②拟定施工作业的内容;③拟定施工作业人员的组织;④拟定作业方法。

3. 确定人工定额消耗量

时间定额是在拟定基本工作时间、辅助工作时间、不可避免的中断时间、准备与结束的工作时间,以及休息时间的基础上制定的。

时间定额 = 基本工作时间 + 辅助工作时间 + 准备与结束工作时间 + 不可避免的中断时间 + 休息时间

[提示] 拟定施工作业定额时间时,偶然时间和非施工本身造成的停工时间要适当考虑。

❖ 精选真题

1.[2022年真题]对于产品规格多、工序重复、工作量小的施工过程,以同类型工序或同类型产品的实耗工时为标准制定人工定额的方法是( )。

A. 经验估值法 B. 统计分析法
C. 技术测定法 D. 比较类推法

2.[2021年真题]某工程需开挖土方量为500m³,人工定额是2.0m³/工日,一班制作业,拟安排10人,则开挖土方的工作持续时间是( )天。

A. 25 B. 50 C. 100 D. 200

3. [2021年真题] 采用技术测定法编制人工定额时,测定各工序工时消耗的方法有( )。

A. 理论计算法　　　　　　　B. 统计分析法
C. 测时法　　　　　　　　　D. 写实记录法
E. 工作日写实法

答案:1. D。

2. A。一个工日的人工定额是 2.0m³,则一天 10 个人可挖土方 20m³,500m³ 则需要时间 500/20 = 25(天)。

3. CDE。

[考点 3] 材料消耗定额

材料消耗定额是在合理和节约使用材料的条件下,生产单位质量合格产品所消耗的一定规格的材料、半成品和水、成品、电等资源的数量。定额材料按其使用性质、用途和用量大小划分为四类,即主要材料、辅助材料、周转性材料和次要(零星)材料。

(一)主要材料消耗定额

主要材料消耗定额包括直接使用在工程上的材料净用量和在施工现场内运输及操作过程中不可避免的废料和损耗。

1. 材料净用量的确定

材料净用量的确定一般有四种方法,见下表。

方法	适用条件
理论计算法	标准砖、砂浆用量的计算
测定法	根据试验情况和现场测定的资料数据确定材料净用量
图纸计算法	根据选定的图纸计算
经验法	根据历史上同类项目的经验进行估算

2. 材料损耗量的确定

材料的损耗一般以损耗率表示。材料损耗率可以通过观察法或统计法计算确定。

$$损耗率 = \frac{损耗量}{总消耗量} \times 100\%$$

$$总消耗量 = 净用量 + 损耗量 = \frac{净用量}{1-损耗率}$$

公式1

$$损耗率 = \frac{损耗量}{净用量} \times 100\%$$

$$总消耗量 = 净用量 + 损耗量 = 净用量 \times (1+损耗率)$$

公式2

(二)周转性材料消耗定额

周转性材料指在施工过程中多次使用、周转的工具性材料,如钢筋混凝土工程用的模板,搭设脚手架用的跳板、杆子、挖土方工程用的挡土板等。

周转性材料消耗一般与以下四个因素有关：

(1) 第一次制造时的材料消耗(一次使用量)；

(2) 每周转使用一次材料的损耗(第二次使用时需要补充)；

(3) 周转使用次数；

(4) 周转材料的最终回收及其回收折价。

定额中周转材料消耗量指标，应当用一次使用量和摊销量两个指标表示。一次使用量供施工企业组织施工用。摊销量供施工企业成本核算或投标报价使用。

如捣制混凝土结构木模板用量计算：

$$一次使用量 = 净用量 \times (1 + 操作损耗率)$$

$$周转使用量 = \frac{一次使用量 \times [1 + (周转次数 - 1) \times 补损率]}{周转次数}$$

$$回收量 = \frac{一次使用量 \times (1 - 补损率)}{周转次数}$$

$$摊销量 = 周转使用量 - 回收量 \times 回收折价率$$

又如预制混凝土构件的模板用量计算：

$$一次使用量 = 净用量 \times (1 + 操作损耗率)$$

$$摊销量 = \frac{一次使用量}{周转次数}$$

◉ 精选真题

1. [2021年真题]编制材料消耗定额时，材料消耗量包括直接使用在工程上的材料净用量和(　　)。

A. 在施工现场内运输及保管过程中不可避免的损耗

B. 从供应地运输到施工现场及操作过程中不可避免的废料和损耗

C. 在施工现场内运输及操作过程中不可避免的废料和损耗

D. 从供应地运输到施工现场过程中不可避免的损耗

2. [2019年真题]施工企业投标报价时，周转材料消耗量应按(　　)计算。

A. 一次使用量　　　　　　　　B. 摊销量

C. 每次的补给量　　　　　　　D. 损耗量

3. [2021年真题]根据材料使用性质、用途和用量大小划分，材料消耗定额指标的组成有(　　)。

A. 主要材料　　　　　　　　　B. 辅助材料

C. 废弃材料　　　　　　　　　D. 周转性材料

E. 零星材料

4. [2018年真题]影响建设工程周转性材料的消耗的因素有(　　)。

A. 第一次制造时的材料消耗　　B. 施工工艺流程

C. 每周转使用一次时的材料损耗　D. 周转使用次数

E. 周转材料的最终回收和回收折价

答案：1. C。 2. B。 3. ABDE。 4. ACDE。

[考点4] 机械消耗定额

机械消耗定额也称机械台班消耗定额，是指在正常施工条件和合理使用施工机械条件下，完成单位合格产品所必须消耗的某种型号的施工机械台班的数量标准。

（一）机械消耗定额的表现形式

形式	含义	计算公式
时间定额	规定生产某一合格的单位产品所必需的工作时间	单位产品人工时间定额 = $\dfrac{\text{小组人数}}{\text{施工机械台班产量定额}}$
产量定额	规定某种机械在一个台班中所完成的合格产品的数量	施工机械产量定额 = $\dfrac{1}{\text{施工机械时间定额}}$

（二）机械工作时间的分类

按机械工作时间消耗的性质进行分类，机械工作时间也分为必须消耗的时间和损失时间两大类，如下图所示。

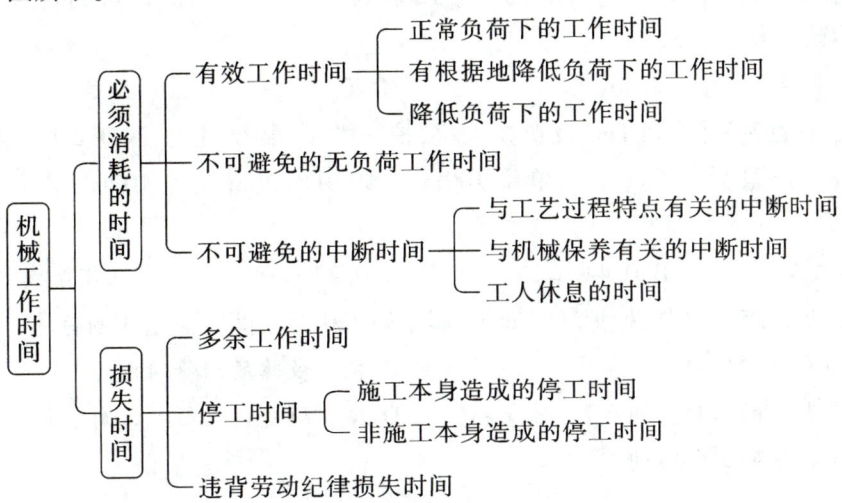

（三）机械定额消耗时间（台班）的确定

（1）确定正常的施工条件。主要是确定工作地点的合理组织和合理的工人编制。

（2）确定机械1h纯工作正常生产率。机械纯工作时间，就是指机械的必须消耗时间。机械1h纯工作正常生产率，就是在正常施工组织条件下，具有必需知识和技能的技术工人操纵机械1h的生产率。

（3）确定施工机械的正常利用系数。要计算工作班正常状况下准备和结束工作，机械启动、机械维护等工作所必须消耗的时间，以及机械有效工作的开始与结束时间，从而进一步计算出机械在工作班内的纯工作时间和机械正常利用系数。机械正常利用系数的计算公式如下：

$$机械正常利用系数 = \frac{机械在一个工作班内纯工作时间}{一个工作班延续时间(8h)}$$

（4）计算施工机械台班定额。其计算公式如下：

$$施工机械台班产量定额 = 机械1h纯工作正常生产率 \times 工作班纯工作时间$$

或

$$施工机械台班产量定额 = 机械1h纯工作正常生产率 \times 一个工作班延续时间 \times 机械正常利用系数$$

$$机械时间定额 = \frac{1}{机械产量定额}$$

🌐 **精选真题**

1. [2020年真题] 下列施工机械产量定额和时间定额的关系表达式中，正确的是（   ）。

   A. 机械产量定额 × 机械时间定额 × 工作小组人数 = 1

   B. 机械产量定额 = 2/机械时间定额

   C. 机械产量定额 = 1/机械时间定额

   D. 机械产量定额 + 机械时间定额 = 1

2. [2017年真题] 某出料容量 $0.5m^3$ 的混凝土搅拌机，每一次循环中，装料、搅拌、卸料、中断需要的时间分别为1、3、1、1分钟，机械利用系数为0.8，则该搅拌机的台班产量定额是（   ）m^3/台班。

   A. 32 B. 36 C. 40 D. 50

3. [2016年真题] 斗容量 $1m^3$ 反铲挖土机，挖三类土，装车，挖土深度2m以内，小组成员两人，机械台班产量为4.56（定额单位$100m^3$），则用该机械挖土$100m^3$的人工时间定额为（   ）。

   A. 0.22 工日 B. 0.44 工日 C. 0.22 台班 D. 0.44 台班

4. [2020年真题] 下列机械消耗时间中，属于施工机械时间定额组成的有（   ）。

   A. 不可避免的中断时间   B. 机械故障的维修时间

   C. 正常负荷下的工作时间   D. 不可避免的无负荷工作时间

   E. 降低负荷下的工作时间

答案： 1. C。

2. A。搅拌机每次循环需要 $1+3+1+1=6(min)$，从而得出机械净生产率即机械纯工作1h的正常生产率为 $0.5 \times (60/6)$；一个作业班时间为8(h)；机械利用系数为0.8。施工机械台班产量定额 = 机械净工作生产率 × 工作班延续时间 × 机械利用系数 = $0.5 \times (60/6) \times 8 \times 0.8 = 32 (m^3/台班)$。

3. B。由于机械必须由工人小组配合，所以完成单位合格产品的时间定额，同时列出人工时间定额，即单位产品人工时间定额（工日）= 小组成员总人数/台班产量定额，挖$100m^3$的人工时间定额为 $2/4.56 = 0.44$（工日）。

4. ACDE。

专题 3　工程量清单计价

复习提示 ▷ 本专题历年考查以单选题为主，在前两个专题的基础上具体讲解了某些费用的计算步骤，需要考生理解记忆。

[考点 1]　工程量清单计价的方法

(一) 计价规范概述

(1) 使用国有资金投资的建设工程发承包，必须采用工程量清单计价，非国有资金投资的建设工程，宜采用工程量清单计价。

(2) 措施项目中的安全文明施工费、规费和税金必须按国家或省级、行业建设主管部门的规定计算，不得作为竞争性费用。

(二) 计价的方法

1. 工程量清单计价的三种形式

计价方法	公式
工料单价	人工费 + 材料费 + 施工机具使用费
综合单价	人工费 + 材料费 + 施工机具使用费 + 管理费 + 利润
全费用综合单价	人工费 + 材料费 + 施工机具使用费 + 管理费 + 利润 + 规费 + 税金

2. 分部分项工程费计算

利用综合单价法计算分部分项工程费包括两个核心问题：①确定各分部分项工程的工程量；②确定综合单价。

(1) 分部分项工程量的确定

①工程量清单是招标人编制招标控制价和投标人投标报价的共同基础，是工程量清单编制人按施工图图示尺寸和工程量清单计算规则计算得到的工程净量。

②该工程量不是承包人在履行合同义务中应予完成的实际和准确的工程量。

③竣工结算时的工程量应按发承包双方在合同中约定应予计量且实际完成的工程量确定。

(2) 综合单价的确定

综合单价的确定通常采用定额组价的方法，步骤如下：

①确定组合定额子目(一个清单项目可能对应多个定额子目)。

例如："M5 水泥砂浆砌砖基础"项目，按计价规范不仅包括主项"砖基础"子目，还包括附项"混凝土基础垫层"子目。

②计算定额子目工程量。

清单工程量与各定额子目工程量可能并不一致。考虑施工方案的各种因素，根据所采取的计价定额及相应的工程量计算规则重新计算各定额子目的施工工程量。

③测算人、料、机消耗量。

招标时招标单位根据预算定额确定；投标时投标人根据预算定额、企业定额确定。

④确定人、料、机单价。

各个投标人参考市场价和本企业的采购能力自主确定。

⑤计算清单项目的人、料、机总费用。

人、料、机总费用 = $\sum\{$计价工程量 × [$\sum$（人工消耗量 × 人工单价）+ $\sum$（材料消耗量 × 材料单价）+ $\sum$（台班消耗量 × 台班单价）]$\}$

⑥计算清单项目的管理费和利润。

投标人自主确定分部分项工程的管理费和利润。企业管理费及利润通常根据各地区规定的费率乘以规定的计价基础得出。

⑦计算清单项目的综合单价。

综合单价 = （人、料、机总费用 + 管理费 + 利润）/ 清单工程量

步骤简记：先量后价、先人料机后管利、最后综合单价。

[提示] 综合单价是用实际总成本除以清单工程量，而不是除以实际工程量得出。

(3) 措施项目费的计算

计算方法	适用情况	举例
综合单价法	可以计算工程量的措施项目	混凝土模板、脚手架、垂直运输等
参数法计价	无法计算工程量的措施项目	夜间施工费、二次搬运费、冬雨期施工的计价
分包法计价	可以分包的独立措施项目	室内空气污染测试等

(4) 其他项目费计算

①暂列金额、暂估价：由招标人按估算金额确定。

②计日工、总承包服务费：由投标人自主确定。

(5) 规费和税金的计算

规费和税金不得作为竞争性费用。

(6) 风险费用的确定

采用工程量清单计价的工程，应在招标文件或合同中明确风险内容及范围（幅度），并在工程计价过程中予以考虑。

🌐 精选真题

1. [2022年真题] 下列关于清单项目和定额子目关系的说法，正确的是（　　）。

A. 清单项目的工程量和定额子目的工程量完全一致

B. 清单项目的工程量和定额子目的工程量可能不一致

C. 清单工程量与定额工程量的计算规则是一致的

D. 清单工程量可以直接用于合同实施过程中的计价

2.[2021年真题]下列建筑安装工程费用项目中,在投标报价时不得作为竞争性费用的是( )。

A.企业管理费　　B.社会保险费　　C.机械使用费　　D.其他项目费

3.[2020年真题]采用定额组价的方法确定工程量清单综合单价时,第一步工作是( )。

A.测算人、料、机消耗量　　　　　　B.计算定额子目工程量

C.确定人、料、机单价　　　　　　　D.确定组合定额子目

4.[2019年真题]关于分部分项工程量清单项目与定额子目关系的说法,正确的是( )。

A.清单项目与定额子目之间是一一对应的

B.一个定额子目不能对应多个清单项目

C.清单项目与定额子目的工程量计算规则是一致的

D.清单项目组价时,可能需要组合几个定额子目

答案:1.B。清单工程量不能直接用于计价,在计价时必须考虑施工方案等各种影响因素,根据所采用的计价定额及相应的工程量计算规则重新计算各定额子目的施工工程量。定额子目工程量的具体计算方法,应按照与所采用的定额相对应的工程量计算规则计算。

2.B。措施项目中的安全文明施工费、规费和税金必须按国家或省级、行业建设主管部门的规定计算,不得作为竞争性费用。社会保险费属于规费。

3.D。4.D。

[考点2] 投标报价的编制方法

(一)投标价的编制原则

(1)投标报价由投标人自主确定,必须执行《建设工程工程量清单计价规范》(GB 50500—2013)的强制性规定。

(2)不得低于工程成本。

(3)必须按招标人提供的工程量清单填报价格。

(4)招标文件中的责任划分,作为设定投标报价费用项目和费用计算的基础。

(5)以施工方案、技术措施等作为投标报价计算的基本条件。

(6)报价计算方法要科学严谨,简明适用。

(二)投标价的编制与审核

在编制投标报价之前,需要对清单工程量进行复核。

1.综合单价

综合单价中应包括招标文件中划分的应由投标人承担的风险范围及其费用,招标文件中没有明确的,应提请招标人明确。

2.单价项目

分部分项工程和措施项目中的单价项目中最主要的是确定综合单价。

（1）工程量清单项目特征描述。

在招投标过程中，若出现工程量清单特征描述与设计图纸不符，投标人应以工程量清单的项目特征描述为准，确定投标报价的综合单价；若施工中施工图纸或设计变更与工程量清单项目特征描述不一致，发承包双方应按实际施工的项目特征，依据合同约定重新确定综合单价。

[注意] 分部分项工程的特征描述前后不一致时，以最晚发生的特征描述为主。

（2）企业定额。

没有企业定额时，可根据企业自身情况参照消耗量定额进行调整。

（3）资源可获取价格。

（4）企业管理费费率、利润率。

（5）风险费用。

招标文件中要求投标人承担的风险费用，投标人应在综合单价中给予考虑，通常以风险费率的形式进行计算。

（6）材料、工程设备暂估价。

招标工程量清单中提供了暂估单价的材料、工程设备，按暂估的单价计入综合单价。

3. 总价项目

措施项目中的总价项目应采用综合价格的形式报出，包括除规费、税金外的全部费用。

4. 其他项目费

（1）暂列金额应按招标工程量清单中列出的金额填写，不得变动。

（2）暂估价不得变动和更改。

（3）计日工应按照招标工程量清单列出的项目和估算的数量，自主确定各项综合单价并计算费用。

（4）总承包服务费应根据招标工程量列出的专业工程暂估价内容和供应材料、设备情况，按照招标人提出协调、配合与服务要求和施工现场管理需要自主确定。

5. 规费和税金报价

规费和税金必须按国家或省级、行业建设主管部门规定的标准计算，不得作为竞争性费用。

6. 投标总价

投标总价不能进行投标总价优惠，投标人对投标报价的任何优惠（或降价、让利）均应反映在相应清单项目的综合单价中。

🌐 精选真题

1. [2020年真题] 根据《建设工程工程量清单计价规范》(GB 50500—2013)，关于投标人投标报价的说法，正确的是（　　）。

A. 投标人可以进行适当的总价优惠

B. 投标人的总价优惠不需要反映在综合单价中

C. 规费和税金不得作为竞争性费用

D. 不同承发包模式对于投标报价高低没有直接影响

2. [2019年真题]根据《建设工程工程量清单计价规范》(GB 50500—2013),投标人进行投标报价时,发现某招标文件中工程量清单项目特征描述与设计图纸不符,则投标人在确定综合单价时,应( )。

A. 以招标工程量清单项目的特征描述为报价依据

B. 以设计图纸作为报价依据

C. 综合两者对项目特征共同描述作为报价依据

D. 暂不报价,待施工时依据设计变更后的项目特征报价

3. [2016年真题]根据《建设工程工程量清单计价规范》(GB 50500—2013),工程量清单中的其他项目清单包含的内容有( )。

A. 暂列金额   B. 安全文明施工费

C. 总承包服务费   D. 暂估价

E. 计日工

答案:1. C。不同的工程承发包模式会直接影响工程项目投标报价的费用内容和计算深度。

2. A。3. ACDE。

[考点 3] 工程合同价款的约定

(1)实行招标的工程合同价款应在中标通知书发出之日起30天内,由发承包双方依据招标文件和中标人的投标文件在书面合同中约定。不实行招标的工程合同价款,应在发承包双方认可的工程价款基础上,由发承包双方在合同中约定。

(2)实行招标的工程,合同约定不得违背招、投标文件中关于工期、造价、质量等方面的实质性内容。招标文件与中标人投标文件不一致的地方应以投标文件为准。

(3)实行工程量清单计价的工程,宜采用单价合同。

🌐 **精选真题**

1. [2021年真题]实行招标的工程,发承包人约定合同工期、造价、质量、履行期限等主要条款应当与招标文件和中标人的投标文件的内容一致,若出现不一致的情况,应( )。

A. 以招标文件为准   B. 要求中标人进行适当修正

C. 以投标文件为准   D. 要求发包人进行适当修正

2. [2021年真题]关于工程合同价款约定及其内容的说法,正确的是( )。

A. 可以根据发包人的补充要求调整工程造价

B. 应约定质量保证金的总额为工程价款结算总额的5%

C. 对安全文明施工费应约定支付计划、使用要求

D. 不实行招标的工程应按承包人最低成本价签订合同

答案:1. C。

2. C。选项B错误,发包人累计扣留的质量保证金不得超过工程价款结算总额的3%。选项D错误,不实行招标的工程合同价款,应在发承包双方认可的工程价款基础上,由发承包双方在合同中约定。发承包双方认可的工程价款的形式可以是承包方或设计人编制的施工图预算,也可以是发承包双方认可的其他形式。

专题 4　计量与支付

复习提示 ▷ 本专题内容较多，考查方式灵活多变，建议多做真题找感觉，有针对性地学习，特别注意时间节点的记忆。

[考点 1] 工程计量

工程计量可选择按月或按工程形象进度分段计量，具体计量周期在合同中约定。因承包人原因造成的超出合同工程范围施工或返工的工程量，发包人不予计量。若发现工程量清单中出现漏项、工程量计算偏差，以及工程变更引起工程量的增减变化，应据实调整，正确计量。

（一）工程计量的依据

(1) 质量合格证书。
(2)《计量规范》和技术规范。
(3) 设计图纸。

（二）单价合同的计量

工程量必须以承包人完成合同工程应予计量的工程量确定。施工中进行工程量计量时，当发现招标工程量清单中出现缺项、工程量偏差，或因工程变更引起工程量增减时，应按承包人在履行合同义务中完成的工程量计量。

1. 计量程序

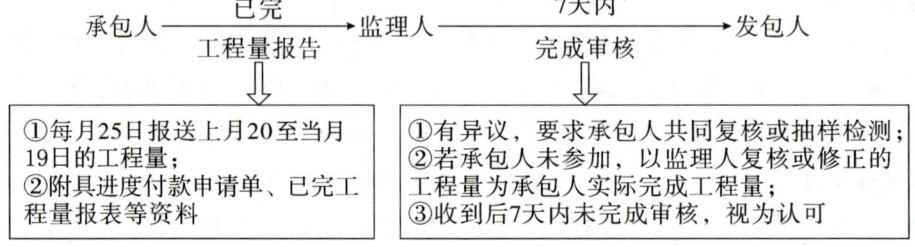

2. 计量方法

单价合同计量方法有均摊法、凭据法、估价法、断面法、图纸法和分解计量法，不同计量方法的适用范围见下表。

方法	概念	适用范围
均摊法	对清单中某些项目的合同价款按合同工期平均计量	为监理人提供宿舍、保养测量设备、保养气象记录设备，维护工地清洁和整洁等
凭据法	按照承包人提供的凭据进行计量支付	建筑工程险保险费、第三方责任险保险费、履约保证金等

(续表)

方法	概念	适用范围
估价法	按合同文件的规定,根据监理人估算的已完工程价值支付	为监理人提供办公和生活设施、用车、测量设备、天气记录设备、通信设备等
断面法	根据分部分项工程的断面尺寸计量	取土坑或填筑路堤土方的计量
图纸法	按设计图纸的尺寸进行计量	混凝土构筑物的体积、钻孔桩的桩长等
分解计量法	对较大的项目进行拆分计量	包干项目或较大的工程项目

(三) 总价合同的计量

采用工程量清单方式招标形成的总价合同,其工程量的计算与上述单价合同的工程量计量规定相同。采用经审定批准的施工图纸及其预算方式发包形成的总价合同,除按照工程变更规定的工程量增减外,总价合同各项目的工程量应为承包人用于结算的最终工程量。

🌐 **精选真题**

1.[2019 年真题]单价合同模式下,承包人支付的建筑工程险保险费,宜采用的计量方法是( )。

A. 凭据法　　　　　　　　　　B. 估价法

C. 均摊法　　　　　　　　　　D. 分解计量法

2.[2018 年真题]根据《建设工程工程量清单计价规范》(GB 50500—2013),采用单价合同的工程结算工程量应为( )。

A. 施工单位实际完成的工程量

B. 合同中约定应予计量的工程量

C. 合同中约定应予计量并实际完成的工程量

D. 以合同图纸的图示尺寸为准计算的工程量

3.[2018 年真题]根据《建设工程工程量清单计价规范》(GB 50500—2013),采用经审定批准的施工图纸及其预算方式发包形成的总价合同,施工过程中未发生工程变更,结算工程量应为( )。

A. 承包人实际施工的工程量

B. 总价合同各项目的工程量

C. 承包人因施工需要自行变更后的工程量

D. 承包人调整施工方案后的工程量

4.[2021 年真题]关于单价合同工程计量的说法,正确的有( )。

A. 招标工程量清单缺项的,应按承包人履行合同义务中完成的工程量计量

B. 承包人已完成的质量合格的全部工程都应予以计量

C. 监理工程师计量的工程量应等于承包人实际施工量

D. 单价合同应按照招标工程量清单中的工程量计量

E. 监理人对已完工程量有异议的,有权要求承包人进行共同复核或抽样复测

答案:1. A。2. C。3. B。

4. AE。选项 BCD 错误,单价合同以实际完成的工程量进行结算,但被监理工程师计量的工程数量,并不一定是承包人实际施工的数量。计量的几何尺寸要以设计图纸为依据,监理工程师对承包人超出设计图纸要求增加的工程量和自身原因造成返工的工程量,不予计量。

[考点 2] 合同价款调整

以下事项发生,发承包双方应当按照合同约定调整合同价款:法律法规变化;工程变更;项目特征不符;工程量清单缺项;工程量偏差;计日工;物价变化;暂估价;不可抗力;提前竣工(赶工补偿);误期赔偿;索赔;现场签证;暂列金额;发承包双方约定的其他调整事项。

(一)法律法规变化

招标工程以投标截止日前 28 天,非招标工程以合同签订前 28 天为基准日。

因承包人原因造成工期延误,在工期延误期间出现法律变化的,由此增加的费用和(或)延误的工期由承包人承担。

因承包人原因导致工期延误的,按上述规定的调整时间,在合同工程原定竣工时间之后,合同价款调增的不予调整,合同价款调减的予以调整。

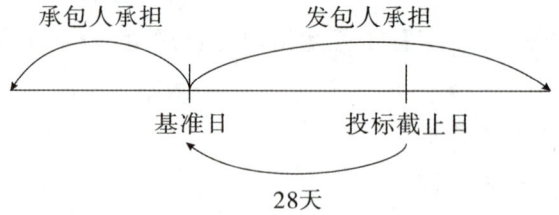

[总结] 合同价款调整原则:谁的责任,谁承担;谁违规对谁不利。

(二)工程量清单缺项

(1)合同履行期间,由于招标工程量清单中缺项,新增分部分项工程量清单项目的,应按照规范中工程变更相关条款确定单价,并调整合同价款。

(2)新增分部分项工程量清单项目后,引起措施项目发生变化的,应按照规范中工程变更相关规定,在承包人提交的实施方案被发包人批准后调整合同价款。

(3)由于招标工程量清单中措施项目缺项,承包人提交新增措施项目实施方案,发包人批准后,按照规范相关规定调整合同价款。

(三)工程量偏差

(1)当应予计算的实际工程量与招标工程量清单出现偏差超过 15% 时,对综合单价的调整原则为:

①工程量增加超过 15% 时,其增加的部分工程量的综合单价应予调低;

②工程量减少超过 15% 时,减少后剩余部分的工程量的综合单价应予调高。

(2)工程量出现超过 15% 的变化,且引起措施项目变化时,量增→措增;量减→措减。

精选真题

1. [2021年真题] 某现浇混凝土工程采用工程量清单计价,工程量清单中的工程数量为 3000m³。合同约定:综合单价为 800 元/m³,当实际工程量超过清单中工程数量的 15% 时,综合单价调整为原单价的 0.9。工程结束时经监理工程师确认的实际完成工程量为 3500m³,则现浇混凝土工程款应为( )万元。

A. 240.0 B. 252.0 C. 279.6 D. 276.0

2. [2016年真题] 根据《建设工程工程量清单计价规范》(GB 50500—2013),对于任一招标工程量清单项目,如果因业主方变更导致工程量偏差,则调整原则为( )。

A. 当工程量增加超过 15% 以上时,其增加部分的工程量单价应予调低

B. 当工程量增加超过 15% 以上时,其增加部分的工程量单价应予调高

C. 当工程量减少超过 10% 以上时,其相应部分的措施费应予调低

D. 当工程量增加超过 15% 以上时,其相应部分的措施费应予调高

答案: 1. C。$3000 \times (1+15\%) \times 800 + [3500 - 3000 \times (1+15\%)] \times (800 \times 0.9) = 2796000(元) = 279.6$ 万元。

2. A。

(四)计日工

(1)计日工是指在施工过程中,承包人完成发包人提出的工程合同范围以外的零星项目或工作,按合同约定的综合单价计价的一种方式。发包人通知承包人以计日工方式实施的零星工作,承包人应予执行。

(2)需要采用计日工方式的,其价款按列入已标价工程量清单或预算书中的计日工计价项目及其单价进行计算。已标价工程量清单或预算书中无相应的计日工单价的,按照合理的成本与利润构成的原则,由合同当事人确定计日工的单价。

(3)计日工由承包人汇总后,列入最近一期进度付款申请单,由监理人审查并经发包人批准后列入进度付款。

(五)物价变化

人工、材料、工程设备和机械台班等市场价格波动超过合同当事人约定的范围,合同价格应当调整。

1. 采用价格指数进行价格调整

(1)价格调整公式。

$$\Delta P = P_0 \left[A + \left(B_1 \times \frac{F_{t1}}{F_{01}} + B_2 \times \frac{F_{t2}}{F_{02}} + B_3 \times \frac{F_{t3}}{F_{03}} + \cdots + B_n \times \frac{F_{tn}}{F_{0n}} \right) - 1 \right]$$

式中　ΔP——需调整的价格差额;

P_0——约定的付款证书中承包人应得到的已完成工程量的金额;

A——定值权重(不调部分的权重);

$B_1, B_2, B_3, \cdots, B_n$——可调因子的权重;

$F_{t1}, F_{t2}, F_{t3}, \cdots, F_{tn}$——各可调因子的现行价格指数,指约定的付款证书相关周期最后一天的前42天的价格指数;

$F_{01}, F_{02}, F_{03}, \cdots, F_{0n}$——各可调因子的基本价格指数,指基准日期的价格指数。

（2）工期延误后的价格调整。

①发包人原因导致工期延误,采用计划竣工日期与实际竣工日期的较高者;

②承包人原因导致工期延误,采用计划竣工日期与实际竣工日期的较低者。

[提示] 由于市场价格波动导致合同价款调整时,谁的责任谁承担。

2. 采用造价信息进行价格调整

人工单价发生变化时,合同当事人应按相关文件调整合同价格。材料、设备价格发生变化的调整,按规定进行的调整见下表。

条件	材料单价	计算基础	调整
材料单价＜基准单价	跌幅	以投标报价为基础超过5%	超过部分据实调整
	涨幅	以基准价格为基础超过5%	
材料单价＞基准单价	跌幅	以基准价格为基础超过5%	
	涨幅	以投标报价为基础超过5%	
材料单价＝基准单价	跌幅或涨幅	以基准价格为基础超过±5%时	

🌐 精选真题

1. [2017年真题] 某室内装饰工程根据《建设工程工程量清单计价规范》（GB 50500—2013）签订了单价合同,约定采用造价信息调整价格差额方法调整价格;原定6月施工的项目因发包人修改设计推迟至当年12月;该项目主材为发包人确认的可调价材料,价格由300元/m²变为350元/m²。关于该工程工期延误责任和主材结算价格的说法,正确的是（   ）。

　　A. 发包人承担延误责任,材料价格按350元/m²计算

　　B. 发包人承担延误责任,材料价格按300元/m²计算

　　C. 承包人承担延误责任,材料价格按350元/m²计算

　　D. 承包人承担延误责任,材料价格按300元/m²计算

2. [2016年真题] 根据《建设工程工程量清单计价规范》（GB 50500—2013）,在施工中因发包人原因导致工期延误的,计划进度日期后续工程的价格调整原则是（   ）。

　　A. 采用计划进度日期与实际进度日期两者的较高者

　　B. 采用计划进度日期与实际进度日期两者的较低者

　　C. 如果没有超过15%,则不作调整

　　D. 应采用造价信息差额调整法

答案: 1. A。在履行合同过程中,由于发包人原因造成工期延误的,则计划进度日期后续工程的价格,采用计划进度日期与实际进度日期两者的较高者。

2. A。

（六）暂估价

（1）暂估价专业分包工程、服务、材料和工程设备的明细由合同当事人在专用合同条款中约定。

（2）暂估价材料或工程设备的单价确定后，在综合单价中只应取代原暂估单价，不应再在综合单价中涉及企业管理费或利润等其他费用的变动。

（七）不可抗力

（1）不可抗力持续发生的，合同一方当事人应及时向合同另一方当事人和监理人提交中间报告，说明不可抗力和履行合同受阻的情况，并于不可抗力事件结束后28天内提交最终报告及有关资料。

（2）不可抗力导致的人员伤亡、财产损失、费用增加和（或）工期延误等后果，由合同当事人按下表所示原则承担。

发包人应承担	承包人应承担
永久工程	承包人施工设备的损坏
已运至施工现场的材料和工程设备的损坏	
因工程损坏造成的第三者人员伤亡和财产损失	承包人承担自己的人员伤亡和财产的损失
发包人承担自己的人员伤亡和财产的损失	
因不可抗力影响承包人履行合同约定的义务，已经引起或将引起工期延误的，应当顺延工期，由此停工期间必须支付的工人工资	因不可抗力影响承包人履行合同约定的义务，已经引起或将引起工期延误的，应当顺延工期，导致承包人停工的费用损失由发包人和承包人合理分担
因不可抗力引起或将引起工期延误，发包人要求赶工的，由此增加的赶工费用	
承包人在停工期间按照发包人要求照管、清理和修复工程的费用	

[速记] 各自损失各自承担，与工程有关损失，由发包人承担。

精选真题

[2020年真题]根据《建设工程施工合同（示范文本）》(GF-2017-0201)，关于不可抗力后果承担的说法，正确的有（   ）。

A. 承包人在施工现场的人员伤亡由承包人承担

B. 永久工程损失由发包人承担

C. 承包人在停工期间按照发包人要求照管工程的费用由发包人承担

D. 承包人施工机械损坏由发包人承担

E. 发包人在施工现场的人员伤亡损失由承包人承担

答案：ABC。

(八)提前竣工(赶工补偿)

(1)招标人应当依据相关工程的工期定额合理计算工期,压缩的工期天数不得超过定额工期的20%,超过者,应在招标文件中明示增加赶工费用。

(2)发包人应承担承包人由此增加的提前竣工(赶工补偿)费用。

(3)发承包双方应在合同中约定提前竣工每日历天应补偿额度,并与结算款一并支付。

(4)赶工费包括:

①人工费的增加(新增加投入人工的报酬、不经济使用的人工补贴);

②材料费的增加(造成不经济使用材料而损耗过大、提前交货可能增加的费用等);

③机械费的增加(增加机械设备投入、不经济使用机械等)。

🌐 精选真题

[2021年真题]根据《建设工程工程量清单计价规范》(GB 50500—2013),工程发包时招标人压缩的工期不得超过定额工期的(　　),否则应在招标文件中明示增加赶工费。

A. 10%　　　　　　B. 15%　　　　　　C. 20%　　　　　　D. 30%

答案:C。

(九)暂列金额

已签约合同价中的暂列金额由发包人掌握使用。发包人按照合同的规定作出支付后,如有剩余,则暂列金额余额归发包人所有。

🌐 精选真题

1. [2021年真题]关于建筑安装工程费用中暂列金额的说法,正确的是(　　)。

A. 已签约合同价中的暂列金额由承包人掌握使用

B. 暂列金额不得用于招标人给出暂估价的材料采购

C. 暂列金额不得用于施工可能发生的现场签证费用

D. 发包人按照合同约定作出支付后,如有剩余归发包人所有

2. [2018年真题]根据《建设工程工程量清单计价规范》(GB 50500—2013),暂列金额可用于支付(　　)。

A. 业主提供了暂估价的材料采购费用

B. 因承包人原因导致隐蔽工程质量不合格的返工费用

C. 因施工缺陷造成的工程维修费用

D. 施工中发生设计变更增加的费用

答案:1. D。2. D。暂列金额是指招标人在工程量清单中暂定并包括在合同价款中的一笔款项,用于工程合同签订时尚未确定或者不可预见的所需材料、工程设备、服务的采购,施工中可能发生的工程变更、合同约定调整因素出现时的合同价款调整以及发生的索赔、现场签证等确认的费用。

[考点 3] 工程变更价款的确定

承包人提出工程变更的情形有：一是图纸出现错、漏、碰、缺等缺陷无法施工；二是图纸不便施工，变更后更经济、方便；三是采用新材料、新产品、新工艺、新技术的需要；四是承包人考虑自身利益，为费用索赔提出工程变更。

(一) 工程变更价款的确定方法

根据已标价工程量清单或预算书与变更项目之间的关系确定，见下表。

类型	具体条件
有相同项目	按照相同项目单价认定
无相同项目，但有类似项目	参照类似项目的单价认定
工程量的变化幅度超过15%或无相同项目及类似项目单价	按照合理的成本与利润构成的原则，由合同当事人确定变更工作的单价

(二) 措施项目费的调整

工程变更引起施工方案改变，并使措施项目发生变化的，承包人提出调整措施项目费的，应事先将拟实施的方案提交发包人确认，并详细说明与原方案措施项目相比的变化情况。

(1) 安全文明施工费按照实际发生变化的措施项目调整，不得浮动。

(2) 采用单价计算的措施项目费，按照实际发生变化的措施项目及清单项目的规定确定单价。

(3) 按总价（或系数）计算的措施项目费，按照实际发生变化的措施项目调整，但应考虑承包人报价浮动因素，即调整金额按照实际调整金额乘以承包人报价浮动率计算。

① 招标工程：承包人报价浮动率 $L = (1 - 中标价/招标控制价) \times 100\%$。

② 非招标工程：承包人报价浮动率 $L = (1 - 报价值/施工图预算) \times 100\%$。

◆ 精选真题

1. [2021年真题] 某招标工程的招标控制价为1.6亿，某投标人报价为1.55亿，经修正计算性错误后以1.45亿的报价中标，则该承包人的报价浮动率为（　　）。

A. 9.375%　　　　B. 3.125%　　　　C. 9.355%　　　　D. 9.677%

2. [2019年真题] 根据《建设工程施工合同（示范文本）》(GF-2017-0201)，工程变更引起施工方案改变并使措施项目发生变化时，承包人提出调整措施项目费的，首先应采取的做法是（　　）。

A. 提出措施项目变化后增加费用的估算

B. 将拟实施的方案提交发包人确认并说明变化情况

C. 在该措施项目施工结束后提交增加费用的证据

D. 加快施工尽快完成措施项目

答案：1. A。报价浮动率 = $(1 - 中标价/招标控制价) \times 100\% = (1 - 1.45/1.6) \times 100\% = 9.375\%$。

2. B。

[考点 4] 施工索赔与现场签证

（一）索赔费用的计算

1. 索赔费用的组成

（1）索赔费用的组成与建筑安装工程造价的组成相似，一般包括的部分如下图所示。

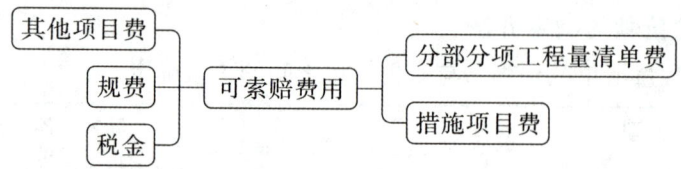

其中分部分项工程量清单费包括人工费、设备费、材料费、管理费、利润和迟延付款利息，见下表。

人工费	1. 增加工作内容的人工费应按照计日工费计算。 2. 停工损失费和工作效率降低的损失费按窝工费计算
设备费	1. 增加工作内容引起设备索赔时，设备费按机械台班费计算。 2. 因窝工引起的设备费索赔，当施工机械属于施工企业自有时，按照机械折旧费计算；当施工机械是施工企业从外部租赁时，按照设备租赁费计算
材料费	索赔事件引起的材料用量增加、材料价格大幅度上涨、非承包人原因造成的工期延误而引起的材料价格上涨和材料超期存储费用
管理费	分为现场管理费和企业管理费，审核时应区别对待
利润	对工程范围、工作内容变更等引起的索赔，承包人可按原报价单中的利润百分率计算利润
迟延付款利息	发包人未按约定时间付款的，应按约定利率支付迟延付款的利息

（2）《标准施工招标文件》中合同条款规定的可以合理补偿承包人索赔的条款，见下表。

序号	条款号	主要内容	可补偿内容		
			工期	费用	利润
1	1.6.1	提供图纸延误	√	√	√
2	1.10.1	施工过程发现文物、古迹以及其他遗迹、化石、钱币或物品	√	√	
3	2.3	延迟提供施工场地	√	√	√
4	4.11.2	承包人遇到不利物质条件	√	√	
5	5.2.4	发包人要求向承包人提前交付材料和工程设备		√	
6	5.2.6	发包人提供的材料和工程设备不符合合同要求	√	√	√
7	8.3	发包人提供资料错误导致承包人的返工或造成工程损失	√	√	
8	9.2.5	采取合同未约定的安全作业环境及安全施工措施		√	

(续表)

序号	条款号	主要内容	可补偿内容		
			工期	费用	利润
9	9.2.6	因发包人原因造成承包人人员工伤事故		√	
10	11.3	发包人的原因造成工期延误	√	√	√
11	11.4	异常恶劣的气候条件	√		
12	11.6	发包人要求承包人提前竣工		√	√
13	12.2	发包人原因引起的暂停施工	√	√	√
14	12.4.2	发包人原因造成暂停施工后无法按时复工	√	√	√
15	13.1.3	发包人原因造成工程质量达不到合同约定验收标准的		√	√
16	13.5.3	监理人对隐蔽工程重新检查,经检验证明工程质量符合合同要求的	√	√	√
17	13.6.2	因发包人提供的材料、工程设备造成工程不合格	√	√	√
18	14.1.3	承包人应监理人要求对材料、工程设备和工程重新检验且检验结果合格	√	√	√
19	16.2	基准日后法律变化引起的价格调整		√	
20	18.4.2	发包人在全部工程竣工前,使用已接收的单位工程导致承包人费用增加的		√	√
21	18.6.2	发包人的原因导致试运行失败的		√	√
22	19.2	发包人原因导致的工程缺陷和损失		√	√
23	19.4	工程移交后因发包人原因出现的缺陷修复后的试验和试运行		√	
24	21.3.1	不可抗力	√	部分费用√	
25	22.2.2	因发包人违约导致承包人暂停施工	√	√	√

2. 索赔费用的计算方法

计算方法	特点
实际费用法	最常用。注意不要遗漏费用项目
总费用法	对业主不利。索赔金额=实际总费用-投标报价估算费用
修正总费用法	索赔金额=某项工作调整后实际总费用-该项工作报价费,准确程度已接近于实际费用法

(二) 现场签证

现场签证是指发包人现场代表(或其授权的监理人、工程造价咨询人)与承包人现场代表就施工过程中涉及的责任事件所进行的签认证明。

1. 现场签证的范围

(1)适用于施工合同范围以外零星工程的确认。

(2)在工程施工过程中发生变更后需要现场确认的工程量。

(3)非施工单位原因导致的人工、设备窝工及有关损失。

(4)符合施工合同规定的非承包人原因引起的工程量或费用增减。

(5)确认修改施工方案引起的工程量或费用增减。

(6)工程变更导致的工程施工措施费增减等。

2. 现场签证的程序

(1)承包人应在接受发包人要求的7天内向发包人提出签证,发包人签证后施工。

(2)发包人应在收到承包人的签证报告48h内给予确认或提出修改意见,否则视为该签证报告已经认可。

(3)发承包双方确认的现场签证费用与工程进度款同期支付。

3. 现场签证费用的计算

第一种是完成合同以外的零星工作时,按计日工单价计算。第二种是完成其他非承包人责任引起的事件,应按合同中的约定计算。

[提示] 在汇总时,有计日工单价的,可归并于计日工,如无计日工单价,归并于现场签证,以示区别。

🌐 精选真题

1. [2021年真题]关于修正总费用法计算索赔费用的说法,正确的是(   )。
   A. 计算索赔款的时段可以是整个施工期
   B. 索赔金额为受影响工作调整后的实际总费用减去该项工作的报价费用
   C. 索赔款应包括受到影响时段内所有工作所受的损失
   D. 索赔款只包括受到影响时段内关键工作所受的损失

2. [2020年真题]根据《标准施工招标文件》,承包人在施工中遇到不利物质条件时,采取合理措施后继续施工,承包人可以据此提出(   )索赔。
   A. 费用和利润　　　　　　　　　　B. 费用和工期
   C. 风险费和利润　　　　　　　　　D. 工期和风险费

3. [2018年真题]某建设工程由于业主方临时设计变更导致停工,承包商的工人窝工8个工日,窝工费为300元/工日;承包商租赁的挖土机窝工2个台班,挖土机租赁费为1000元/台班,动力费为160元/台班;承包商自有的自卸汽车窝工2个台班,该汽车折旧费为400元/台班,动力费为200元/台班。则承包商可以向业主索赔的费用为(   )元。
   A. 4800　　　　B. 5200　　　　C. 5400　　　　D. 5800

4. [2021年真题]下列事项中,属于现场签证范围的有(   )。
   A. 确认修改施工方案引起的工程量增减
   B. 施工过程中发生变更后需要现场确认的工程量

C. 施工合同范围内的工程量确认

D. 承包人原因导致的人工窝工及有关损失

E. 工程变更导致的措施费用增减

答案：1. B。2. B。

3. B。可索赔的费用：人工费 = 300 × 8 = 2400（元）；租赁机械费 = 1000 × 2 = 2000（元）；自有机械费 = 400 × 2 = 800（元）。2400 + 2000 + 800 = 5200（元）。

4. ABE。

[考点 5] 安全文明施工费

（1）安全文明施工费由发包人承担，发包人不得以任何形式扣减该部分费用；因基准日期后合同所适用的法律或政府有关规定发生变化，增加的安全文明施工费由发包人承担。

（2）承包人经发包人同意采取合同约定以外的安全措施产生的费用，由发包人承担。未经发包人同意，如果该措施避免了发包人的损失，发包人在避免损失的额度内承担该措施费。如果该措施避免了承包人的损失，由承包人承担该措施费。

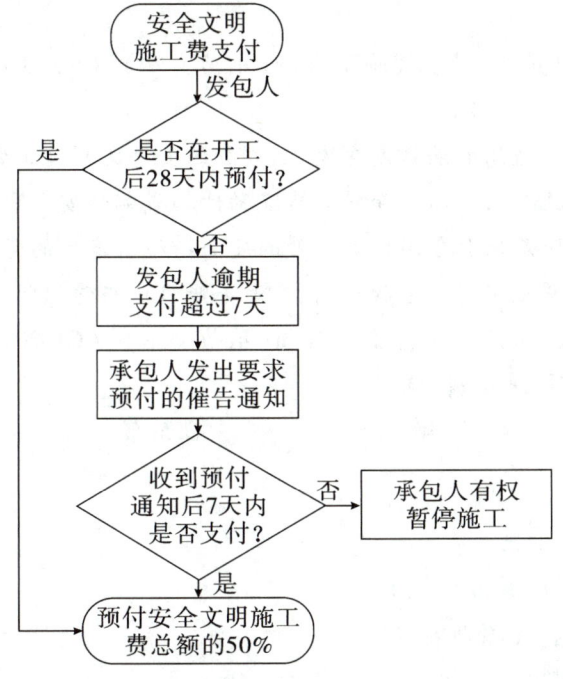

（3）发包人应在开工后 28 天内预付安全文明施工费总额的 50%，其余部分与进度款同期支付；发包人逾期 7 天未支付，承包人可催告，发包人收到催告后 7 天仍未支付，承包人可暂停施工。

（4）承包人对安全文明施工费应专款专用，承包人应在财务账目中单独列项备查，不得挪作他用，否则发包人有权责令其限期改正。

[提示] 各款项支付的时间线如下图所示。

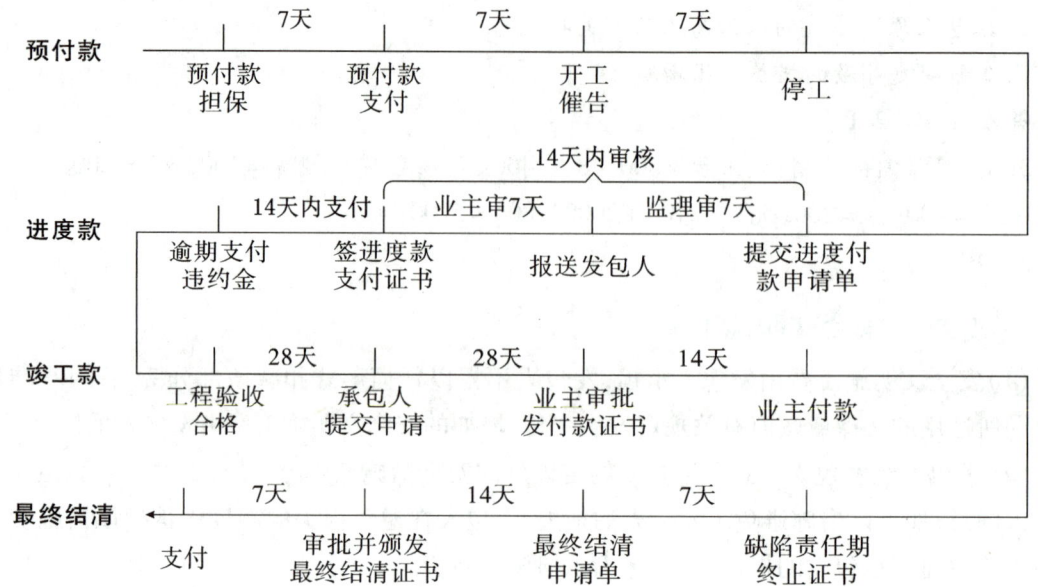

◉ 精选真题

1.[2021年真题]根据《建设工程施工合同(示范文本)》(GF-2017-0201),关于安全文明施工费的说法,正确的是(　　)。
A.因基准日期后合同适用的法律发生变化,增加的安全文明施工费由发包人承担
B.发包人可以根据施工项目环境和安全情况酌情扣减部分安全文明施工费
C.承包人经发包人同意采取合同约定以外的安全措施所产生的费用,由承包人承担
D.承包人对安全文明施工费应专款专用,在财务账目中与管理费合并列项备查

2.[2021年真题]根据《建设工程施工合同(示范文本)》(GF-2017-0201),发包人应在开工后28天内预付安全文明施工费总额的(　　)。
A.30%　　　　　B.40%　　　　　C.50%　　　　　D.60%

答案:1.A。2.C。

[考点6] 质量保证金

(一)承包人提供质量保证金的方式
(1)质量保证金保函。(原则采用)
(2)相应比例的工程款。
(3)双方约定的其他方式。

(二)质量保证金的扣留

扣留方式	1.在支付工程进度款时逐次扣留,计算基数不包括预付款的支付、扣回及价格调整的金额。(原则上采用) 2.工程竣工结算时一次性扣留质量保证金。 3.双方约定的其他扣留方式

（续表）

扣留金额	1. 发包人累计扣除的质量保证金不得超过工程价款结算总额的3%。 2. 承包人在发包人签发竣工付款证书后28天内提交质量保证金保函时,发包人应同时退还质量保证金,同时按照基准利率支付利息。 3. 保函金额不得超过工程价款结算总额的3%

（三）质量保证金的退还

（1）缺陷责任期满后,承包人可向发包人申请返还质量保证金。

（2）发包人收到承包人返还保证金申请后,应在14天内核实,无异议时按约定返还。返还期限未约定时,发包人应在核实后14天内将保证金返还承包人,逾期未返还的,依法承担违约责任。

（3）发包人收到承包人返还保证金申请后14天内不予答复,经催告后14天内仍不予答复,视同认可。

◈ 精选真题

1. [2020年真题]根据《建设工程施工合同（示范文本）》（GF-2017-0201）,发包人累计扣留的质量保证金不得超过工程价款结算总额的（　　）。

A. 2%　　　　　B. 5%　　　　　C. 10%　　　　　D. 3%

2. [2019年真题]根据《建设工程施工合同（示范文本）》（GF-2017-0201）,承包人提供质量保证金的方式原则上应为（　　）。

A. 相应比例的工程款　　　　　B. 相应额度的担保物

C. 质量保证金保函　　　　　　D. 相应额度的现金

答案：1. D。2. C。

[考点 7] 当事人违约时解除合同

（一）发包人违约

（1）因发包人原因未能在计划开工日期前7天内下达开工通知的。

（2）因发包人原因未能按合同约定支付合同价款的。

（3）发包人违反《建设工程施工合同（示范文本）》（GF-2017-0201）"变更的范围"条款约定,自行实施被取消的工作或转由他人实施的。

（4）发包人提供的材料、工程设备的规格、数量或质量不符合合同约定,或因发包人原因导致交货日期延误或交货地点变更等情况的。

（5）因发包人违反合同约定造成暂停施工的。

（6）发包人无正当理由没有在约定期限内发出复工指示,导致承包人无法复工的。

（7）发包人明确表示或者以其行为表明不履行合同主要义务的。

（8）发包人未能按照合同约定履行其他义务的。

发包人发生除上述第(7)项以外的违约情况时,承包人可向发包人发出通知,要求发包人采取有效措施纠正违约行为。

发包人收到承包人通知后28天内仍不纠正违约行为的,承包人有权暂停相应的工程施工,并通知监理人。

除专用合同条款另有约定外,承包人按"发包人违约的情形"条款约定暂停施工满28天后,发包人仍不纠正其违约行为并致使合同目的不能实现的,或发包人明确表示或者以其行为表明不履行合同主要义务的,承包人有权解除合同,发包人应承担由此增加的费用,并支付承包人合理的利润。

(二)承包人违约

(1)承包人违反合同约定进行转包或违法分包的。

(2)承包人违反合同约定采购和使用不合格的材料和工程设备的。

(3)因承包人原因导致工程质量不符合合同要求的。

(4)承包人违反《建设工程施工合同(示范文本)》(GF-2017-0201)"材料与设备专用要求"条款的约定,未经批准,私自将已按照合同约定进入施工现场的材料或设备撤离施工现场的。

(5)承包人未能按施工进度计划及时完成合同约定的工作,造成工期延误的。

(6)承包人在缺陷责任期及保修期内,未能在合理期限对工程缺陷进行修复,或拒绝按发包人要求进行修复的。

(7)承包人明确表示或者以其行为表明不履行合同主要义务的。

(8)承包人未能按照合同约定履行其他义务的。

承包人承担增加的费用和(或)延误的工期。合同当事人应当在合同解除后的28天内完成估价、付款和清算。

🌐 精选真题

1.[2021年真题]根据《建设工程施工合同(示范文本)》(GF-2017-0201),以发包人明确表示或者以其行为表明不履行合同主要义务的,承包人有权解除合同,发包人应承担( )。

A.由此增加的费用并支付承包人合理的利润

B.由此增加的费用,但不包括利润

C.承包人已订购但未支付的材料费用

D.由此支出的直接成本,不包括管理费

2.[2020年真题]某工程项目施工合同约定竣工日期为2020年6月30日,在施工中因持续下雨导致甲方供材料未能及时到货,使工程延误至2020年7月30日竣工,由于2020年7月1日起当地计价政策调整,导致承包人额外支付了30万元工人工资,关于增加的30万元责任承担的说法正确的是( )。

A.持续下雨属于不可抗力,造成工期延误,增加的30万元由承包人承担

B.发包人原因导致的工期延误,因此政策变化增加的30万元由发包人承担

C.增加的30万元因政策变化造成,属于承包人的责任,由承包人承担

D.工期延误是承包人的原因,增加的30万元是政策变化造成,由双方共同承担

答案:1.A。2.B。

专题 5　施工成本管理的任务和措施

复习提示▷ 本专题需区分施工成本中直接成本与间接成本的构成、成本管理任务的流程及内容以及成本管理的措施。

[考点 1]　施工成本管理的任务

(一)施工成本

施工成本是指在建设工程项目的施工过程中所发生的全部生产费用的总和,由直接成本和间接成本组成,见下表。

分类	直接成本	间接成本
概念	构成工程实体或有助于工程实体形成的各项费用支出	准备施工、组织和管理施工生产的全部费用支出
特点	可直接计入工程对象的费用	非直接用于也无法直接计入工程对象
内容	人工费、材料费、施工机具使用费等	管理人员工资、办公费、差旅交通费等

(二)成本管理的准备工作

成本管理就是要在保证工期和质量满足要求的情况下,采取相应的管理措施,包括组织措施、经济措施、技术措施、合同措施,把成本控制在计划范围内,并进一步寻求最大限度的成本节约。

成本管理首先做好基础工作。成本管理责任体系的建立是成本管理最根本、最重要的基础工作。

(三)任务

任务	内容
成本计划	1.成本计划是以货币形式编制施工项目在计划期内的生产费用、成本水平、成本降低率以及为降低成本所采取的主要措施和规划的书面方案; 2.成本计划是建立施工项目成本管理责任制、开展成本控制和核算的基础,还是项目降低成本的指导文件,是设立目标成本的依据; 3.成本计划的编制原则:从实际情况出发;与其他计划相结合;采用先进技术经济指标;统一领导、分级管理;适度弹性
成本控制	1.作用:将实际发生的各种消耗和支出严格控制在成本计划范围内; 2.时间:贯穿于项目从投标阶段开始直至保证金返还的全过程; 3.分类:事先控制、事中控制(过程控制)和事后控制

(续表)

任务	内容
成本核算	1. 两个基本环节:一是按照规定的成本开支范围对施工成本进行归集和分配,计算出施工成本的实际发生额;二是根据成本核算对象,计算出该施工项目的总成本和单位成本。 2. 施工成本核算一般以单位工程为对象。 3. 项目管理机构应按规定的会计周期进行项目成本核算,并应编制项目成本报告。 4. 对竣工工程的成本核算: (1)竣工工程现场成本——由项目管理机构核算——用来考核项目管理绩效; (2)竣工工程完全成本——由企业财务部门核算——用来考核企业经营效益
成本分析	1. 成本分析是在成本核算的基础上,对成本的形成过程和影响成本升降的因素进行分析,以寻求进一步降低成本的途径; 2. 主要利用项目的成本核算资料(成本信息),与目标成本、预算成本以及类似项目的实际成本等进行比较; 3. 成本偏差的控制,分析是关键,纠偏是核心
成本考核	1. 项目完成后,通过成本考核,评定施工项目成本计划的完成情况和各责任者的业绩,并以此给予相应的奖励和处罚; 2. 成本考核是实现成本目标责任制的保证和实现决策目标的重要手段

🌐 **精选真题**

1. [2022年真题]在施工过程中对影响成本的因素加强管理,采取各种有效措施保证消耗和支出不超过成本计划,该做法属于成本管理任务中(　　)的工作内容。

   A. 成本核算　　　　　B. 成本分析　　　　　C. 成本考核　　　　　D. 成本控制

2. [2021年真题]施工成本管理中最根本和最重要的基础工作是(　　)。

   A. 科学设计成本核算账册体系

   B. 建立企业内部施工定额并保持其适应性

   C. 建立生产资料市场价格信息的收集网络

   D. 建立成本管理责任体系

3. [2021年真题]下列施工单位发生的各项费用支出中,可以计入施工直接成本的是(　　)。

   A. 施工现场管理人员工资　　　　　B. 组织施工生产必要的差旅交通费

   C. 构成工程实体的材料费用　　　　　D. 施工过程中发生的贷款利息

4. [2019年真题]下列建设工程项目成本管理的任务中,作为建立施工项目成本管理责任制,开展施工成本控制和核算的基础是(　　)。

   A. 成本预测　　　　　B. 成本考核　　　　　C. 成本分析　　　　　D. 成本计划

   答案:1. D。2. D。3. C。4. D。

[考点 2] 施工成本管理的措施

为了取得成本管理的理想成效,应当从多方面采取措施实施管理,通常可以将这些措施归纳为组织措施、技术措施、经济措施和合同措施,具体见下表。

措施	关键词	举例
组织措施	组织论、与人有关、部门、分工、流程	1. 实行项目经理责任制; 2. 落实施工成本管理的组织机构和人员; 3. 加强施工定额管理和施工任务单管理; 4. 编制施工成本控制工作计划; 5. 生产要素的优化配置; 6. 加强施工调度,避免窝工损失
技术措施	设计、方案、材料、机械	1. 进行技术经济分析,确定最佳的施工方案; 2. 通过代用、改变配合比、使用外加剂等方法降低材料消耗的费用; 3. 确定最合适的施工机械、设备使用方案; 4. 应用先进的施工技术、新材料和新开发机械设备
经济措施	资金、签证、目标风险分析	1. 编制资金使用计划; 2. 确定、分解成本管理目标; 3. 对成本管理目标进行风险分析,并制定防范性对策; 4. 对于工程变更,及时落实业主方签证并结算工程款; 5. 通过偏差原因分析和未完工程施工成本预测,发现潜在可能引起未完工程成本增加的问题
合同措施	合同、索赔	1. 选用合适的合同结构; 2. 合同条款中考虑影响成本和效益的因素; 3. 合同索赔

🌐 精选真题

1. [2022 年真题]下列施工成本管理措施中,属于组织措施的是(　　)。
   A. 编制合理的资金使用计划,节约资金成本
   B. 选用满足功能要求且成本低的施工机械
   C. 明确各级成本管理人员的任务和责任
   D. 通过代用、使用外加剂等方法减少材料消耗量

2. [2020 年真题]下列施工成本管理措施中,属于经济措施的是(　　)。
   A. 做好施工采购计划　　　　　　　　B. 分解成本管理目标
   C. 选用合适的合同结构　　　　　　　D. 确定施工任务单管理流程

3. [2021 年真题]下列施工成本管理措施中,属于组织措施的有(　　)。
   A. 利用施工组织设计降低材料的库存成本

B.确定合理详细的成本管理工作流程
C.加强施工任务单管理
D.确定施工设备使用方案
E.编制成本控制工作计划

4.[2020年真题]下列施工成本管理措施中,属于技术措施的有(   )。

A.确定最佳的施工方案
B.进行材料使用的比选
C.加强施工任务单管理
D.使用先进的机械设备
E.加强施工调度

答案:1.C。2.B。3.BCE。4.ABD。

专题6　施工成本计划和成本控制

复习提示▷本专题为每年考分集中分布区域,需对各阶段成本计划的编制时间及依据标准进行熟练掌握,同时对"两算"对比的内容进行区分。重点掌握赢得值法的计算方法及偏差分析纠偏,每年必考且容易在实务案例中出题。

[考点1]　施工成本计划的类型、依据和"两算"

(一)成本计划的类型及依据

对于施工项目而言,其成本计划的编制是一个不断深化的过程。在这一过程的不同阶段形成深度和作用不同的成本计划,按其作用可分为三类,见下表。

类型	竞争性成本计划	指导性成本计划	实施性成本计划
涉及阶段	投标及签订合同阶段	选派项目经理阶段	项目施工准备阶段
依据	招标文件中合同条件、投标者须知、技术规程、设计图纸、工程量清单等	合同价	项目实施方案
属于何种成本计划	估算成本计划	预算成本计划	施工预算成本计划

(二)施工预算与施工图预算的区别

施工预算的内容是以单位工程为对象,进行人工、材料、机械台班数量及其费用总和的计算。施工预算和施工图预算虽一字之差,但区别较大,具体见下表。

比较项目	施工预算	施工图预算
编制依据	施工定额	预算定额
适用范围	施工企业内部管理	发包人和承包人均可用
发挥作用	是编制实施性成本计划的主要依据	主要用于投标报价

(续表)

脚手架计算	根据施工方案确定的搭设方式和材料计算	综合脚手架搭设方式,按不同结构和高度,以建筑面积为基数计算
模板计算	按混凝土与模板的接触面积计算	按混凝土体积综合计算

另外,"两算"对比的方法有实物对比法和金额对比法。

"两算"对比的内容有:①人工量及人工费的对比分析;②材料消耗量及材料费的对比分析;③施工机具费的对比分析;④周转材料使用费的对比分析。

"两算"对比的结果:施工预算中的人、材的费用和消耗量都要低于施工图预算。

🌐 精选真题

1.[2021年真题]关于施工图预算与施工预算区别的说法,正确的是( )。
A. 施工图预算的编制以施工定额为依据,施工预算的编制以预算定额为依据
B. 施工图预算只能由造价咨询机构编制,施工预算只能由施工企业编制
C. 施工图预算和施工预算都可作为投标报价的主要依据,但施工预算更为详细
D. 施工图预算适用于发包人和承包人,施工预算适用于施工企业的内部管理

2.[2020年真题]编制施工项目实施性成本计划的主要依据是( )。
A. 项目投标报价   B. 项目所在地造价信息
C. 施工预算   D. 施工图预算

3.[2016年真题]关于施工预算和施工图预算比较的说法,正确的是( )。
A. 施工预算的编制以施工定额为依据,施工图预算的编制以预算定额为依据
B. 施工预算既适用于建设单位,也适用于施工单位
C. 施工预算是投标报价的依据,施工图预算是施工企业组织生产的依据
D. 编制施工预算依据的定额比编制施工图预算依据的定额粗略一些

答案:1. D。2. C。3. A。

[考点 2] 施工成本计划的编制方法

(一)按成本组成编制成本计划的方法

施工成本可以按成本构成分解为人工费、材料费、施工机具使用费和企业管理费等,如下图所示。在此基础上,编制按成本构成分解的成本计划。

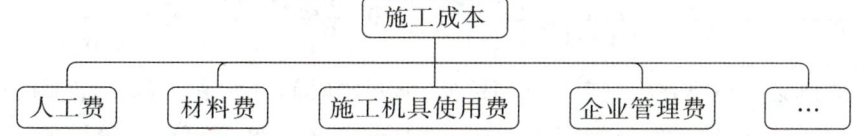

(二)按项目结构编制成本计划的方法

编制成本计划时,首先要把项目总成本分解到单项工程和单位工程中,再进一步分解到分部工程和分项工程中。同时要在项目总体层面上考虑总的预备费,也要在主要的分项工程中安排适当的不可预见费,如下图所示。

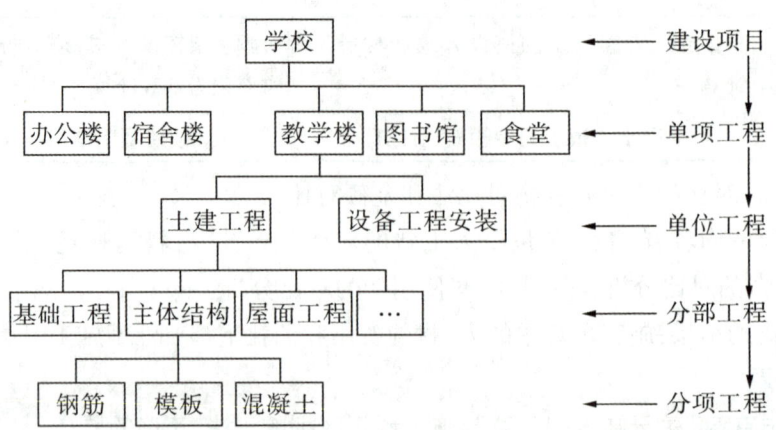

(三)按工程实施阶段编制成本计划的方法

按工程实施阶段编制成本计划,可以按实施阶段,如基础、主体、安装、装修等或按月、季、年等实施进度进行编制。按实施进度编制成本计划,通常可在控制项目进度的网络图的基础上进一步扩充得到。其表示方式有两种:一种是在时标网络图上按月编制的成本计划直方图;另一种是用时间-成本累积曲线(S形曲线)表示。

(1)时间-成本累积曲线的绘制步骤:

①确定工程项目进度计划,编制进度计划的横道图。

②根据每单位时间内完成的实物工程量或投入的人力、物力和财力,计算单位时间(月或旬)的成本,在时标网络图上按时间编制成本支出计划。

③计算规定时间 t 计划累计支出的成本额。

④按各规定时间的累计值,绘制 S 形曲线。

相关示例如下图所示。

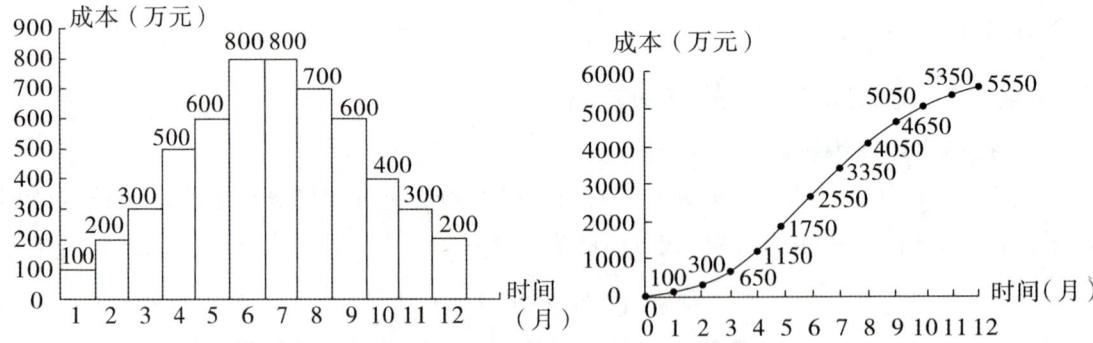

(2)S形曲线必然包络在由全部工作都按最早开始时间开始和全部工作都按最迟必须开始时间开始的曲线所组成的"香蕉图"内,如下图所示。项目经理可根据筹措的资金来调整 S 形曲线,即通过调整非关键线路上的工序项目的最早或最迟开工时间,力争将实际的成本支出控制在计划的范围内。

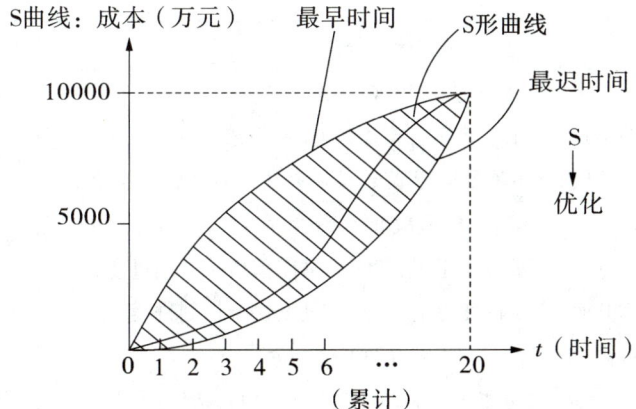

一般而言,所有工作都按最迟开始时间开始,对节约资金贷款利息是有利的。但同时也降低了项目按期竣工的保证率。

◈ 精选真题

1.[2021年真题]为了提高项目按期竣工的保证率,绘制S形曲线编制成本计划时,可以采取的做法是( )。

　　A. 关键线路上的工作都按最迟时间开始　　B. 所有工作都按最早时间开始
　　C. 施工成本大的工作按最迟时间开始　　D. 人工消耗量大的工作按最早时间开始

2.[2019年真题]采用时间-成本累积曲线法编制建设工程项目成本计划时,为了节约资金贷款利息,所有工作的时间宜按( )确定。

　　A. 最早开始时间　　B. 最迟完成时间减干扰时间
　　C. 最早完成时间加自由时差　　D. 最迟开始时间

3.[2017年真题]关于用时间-成本累积曲线编制成本计划的说法,正确的是( )。

　　A. 全部工作必须按照最早开始时间安排
　　B. 全部工作必须按照最迟开始时间安排
　　C. 可调整非关键工作的开工时间以控制实际成本支出
　　D. 可缩短关键工作的持续时间以降低成本

答案:1.B。2.D。3.C。

[考点3] 施工成本控制的方法

(一)赢得值法

赢得值法的三个基本参数与四个评价指标的具体内容见下表。

分类	计算公式	说明
基本参数	已完工作预算费用(BCWP)=已完成工作量×预算单价	实量×虚价
	计划工作预算费用(BCWS)=计划工作量×预算单价	虚量×虚价
	已完工作实际费用(ACWP)=已完成工作量×实际单价	实量×实价

(续表)

分类		计算公式	说明
评价指标	费用偏差（CV）	$CV = BCWP - ACWP$ 1. $CV < 0$ 时,表示项目运行超支,实际费用超出预算; 2. $CV > 0$ 时,表示项目运行节支,实际费用没有超出预算费用	反映的是绝对偏差,结果很直观。仅适合用于对同一项目进行偏差分析
	进度偏差（SV）	$SV = BCWP - BCWS$ 1. $SV < 0$ 时,表示进度延误,即实际进度落后于计划进度; 2. $SV > 0$ 时,表示进度提前,即实际进度快于计划进度	
	费用绩效指数（CPI）	$CPI = BCWP/ACWP$ 1. $CPI < 1$ 时,表示超支,即实际费用高于预算费用; 2. $CPI > 1$ 时,表示节支,即实际费用低于预算费用	反映的是相对偏差,它不受项目层次的限制,也不受项目实施时间的限制,因而在同一项目和不同项目比较中均可采用
	进度绩效指数（SPI）	$SPI = BCWP/BCWS$ 1. $SPI < 1$ 时,表示进度延误,即实际进度比计划进度慢; 2. $SPI > 1$ 时,表示进度提前,即实际进度比计划进度快	

（二）偏差分析的表达方法

偏差分析可以采用不同的表达方法,常用的有横道图法、表格法和曲线法。

1. 横道图法（示例见下图）

横道图法具有形象、直观、一目了然等优点,能够准确表达出费用的绝对偏差,而且能直观地表明偏差的严重性。但这种方法反映的信息量少,一般在项目的较高管理层应用。

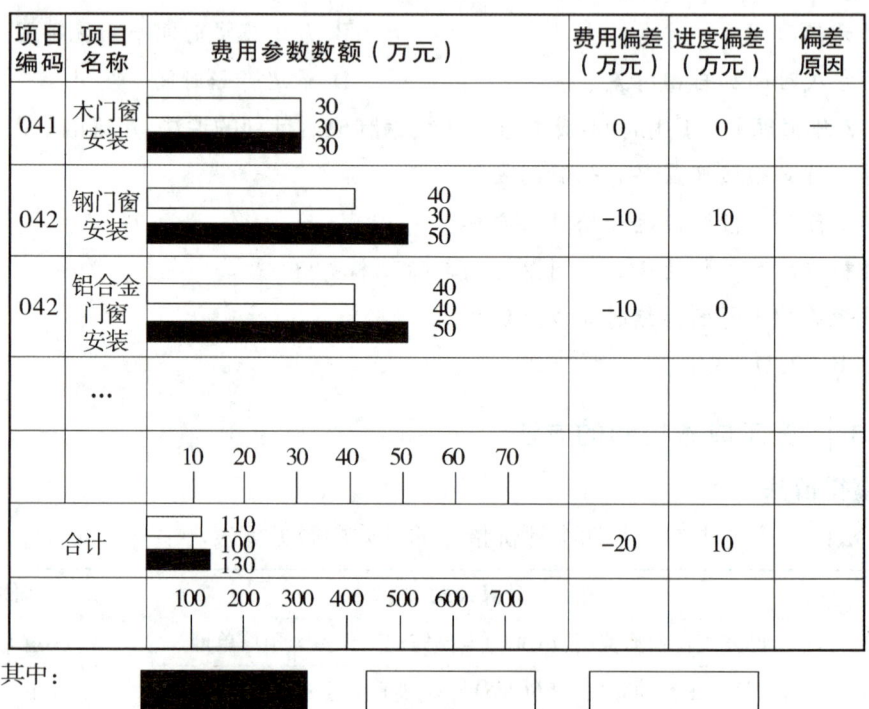

2. 表格法

表格法是进行偏差分析最常用的一种方法。用表格法进行偏差分析具有如下优点：

(1) 灵活、适用性强。可根据实际需要设计表格，进行增减项。

(2) 信息量大。可以反映偏差分析所需的资料，从而有利于费用控制人员及时采取针对性措施，加强控制。

(3) 表格处理可借助计算机，从而节约大量数据处理所需的人力，并大大提高速度。

3. 曲线法

在项目实施过程中，以上三个参数可以形成三条曲线，即计划工作预算费用（BCWS）曲线、已完工作预算费用（BCWP）曲线、已完工作实际费用（ACWP）曲线，如下图所示。

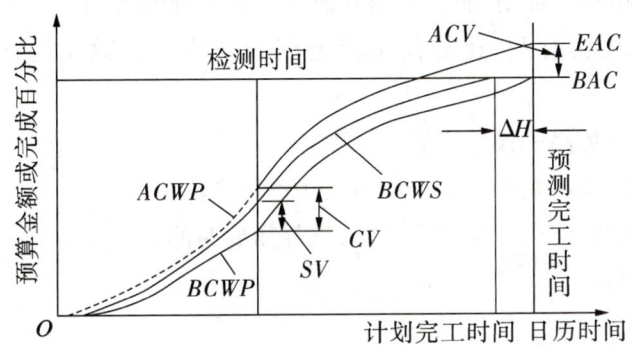

上图中：

$CV = BCWP - ACWP$，由于两项参数均以已完工作为计算基准，所以两项参数之差，反映项目进展的费用偏差。

$SV = BCWP - BCWS$，由于两项参数均以预算值（计划值）作为计算基准，所以两者之差反映项目进展的进度偏差。

采用赢得值法进行费用、进度综合控制，还可以根据当前的进度、费用偏差情况，通过原因分析，对趋势进行预测，预测项目结束时的进度、费用情况。

上图中：

BAC——项目完工预算，指编计划时预计的项目完工费用。

EAC——预测的项目完工估算，指计划执行过程中根据当前的进度、费用偏差情况预测的项目完工总费用。

ACV——预测项目完工时的费用偏差。

$$ACV = BAC - EAC$$

(三) 偏差原因分析

在实际执行过程中，最理想的状态是已完工作实际费用（ACWP）、计划工作预算费用（BCWS）、已完工作预算费用（BCWP）三条曲线靠得很近、平稳上升，表示项目按预定计划目标进行。如果三条曲线离散度不断增加，则可能出现较大的投资偏差。一般来说，产生费用偏差的原因如下图所示。

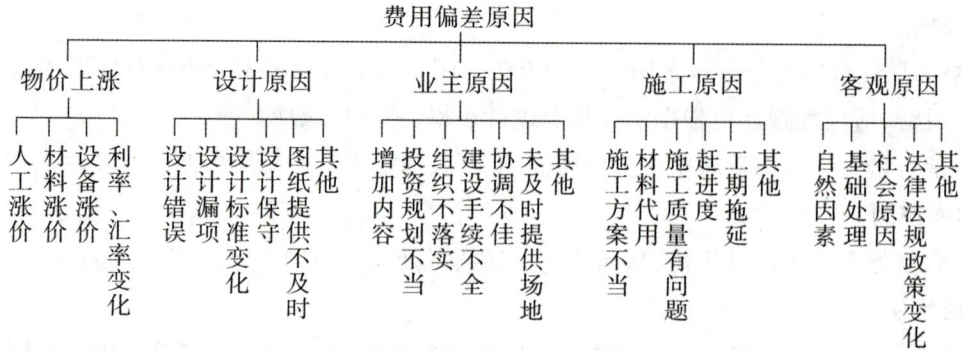

(四)纠偏措施

通常要压缩已经超支的费用,而不影响其他目标是十分困难的,一般只有当给出的措施比原计划已选定的措施更为有利,比如使工程范围减少或生产效率提高等,成本才能降低。例如:

(1)寻找新的、效率更高的设计方案;
(2)购买部分产品,而不是采用完全由自己生产的产品;
(3)重新选择供应商,但会产生供应风险,选择需要时间;
(4)改变实施过程;
(5)变更工程范围;
(6)索赔,例如向业主、承(分)包商、供应商索赔以弥补费用超支。

赢得值法参数分析与对应措施见下表。

序号	图形	三参数关系	分析	措施
1	ACWP、BCWP、BCWS曲线图	$ACWP > BCWS > BCWP$ $SV<0; CV<0$	效率低、进度较慢、投入超前	用工作效率高的人员更换一批工作效率低的人员
2	BCWP、BCWS、ACWP曲线图	$BCWP > BCWS > ACWP$ $SV>0; CV>0$	效率高、进度较快、投入延后	若偏离不大,维持现状
3	BCWP、ACWP、BCWS曲线图	$BCWP > ACWP > BCWS$ $SV>0; CV>0$	效率较高、进度快、投入延后	抽出部分人员,放慢进度
4	ACWP、BCWP、BCWS曲线图	$ACWP > BCWP > BCWS$ $SV>0; CV<0$	效率较低、进度较快、投入超前	抽出部分人员,增加少量骨干人员

(续表)

序号	图形	三参数关系	分析	措施
5	BCWS / ACWP / BCWP	$BCWS > ACWP > BCWP$ $SV < 0; CV < 0$	效率较低、进度慢、投入超前	增加高效人员投入
6	BCWS / BCWP / ACWP	$BCWS > BCWP > ACWP$ $SV < 0; CV > 0$	效率较高、进度较慢、投入延后	迅速增加人员投入

精选真题

1. [2021年真题] 某清单项目计划工程量为300m³,预算单价为600元/m³,已完工程量为350m³,实际单价为650元/m³。采用赢得值法分析该项目成本,正确的是（　　）。

A. 费用节约,进度延误　　　　　　B. 费用节约,进度提前
C. 费用超支,进度延误　　　　　　D. 费用超支,进度提前

2. [2021年真题] 某施工总承包项目实施过程中,因国家消防设计规范变化导致出现费用偏差,从偏差产生原因来看属于（　　）。

A. 设计原因　　　B. 施工原因　　　C. 业主原因　　　D. 客观原因

3. [2019年真题] 对某建设工程项目进行成本偏差分析,若当月计划完成工作量是100m³,计划单价为300元/m³；当月实际完成工作量是120m³,实际单价为320元/m³。下列关于该项目当月成本偏差分析的说法,正确的是（　　）。

A. 费用偏差为-2400元,成本超支　　B. 费用偏差为6000元,成本节约
C. 进度偏差为6000元,进度延误　　D. 进度偏差为2400元,进度提前

4. [2018年真题] 某分部分项工程预算单价为300元/m³,计划1个月完成工程量100m³。实际施工中用了两个月(匀速)完成工程量160m³,由于材料费上涨导致实际单价为330元/m³,则该分部分项工程的费用偏差为（　　）元。

A. 4800　　　　B. -4800　　　　C. 18000　　　　D. -18000

答案：1. D。费用偏差(CV) = 已完工作预算费用 - 已完工作实际费用 = 350×600 - 350×650 = -17500(元),CV小于0,费用超支。进度偏差(SV) = 已完工作预算费用 - 计划工作预算费用 = 350×600 - 300×600 = 30000(元),SV大于0,进度提前。

2. D。

3. A。费用偏差(CV) = 已完工作预算费用 - 已完工作实际费用 = 120×300 - 120×320 = -2400(元),费用偏差<0,成本超支。

4. B。费用偏差(CV) = 已完工作预算费用($BCWP$) - 已完工作实际费用($ACWP$) = 已完成工作量×预算单价 - 已完成工作量×实际单价 = 160×300 - 160×330 = -4800(元)。

专题7 施工成本核算、成本分析和成本考核

复习提示▷ 本专题内容少、分值高,为重点出题专题。需要对项目成本的两种核算方法进行区分,防止出题时进行混淆,还需重点掌握因素分析法。

[考点1] 施工成本核算的范围和方法

(一)范围

(1)工程成本包括从建造合同签订开始至合同完成止所发生的、与执行合同有关的直接费用和间接费用,如下图所示。

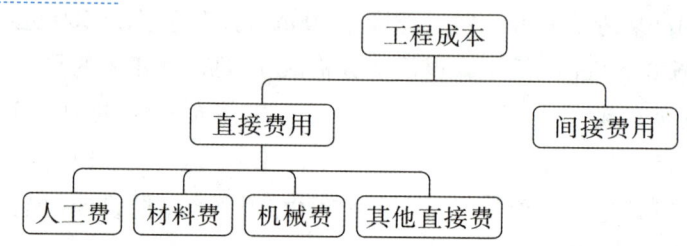

具体内容见下表。

费用		内容
直接费用	耗用的人工费用	按照国家规定支付给施工过程中直接从事建筑安装工程施工的工人以及在施工现场直接为工程制作构件和运料、配料等工人的职工薪酬
	耗用的材料费用	施工过程中所耗用的、构成工程实体的材料、结构件、机械配件和有助于工程形成的其他材料以及周转材料的租赁费和摊销等
	耗用的机械使用费	施工过程中使用自有施工机械所发生的机械使用费,使用外单位施工机械的租赁费,以及按照规定支付的施工机械进出场费等
	其他直接费用	施工过程中发生的材料搬运费、材料装卸保管费、燃料动力费、临时设施摊销、生产工具用具使用费、检验试验费、工程定位复测费、工程点交费、场地清理费,以及能够单独区分和可靠计量的为订立建造承包合同而发生的差旅费、投标费等费用
间接费用		企业各施工单位为组织和管理工程施工所发生的费用

(2)分包成本是指按照国家规定开展分包,支付给分包单位的工程价款。

(二)方法

施工项目成本核算的方法主要有表格核算法和会计核算法,见下表。

方法	表格核算法	会计核算法
基础	项目内部各环节成本核算	会计对项目的全面核算

(续表)

优点	简便易懂,方便操作,实用性较好	科学严密,人为控制的因素较小且核算的覆盖面较大
缺点	难以实现较为科学严密的审核制度,精度不高,覆盖面较小	对核算工作人员的专业水平和工作经验都要求较高
应用	工程项目施工各岗位成本核算	工程项目成本核算
总结	业余、岗位	专业、企业和项目
关系	两者互补,相得益彰,确保工程项目成本核算工作的开展	

🌐 **精选真题**

[2020年真题] 根据《企业会计准则》,下列费用中,属于间接费用的是( )。

A. 材料装卸保管费 B. 周转材料摊销费

C. 施工场地清理费 D. 项目部的固定资产折旧费

答案:D。

[考点 2] 成本分析的依据与原则

(一)依据

工程项目成本分析,就是根据统计核算、业务核算和会计核算提供的资料,对项目成本的形成过程和影响成本升降的因素进行分析,以寻求进一步降低成本的途径,包括项目成本中的有利偏差的挖潜和不利偏差的纠正。

会计核算	会计核算主要是价值核算,会计记录具有连续性、系统性、综合性等特点,是成本分析的重要依据
业务核算	1. 业务核算的范围比会计、统计核算要广。业务核算既可以核算已经完成的项目,也可以对尚未发生或正在发生的经济活动进行核算。 2. 业务核算的特点是对个别的经济业务进行单项核算。 3. 业务核算目的在于迅速取得资料,以便在经济活动中及时采取措施进行调整
统计核算	1. 统计核算的计量尺度比会计核算宽,可以用货币计算,也可以用实物或劳动量计量。 2. 统计核算不仅能提供绝对数指标,还能提供相对数和平均数指标,可以计算当前的实际水平,还可以确定变动速度以预测发展的趋势

[速记] 会计看价值,业务范围广,统计尺度宽。

(二)原则

①实事求是;②为生产经营服务;③用数据说话;④注重时效。

🌐 **精选真题**

[2020年真题] 关于工程成本会计核算、业务核算和统计核算区别和联系的说法,正确的是( )。

A.会计核算是对已发生的经济活动进行核算,而业务核算和统计核算还可对正在进行的经济活动进行核算

B.业务核算是价值核算,会计核算的范围比业务核算的范围更广

C.统计核算和会计核算必须用货币计量,业务核算可以用实物量或劳动量计量

D.统计核算是利用会计核算和业务核算的资料,把数据按统计方法加以系统管理,发现企业生产经营活动的规律

答案:D。

[考点3] 项目成本分析的方法

(一)基本方法

成本分析的基本方法包括比较法、因素分析法、差额计算法、比率法等,见下表。

比较法 (指标对比分析法)	1.将实际指标与目标指标对比——分析影响目标完成的积极因素和消极因素; 2.本期实际指标与上期实际指标对比——反映施工管理水平的提高程度; 3.与本行业平均水平、先进水平对比——找差距
因素分析法 (连环置换法)	1.可用来分析各种因素对成本的影响程度。 2.在进行分析时,首先要假定众多因素中的一个因素发生变化,而其他因素则不变,然后逐个替换,分别比较其计算结果,以确定各个因素的变化对成本的影响程度。 3.因素排序规则:先实物量,后价值量;先绝对值,后相对值(先量,再价,后率)
差额计算法	是因素分析法的一种简化形式,利用各个因素的目标值与实际值的差额来计算其对成本的影响程度
比率法	指用两个以上的指标的比例进行分析的方法。常用的比率法有以下几种: 1.相关比率法——将两个性质不同且相关的指标加以对比,求出比率,并以此来考察经营成果的好坏; 2.构成比率法——可以考察成本总量的构成情况及各成本项目占总成本的比重,同时也可看出预算成本、实际成本和降低成本的比例关系,从而寻求降低成本的途径; 3.动态比率法——将同类指标在不同时期的数值进行对比,求出比率,以分析该项指标的发展方向和发展速度。动态比率的计算,通常采用基期指数和环比指数两种方法

(二)综合成本的分析方法

所谓综合成本,是指涉及多种生产要素,并受多种因素影响的成本费用,如分部分项工程成本、月(季)度成本、年度成本等。

分部分项工程成本分析	1.分部分项工程成本分析是施工项目成本分析的基础。分析的对象为已完成分部分项工程,分析的方法是:进行预算成本、目标成本和实际成本的"三算"对比,分别计算实际偏差和目标偏差,分析偏差产生的原因。 2.资料来源:预算成本来自投标报价成本,目标成本来自施工预算,实际成本来自施工任务单的实际工程量、实耗人工和限额领料单的实耗材料。 3.对于主要分部分项工程必须进行成本分析,而且要做到从开工到竣工进行系统的成本分析

（续表）

月(季)度成本分析	1. 月(季)度成本分析,是施工项目定期的、经常性的中间成本分析; 2. 月(季)度成本分析的依据是当月(季)的成本报表; 3. 如果是属于规定的"政策性"亏损,则应从控制支出着手,把超支额压缩到最低限度
年度成本分析	1. 企业成本要求一年结算一次,不得将本年成本转入下一年度; 2. 项目成本则以项目的寿命周期为结算期,要求从开工到竣工直至保修期结束连续计算; 3. 年度成本分析的依据是年度成本报表。年度成本分析重点是针对下一年度的施工进展情况制定切实可行的成本管理措施,以保证施工项目成本目标的实现
竣工成本的综合分析	1. 竣工成本分析应以各单位工程竣工成本分析资料为基础,再加上项目管理层的经营效益(如资金调度、对外分包等所产生的效益)进行综合分析; 2. 单位工程竣工成本分析,应包括以下三方面内容: (1)竣工成本分析; (2)主要资源节超对比分析; (3)主要技术节约措施及经济效果分析

(三)特定问题和与成本有关事项的分析

分析类型	方法	指标
成本盈亏异常分析	检查成本盈亏异常的原因,应从经济核算的"三同步"入手	完成多少产值、消耗多少资源、发生多少成本,必然同步;违背这个规律,就会发生异常
工期成本分析	计划工期成本与实际工期成本的比较分析	一般采用比较法,然后应用"因素分析法"分析各种因素的变动对工期成本差异的影响程度
资金成本分析	资金与成本的关系是指工程收入与成本支出的关系	成本支出率 = 计算期实际成本支出/计算期实际工程款收入 ×100%

◉ 精选真题

1. [2022年真题]通过计算材料成本及其占总成本的比重以判定材料成本的合理性,该成本分析方法是(　　)。

　　A. 相关比率法　　　　　　　　　　B. 构成比率法
　　C. 指标对比分析法　　　　　　　　D. 动态比率法

2. [2021年真题]某施工项目的成本指标如下,利用动态比率法进行成本分析时,第四季度的基期指数(%)是(　　)。

指标	第一季度	第二季度	第三季度	第四季度
降低成本(万元)	45.60	47.80	52.50	64.30

　　A. 109.83　　　　B. 115.13　　　　C. 122.48　　　　D. 141.01

3. [2019年真题]关于施工企业年度成本分析的说法,正确的是(　　)。

　　A. 分析的依据是年度成本报表

B. 一般一年结算一次,可将本年度成本转入下一年

C. 分析应以本年度开工建设的项目为对象,不含以前年度开工的项目

D. 分析应以本年度竣工验收的项目为对象,不含本年度未完工的项目

4. [2018年真题]某单位产品1月份成本相关参数如下表,用因素分析法计算,单位产品人工消耗量变动对成本的影响是(　　)元。

项目	单位	计划值	实际值
产品产量	件	180	200
单位产品人工消耗量	工日/件	12	11
人工单价	元/工日	100	110

A. -20000　　　　B. -18000　　　　C. -19800　　　　D. -22000

答案:1. B。

2. D。第四季度的基期指数 $=64.30/45.60×100\%=141.01\%$。

3. A。

4. A。单位产品人工消耗量变动对成本的影响是:

计划值①:$180×12×100$。产量替换②:$200×12×100$。消耗量替换③:$200×11×100$。③-②:$200×(11-12)×100=-20000(元)$。

[考点4] 施工成本考核的依据和方法

成本考核是衡量成本降低的实际成果,也是对成本指标完成情况的总结和评价。

(一)依据

成本考核的依据包括成本计划、成本控制、成本核算和成本分析的资料。成本考核的主要依据是成本计划确定的各类指标。

指标	示例
数量指标	1. 按子项汇总的工程项目计划总成本指标; 2. 按分部汇总的各单位工程(或子项)计划成本指标; 3. 按人工、材料、机具等各主要生产要素划分的计划成本指标
质量指标	如项目总成本降低率: 1. 设计预算成本计划降低率 = 设计预算总成本计划降低额/设计预算总成本; 2. 责任目标成本计划降低率 = 责任目标成本计划降低额/责任目标总成本
效益指标	如项目成本降低额: 1. 设计预算总成本计划降低额 = 设计预算总成本 - 计划总成本; 2. 责任目标成本计划降低额 = 责任目标总成本 - 计划总成本

(二)方法

公司应以项目成本降低额、项目成本降低率作为项目管理机构成本考核的主要指标。成本考核也可分别考核公司层和项目管理机构。

第 2 章 施工成本管理

🌐 精选真题

1. [2021年真题]下列施工成本计划的指标中,属于效益指标的是( )。
   A.责任目标成本计划降低率
   B.设计预算成本计划降低率
   C.按子项汇总的计划总成本指标
   D.责任目标总成本计划降低额

2. [2020年真题]根据成本管理的程序,进行项目过程成本分析的紧后工作是( )。
   A.进行项目过程成本考核
   B.编制项目成本计划
   C.进行项目成本控制
   D.编制项目成本报告

3. [2018年真题]建设工程施工成本考核的主要指标有( )。
   A.竣工工程实际成本
   B.施工成本降低额
   C.施工成本降低率
   D.局部成本偏差
   E.累计成本偏差

答案:1. D。2. A。3. BC。

强化练习

一、单项选择题

1. 编制人工定额时,应计入定额时间的是( )。
   A.擅自离开工作岗位的时间
   B.辅助工作消耗的时间
   C.工作时间内聊天的时间
   D.工作面未准备好导致的停工时间

2. 某施工机械预算价格为300万元,折旧年限为6年,残值率为2%,年平均工作200个台班,则该机械台班折旧费为( )元。
   A.2450
   B.1000
   C.1560
   D.1590

3. 措施项目费中的安全文明施工费不包括( )。
   A.环境保护费
   B.文明施工费
   C.二次搬运费
   D.建筑工人实名制管理费

4. 施工定额的研究对象是同一性质的施工过程,这里的施工过程是指( )。
   A.工序
   B.分部工程
   C.分项工程
   D.整个建筑物

5. 当采用一般计税方法时,建筑业增值税税率是( )。
   A.3%
   B.6%
   C.9%
   D.13%

6. 按材料的使用性质、用途以及用量的多少,将材料消耗定额指标分为四类。工程建设中,脚手架是材料消耗定额指标中的( )。
   A.主要材料
   B.辅助材料
   C.周转性材料
   D.零星材料

7. 根据《建设工程工程量清单计价规范》(GB 50500—2013),关于企业投标报价编制原则的说法,错误的是( )。
   A.投标报价由投标人自主确定
   B.为了鼓励竞争,投标报价可以略低于成本
   C.投标人必须按照招标工程量清单填报价格
   D.投标人应以施工方案、技术措施等作为投标报价计算的基本条件

8. 某分项工程合同价为6万元,采用价格指数进行价格调整,可调值部分占合同总价的70%,可调值部分由A、B、C三项成本要素构成,分别占可调值部分的20%、40%、40%,基准日期价格指数均为100,结算依据的价格指数分别为110、95、103,则结算的价款为(　　)万元。
   A. 4.83　　　　　　B. 6.05
   C. 6.63　　　　　　D. 6.90

9. 根据《建设工程工程量清单计价规范》(GB 50500—2013),关于暂列金额的说法,正确的是(　　)。
   A. 已签约合同价中的暂列金额应由发包人掌握使用
   B. 已签约合同价中的暂列金额应由承包人掌握使用
   C. 发包人按照合同规定将暂列金额作出支付后,剩余金额归承包人所有
   D. 发包人按照合同规定将暂列金额作出支付后,剩余金额由发包人和承包人共同所有

10. (　　)是项目经理的责任成本目标,它以合同标书为依据,且一般情况下只是确定责任总成本指标。
    A. 施工组织总设计
    B. 竞争性成本计划
    C. 指导性成本计划
    D. 实施性成本计划

11. 关于机械台班的编制方法,下列机械的正常利用系数的计算公式中,正确的是(　　)。
    A. 机械利用系数 = 一个机械台班的产量/班组成员工日数总和(工日)
    B. 机械利用系数 = 工作时间内完成的产品数量/工作时间(h)
    C. 机械利用系数 = 机械在一个工作班内净工作时间/一个工作班延续时间(8h)
    D. 机械利用系数 = 3600s/一次循环的正常延续时间

12. 关于质量保证金的相关内容,下列说法正确的是(　　)。
    A. 缺陷责任期内终止后,承包人可向发包人申请返还保证金
    B. 发包人在接到承包人返还保证金申请后,应28天内会同承包人按照合同约定的内容进行核实
    C. 工程保修期应从提出工程竣工申请之日起算
    D. 发包人可以口头通知承包人修复工程损坏部位,并在口头通知后24小时内书面确认

13. 根据《建设工程工程量清单计价规范》(GB 50500—2013)编制的分部分项工程量清单,其工程量是按照(　　)计算的。
    A. 施工图图示尺寸和工程量清单计算规则
    B. 按施工组织设计计算出的工程量
    C. 工程实体量和损耗量之和
    D. 实际施工完成的全部工程量

14. 根据建设工程项目施工成本的组成,属于直接成本的是(　　)。
    A. 工具用具使用费
    B. 职工教育经费
    C. 机械折旧费
    D. 管理人员工资

15. 项目施工成本控制应贯穿项目全过程,具体是指(　　)的阶段。
    A. 从施工投标开始直至保证金返还
    B. 从项目立项开始直至保证金返还
    C. 从项目开工开始直至保修期满

D. 从基础施工开始到主体施工结束

16. 下列施工成本管理的措施中,属于技术措施的是(　　)。
    A. 加强施工任务单的管理
    B. 编制施工成本控制工作计划
    C. 寻求施工过程中的索赔机会
    D. 确定最合适的施工机械方案

17. 对成本过程和影响成本升降的因素进行分析,以寻求进一步降低成本的途径,指的是(　　)。
    A. 施工成本预测　　B. 施工成本分析
    C. 施工成本考核　　D. 施工成本核算

18. 关于竞争性成本计划、指导性成本计划和实施性成本计划三者区别的说法,正确的是(　　)。
    A. 指导性成本计划是项目施工准备阶段的施工预算成本计划,比较详细
    B. 实施性成本计划是选派项目经理阶段的预算成本计划
    C. 指导性成本计划是以项目实施方案为依据编制的
    D. 竞争性成本计划是项目投标和签订合同阶段的估算成本计划,比较粗略

19. 关于施工预算、施工图预算"两算"对比的说法,正确的是(　　)。
    A. 施工预算的编制以预算定额为依据,施工图预算的编制以施工定额为依据
    B. "两算"对比的方法包括实物对比法和金额对比法
    C. 一般情况下,施工图预算的人工数量及人工费比施工预算低
    D. 一般情况下,施工图预算的材料消耗量及材料费比施工预算低

20. 某建筑工程施工至某月月末,出现了工程的费用偏差小于0、进度偏差大于0的状况,则该工程的已完工作实际费用($ACWP$)、计划工作预算费用($BCWS$)和已完工作预算费用($BCWP$)的关系可表示为(　　)。
    A. $BCWP > ACWP > BCWS$
    B. $BCWS > BCWP > ACWP$
    C. $ACWP > BCWP > BCWS$
    D. $BCWS > ACWP > BCWP$

21. 某土方工程,月计划工程量2800m³,预算单价25元/m³,到月末时已完成工程量3000m³,实际单价26元/m³。对该项工作采用赢得值法进行偏差分析的说法,正确的是(　　)。
    A. 已完成工程实际费用为75000元
    B. 费用绩效指标>1,表明项目运行超出预算费用
    C. 进度绩效指标<1,表明实际进度比计划进度拖后
    D. 费用偏差为-3000元,表明项目运行超出预算费用

22. 综合成本分析主要针对(　　)影响的成本费用进行分析。
    A. 生产要素　　B. 生产水平
    C. 管理水平　　D. 控制措施

23. 施工项目成本核算的表格核算法,用来进行工程项目(　　)核算。
    A. 施工各岗位成本的责任
    B. 施工的直接成本
    C. 施工过程中出现的债权债务
    D. 分包完成和分包付款

24. 下列关于成本核算的说法,正确的是(　　)。
    A. 工程成本包括从建造合同签订开始直至合同完成所发生的、与执行合同有关的直接费用

B. 直接费用是指企业各施工单位为组织管理工程施工所发生的费用

C. 项目成本核算应坚持形象进度、产值统计、成本归集不同步的原则

D. 间接费用是企业各施工单位为组织和管理工程施工所发生的费用

25. 分部分项工程成本分析的对象是( )。

A. 已完成分部分项工程

B. 未完成分部分项工程

C. 计划完成分部分项工程

D. 实际完成分部分项工程

26. 施工成本计划通常有三类指标,即( )。

A. 拟完工作预算成本指标、已完工作预算成本指标和成本降低率指标

B. 成本计划的数量指标、质量指标和效益指标

C. 预算成本指标、成本计划指标和实际成本指标

D. 人、财、物成本指标

27. 根据《建筑安装工程费用项目组成》,施工企业为生产工人缴纳的工伤保险费属于( )。

A. 施工项目的直接费

B. 施工企业须向业主索赔的费用

C. 施工企业管理费

D. 规费

28. 某建筑材料的原价是3500元/t,运杂费率是2.5%,运输损耗率是1%,采购保管费率是2%。该材料的不含税单价是( )元/t。

A. 3692.50   B. 3695.84

C. 3694.08   D. 3694.95

29. 下列施工成本分析依据中,属于可对已发生,又可对尚未发生或正在发生的经济活动进行核算的是( )。

A. 会计核算   B. 统计核算

C. 成本预测   D. 业务核算

30. 下列关于综合成本分析方法的说法中,正确的是( )。

A. 进行分部分项工程成本分析时,应分析每一个分部分项工程的成本

B. 月度成本分析的依据是当月的成本报表

C. 企业年度成本要求一年结算一次,可将部分成本转入下一个年度

D. 单位工程竣工成本分析是对预算成本、目标成本、实际成本的比较

31. 下列不属于成本分析的基本方法的是( )。

A. 比较法   B. 因素分析法

C. 图表法   D. 比率法

32. 在进行月(季)度成本分析时,如果存在"政策性"亏损,则应( )。

A. 增加收入,弥补亏损

B. 降低标准,防止再超支

C. 暂停生产,等待政策调整

D. 控制支出,压缩超支额

33. 根据《建筑安装工程费用项目组成》,施工项目墙体砌筑所用的砂子在运输过程中不可避免的损耗,应计入( )。

A. 企业管理费   B. 二次搬运费

C. 材料费   D. 措施费

34. 施工成本分析的依据中,对经济活动进行核算范围最广的是( )。

A. 会计核算   B. 业务核算

C. 统计核算   D. 成本核算

35. 编制周转性材料消耗定额时,周转性材料的消耗除考虑材料的一次使用量和每周转一次的损耗量外,还应考虑( )。

A. 周转使用次数、周转材料的最终回收及回收折价

B. 周转使用次数、周转的方式

C. 周转材料的最终回收、回收折价以及操作人员的水平

D. 周转的方式、周转材料的最终回收及回收折价

36. 某分项工程的混凝土成本数据见下表。应用因素分析法分析各因素对成本的影响程度,可得到的正确结论是( )。

项目	单位	目标	实际
产量	m³	800	850
单价	元/m³	600	640
损耗率	%	5	3

A. 由于产量增加50m³,成本增加21300元

B. 由于单价提高40元,成本增加35020元

C. 实际成本与目标成本的差额为56320元

D. 由于损耗下降2%,成本减少9600元

37. 斗容量为1m³的反铲挖土机,挖三类土,装车,深度在3m内,小组成员4人,机械台班产量为3.84(定额单位100m³),则挖100m³的人工时间定额为( )工日。

A. 3.84　　　B. 0.78

C. 0.26　　　D. 1.04

38. 某土方工程施工资料见下表,则该工程的费用偏差和进度偏差分别为( )元。

工程量(m³)		单价(元/m³)	
计划	实际	计划	实际
5000	5500	70	72

A. −11000;35000　　B. 46000;35000

C. 46000;−11000　　D. 35000;−11000

39. 赢得值法评价指标之一的费用偏差反映的是( )。

A. 统计偏差　　B. 平均偏差

C. 绝对偏差　　D. 相对偏差

40. 某建设工程采用《建设工程工程量清单计价规范》(GB 50500—2013),招标工程量清单中挖土方工程量为2500m³。投标人根据地质条件和施工方案计算的挖土方工程量为4000m³。完成该土方分项工程的人、材、机费用为98000元,管理费13500元,利润8000元。如不考虑其他因素,投标人报价时的挖土方综合单价为( )元/m³。

A. 29.88　　　B. 47.80

C. 42.40　　　D. 44.60

41. 根据现行《建筑安装工程费用项目组成》,下列措施项目适合采用分包法计价的是( )。

A. 室内空气污染测试

B. 夜间施工费

C. 二次搬运费

D. 冬雨期施工的计价

42. 根据《建设工程工程量清单计价规范》(GB 50500—2013),关于投标人采用定额组价方法编制综合单价的说法,正确的是( )。

A. 清单工程量可以直接用于计价,因为与定额子目的工程量肯定相等

B. 人、料、机的消耗量根据政府颁发的消耗量定额确定,一般不能调整

C. 一个清单项目可能对应多个定额子目

D. 人、料、机的单价按照市场价格确定,一般不能调整

43. 施工企业在工程投标及签订合同阶段编制的估算成本计划是一种( )成本计划。

A. 指导性　　B. 实施性

C. 作业性　　D. 竞争性

44. 根据《建设工程工程量清单计价规范》(GB 50500—2013)，招标投标时不能作为竞争性费用的是(　　)。
    A. 夜间施工费
    B. 冬雨期施工费
    C. 安全文明施工费
    D. 已完工程及设备保护费

45. 根据《建设工程工程量清单计价规范》(GB 50500—2013)，在承包人原因造成工程延误期间出现法律变化，造成费用增加和工期延误。关于责任承担的说法，正确的是(　　)。
    A. 增加的费用和延误的工期均由承包人承担
    B. 增加的费用和延误的工期均由发包人承担
    C. 费用由承包人承担，工期由发包人承担
    D. 费用由发包人承担，工期由承包人承担

46. 招标工程以投标截止日前(　　)天，非招标工程以合同签订前(　　)天为基准日。
    A. 14；14　　　　B. 14；28
    C. 28；28　　　　D. 28；56

47. 对于任一招标工程量清单项目，如果因规定的工程量偏差和工程变更等原因导致工程量偏差超过(　　)，应予以调整。
    A. 10%　　　　B. 15%
    C. 20%　　　　D. 25%

48. 业主方在招标文件中规定了300万元的暂列金额，则每一个承包商在投标报价时对该项暂列金额的正确处理方式是(　　)。
    A. 计入投标总报价，但承包商无权自主使用，余额归发包人所有
    B. 计入投标总报价，且承包商有权自主使用，余额归承包人所有
    C. 不计入投标总价，在实际发生时由业主支付
    D. 计入投标总价，由工程师决定是否使用，余额归承包人所有

49. 根据《建设工程价款结算暂行办法》，关于现场签证的说法，正确的是(　　)。
    A. 承包人应在发生现场签证时间的14天内向发包人提出签证
    B. 发包人未签证同意，承包人自行施工后发生争议的，责任由双方共同承担
    C. 发包人应在收到承包人的签证报告7天内给予确认或提出修改意见
    D. 发承包双方确认的现场签证费用与工程进度款同期支付

50. 工程变更引起施工方案改变，并使措施项目发生变化的，承包人提出调整措施项目费的，需按照实际发生变化的措施项目调整，其中不考虑承包人报价浮动因素的是(　　)。
    A. 安全文明施工费
    B. 二次搬运费
    C. 冬雨期施工费
    D. 夜间施工增加费

51. 发包人逾期支付安全文明施工费超过7天的，承包人有权向发包人发出要求预付的催告通知，发包人收到通知后(　　)天内仍未支付的，承包人有权暂停施工。
    A. 7　　　　B. 14
    C. 21　　　　D. 28

52. 发包人应在收到承包人提交的最终结清申请单后(　　)天内完成审批并向承包人颁发最终结清证书。
    A. 7　　　　B. 14
    C. 28　　　　D. 42

53. 某混凝土工程招标清单工程量为200m³，综合单价为300元/m³。在施工过程中，

由于工程变更导致实际完成工程量为160m³。合同约定当实际工程量减少超过15%时可调整单价,调价系数为1.1。该混凝土工程的实际工程费用应当为( )万元。

A. 4.80　　　　B. 4.89
C. 5.28　　　　D. 6.00

54. 关于利用时间-成本累积曲线编制施工成本计划的说法,正确的是( )。

A. 所有工作都按最迟开始时间,对节约资金不利
B. 所有工作都按最早开始时间,对节约资金有利
C. 项目经理通过调整关键工作的最早开始时间,将成本控制在计划范围之内
D. 所有工作都按最迟开始时间,降低了项目按期竣工的保证率

55. 根据《建设工程工程量清单计价规范》(GB 50500—2013),当实际增加的工程量超过清单工程量15%以上,且造成按总价方式计价的措施项目发生变化的,应将( )。

A. 综合单价调高,措施项目费调增
B. 综合单价调高,措施项目费调减
C. 综合单价调低,措施项目费调增
D. 综合单价调低,措施项目费调减

56. 某施工合同约定人工工资为200元/工日,窝工补贴按人工工资的25%计算,在施工过程中发生了如下事件:①出现异常恶劣天气导致工程停工2天,人员窝工20个工日;②因恶劣天气导致场外道路中断,抢修道路用工20个工日;③几天后,场外停电,停工1天,人员窝工10个工日。承包人可向发包人索赔的人工费为( )元。

A. 1500　　　　B. 2500
C. 4500　　　　D. 5500

57. 项目成本管理中,进行竣工工程现场成本核算分析的主体应为( )。

A. 项目管理机构
B. 施工企业财务部门
C. 第三方咨询机构
D. 建设单位财务部门

58. 在施工过程中,对影响施工成本的各种因素加强管理,并采取各种有效措施,将施工中实际发生的各种消耗和支出严格控制在成本计划范围内指的是( )。

A. 成本预测　　B. 成本分析
C. 成本控制　　D. 成本核算

59. 按施工进度编制的施工成本计划如下图所示,则4月末计划成本是( )万元。

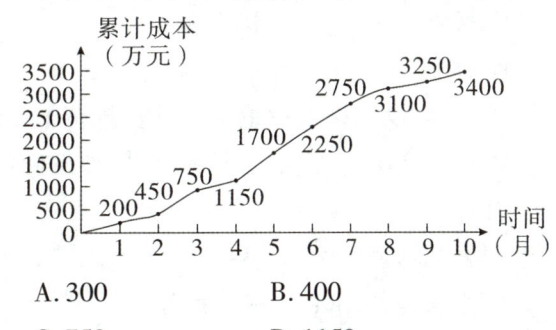

A. 300　　　　B. 400
C. 750　　　　D. 1150

60. 为了取得成本管理的理想效果,项目经理可采取的组织措施是( )。

A. 加强施工调度,避免窝工损失
B. 进行技术经济分析,确定最佳施工方案
C. 对各种变更及时落实业主签证
D. 研究合同条款,寻找索赔机会

二、多项选择题

1. 根据《建筑安装工程费用项目组成》,按造价形成划分,属于措施项目费的有( )。

A. 特殊地区施工增加费
B. 工程定位复测费
C. 安全文明施工费

D. 仪器仪表使用费
E. 脚手架工程费

2. 按编制单位和适用范围分,建设工程定额可以分为( )。
   A. 全国统一定额   B. 人工定额
   C. 企业定额   D. 材料消耗定额
   E. 施工机械台班使用定额

3. 企业管理费费率计算基数可以是( )。
   A. 人工费   B. 机械费
   C. 人工费和机械费   D. 分部分项工程费
   E. 人工费、材料费和机械费

4. 工程量清单计价的三种形式中,全费用综合单价法中包含而综合单价法未包含的费用有( )。
   A. 措施项目费   B. 管理费
   C. 规费   D. 利润
   E. 税金

5. 根据《建设工程工程量清单计价规范》(GB 50500—2013),关于计日工的说法正确的有( )。
   A. 发包人通知承包人以计日工方式实施的零星工作,承包人应予执行
   B. 采用计日工计价的任何一项变更工作,承包人都应将相关报表和凭证送发包人复核
   C. 清单中无相应计日工单价的,需重新商定单价
   D. 计日工是承包人完成合同范围内的零星项目按合同约定的单价计价的一种方式
   E. 计日工由承包人汇总后,列入最近一期进度付款申请单,由监理人审查并经发包人批准后列入进度付款

6. 在合同工程履行期间,因不可抗力事件导致的合同价款和工期调整,下列说法正确的有( )。

   A. 停工期间必须支付的工人工资由发包人承担
   B. 承包人的施工机械设备损坏由发包人承担
   C. 合同工程本身损害由发包人承担
   D. 发包人要求赶工的,赶工费用由发包人承担
   E. 不可抗力解除后复工的,若不能按期竣工,应合理延长工期

7. 关于施工成本核算的说法,正确的有( )。
   A. 项目管理机构应编制项目成本报告
   B. 项目管理机构应按规定的会计周期进行项目成本核算
   C. 成本核算应在成本控制的基础上,对成本的形成过程和影响成本升降的因素进行分析
   D. 施工成本核算一般以单位工程为对象
   E. 竣工工程完全成本用于考核项目管理绩效

8. 施工成本分析的依据包括( )。
   A. 会计核算   B. 业务核算
   C. 财务核算   D. 统计核算
   E. 综合核算

9. 某工程主要工作是混凝土浇筑,中标的综合单价是 400 元/m³,计划工程量是 8000m³。施工过程中因原材料价格提高使实际单价为 500 元/m³,实际完成并经监理工程师确认的工程量是 9000m³。若采用赢得值法进行综合分析,正确的结论有( )。
   A. 已完工作预算费用为 360 万元
   B. 费用偏差为 90 万元,费用节省
   C. 进度偏差为 40 万元,进度拖延
   D. 已完工作实际费用为 450 万元
   E. 计划工作预算费用为 320 万元

10. 按成本组成,施工成本分解为( )。
    A. 企业管理费   B. 材料费
    C. 暂估价   D. 施工机械使用费
    E. 人工费

11. 分部分项工程成本分析过程中,计算偏差和分析偏差产生的原因,首先需进行对比的"三算"有( )。
    A. 预算成本   B. 业务成本
    C. 目标成本   D. 实际成本
    E. 统计成本

12. 下列关于施工项目成本核算方法的说法,正确的是( )。
    A. 施工项目成本核算的方法主要有表格核算法和会计核算法
    B. 表格核算法的优点是简便易懂,方便操作,实用性较好
    C. 项目财务部门一般采用会计核算法
    D. 成本核算的方法须单独使用,不允许交叉使用
    E. 会计核算法的缺点是难以实现较为科学严密的审核制度,精度不高,覆盖面较小

13. 根据《建筑安装工程费用项目组成》,应计入建筑安装工程人工费的有( )。
    A. 劳动竞赛奖
    B. 职工教育经费
    C. 物价补贴
    D. 定期休假期间的工资
    E. 差旅交通费

14. 下列措施项目费中,属于安全文明施工费的有( )。
    A. 脚手架工程费
    B. 工程定位复测费
    C. 冬雨期施工增加费
    D. 环境保护费
    E. 临时设施费

15. 根据《建筑安装工程费用项目组成》,下列属于规费的有( )。
    A. 检验试验费   B. 医疗保险费
    C. 住房公积金   D. 养老保险费
    E. 教育费附加

16. 下列费用属于建筑安装工程措施项目费的有( )。
    A. 大型机械设备进出场及安拆费
    B. 构成工程实体的材料费
    C. 二次搬运费
    D. 已完工程及设备保护费
    E. 差旅交通费

17. 关于施工定额的说法,正确的有( )。
    A. 施工定额以同一性质的施工过程作为研究对象
    B. 施工定额属于企业定额的性质
    C. 施工定额是确定招标控制价的重要依据
    D. 施工定额能够反映行业施工技术和管理的平均水平
    E. 施工定额是建设工程定额的基础性定额

18. 影响施工现场周转性材料消耗的主要因素有( )。
    A. 第一次制造时的材料消耗量
    B. 每周转使用一次材料的损耗
    C. 周转使用次数
    D. 周转材料的最终回收及其回收折价
    E. 材料的测算方法

19. 编制人工定额时,拟定正常的施工条件包括( )。
    A. 拟定施工作业的内容
    B. 拟定施工作业地点的组织
    C. 拟定施工作业的方法

D. 拟定施工作业人员的组织

E. 拟定施工作业的时间

20. 关于周转性材料消耗量的说法，正确的有（　　）。

    A. 周转性材料的消耗量是指材料使用量

    B. 周转性材料的消耗量应当用材料的一次使用量和摊销量两个指标表示

    C. 周转性材料的摊销量供施工企业组织施工用

    D. 周转性材料的消耗与周转使用次数无关

    E. 摊销量供施工企业成本核算或投标报价使用

21. 根据《建设工程工程量清单计价规范》（GB 50500—2013），分部分项工程综合单价包括了相应的（　　）。

    A. 企业管理费　　B. 利润

    C. 税金　　　　　D. 措施费

    E. 规费

22. 根据《建设工程工程量清单计价规范》（GB 50500—2013），企业在投标报价时，不得作为竞争性费用包括（　　）。

    A. 规费　　　　　B. 利润

    C. 税金　　　　　D. 安全文明施工费

    E. 企业管理费

23. 单价合同工程施工中进行工程量计量时，下列说法正确的有（　　）。

    A. 监理工程师计量的工程数量不一定是承包人实际施工的数量

    B. 建筑工程险保险费一般按均摊法计量

    C. 工程量必须以承包人完成合同工程应予计量的工程量确定

    D. 监理人须计量合同文件中规定的项目

    E. 监理人可以不计量工程变更项目

24. 工程施工过程中，下列因不可抗力事件导致的人员伤亡、财产损失及其费用增加，由承包人承担的有（　　）。

    A. 永久工程的损坏

    B. 施工机械的停工损失

    C. 工程设备的损害

    D. 已运至施工现场的材料损坏

    E. 承包人人员伤亡

25. 下列资料中，属于合同计量依据的有（　　）。

    A. 设计概算

    B. 质量合格证书

    C. 设计图纸

    D.《计量规范》和技术规范

    E. 类似项目的计量资料

26. 下列施工成本管理措施中，属于经济措施的有（　　）。

    A. 使用外加剂降低水泥消耗

    B. 选用合适的合同结构

    C. 及时落实业主签证

    D. 采用新材料降低成本

    E. 通过偏差分析找出成本超支潜在问题

27. 施工项目成本管理需要采取各种措施，属于成本管理经济措施的有（　　）。

    A. 加强施工调度，避免因施工计划不周和盲目调度造成窝工损失而使施工成本增加

    B. 管理人员应编制资金使用计划，确定、分解施工成本管理目标

    C. 对各种变更，及时做好增减账，及时落实业主签证

    D. 认真做好资金的使用计划，并在施工中严格控制各项开支

    E. 结合项目的施工组织设计及自然地理条件，降低材料的库存成本和运输成本

28. 按照编制程序和用途，建设工程定额包括

施工定额、预算定额、概算定额、概算指标和投资估算指标,关于这些定额的说法,正确的有( )。

A. 施工定额是分项最细、子目最多的一种定额
B. 预算定额是控制建设工程投资的基础和依据
C. 概算定额是以分部分项工程为对象编制的
D. 概算指标是以整个建筑物和构筑物为对象编制的
E. 投资估算指标可以根据已建工程的价格数据和资料编制

参考答案及解析

一、单项选择题

1. B [解析] 编制人工定额时,应计入定额时间的包括基本工作时间、辅助工作时间、准备与结束工作时间、不可避免的中断时间和休息时间。故选B。

2. A [解析] 耐用总台班数 = 折旧年限 × 年工作台班 = 6 × 200 = 1200(台班);台班折旧费 = 机械预算价格 × (1 − 残值率)/耐用总台班数 = [3000000 × (1 − 2%)]/1200 = 2450(元)。故选A。

3. C [解析] 安全文明施工费包括安全施工费、文明施工费、环境保护费、临时设施费、建筑工人实名制管理费。选项C属于措施项目费。故选C。

4. A [解析] 施工定额以同一性质的施工过程(工序)作为研究对象。故选A。

5. C [解析] 当采用一般计税方法时,建筑业增值税税率为9%。故选C。

6. C [解析] 根据使用性质、用途以及用量多少,材料消耗定额指标包括主要材料、辅助材料、周转性材料和零星材料。其中,周转性材料指的是在工程施工过程中,能多次使用,反复周转的工具性材料、配件和用具等,如挡土板、模板和脚手架等。故选C。

7. B [解析] 投标报价的编制原则:①投标报价由投标人自主确定;②投标报价不得低于工程成本;③投标人必须按招标工程量清单填报价格;④投标报价要以招标文件中的责任划分,作为设定投标报价费用项目和费用计算的基础;⑤应以施工方案、技术措施等作为投标报价的基本条件;⑥报价计算方法要科学严谨,简明适用。故选B。

8. B [解析] $P = 6 × [(1 − 70\%) + 70\% × (20\% × 110/100 + 40\% × 95/100 + 40\% × 103/100)] = 6.05$(万元)。故选B。

9. A [解析] 选项B错误,已签约合同价中的暂列金额由发包人掌握使用。选项CD错误,发包人按照合同的规定作出支付后,如有剩余,则暂列金额余额归发包人所有。故选A。

10. C [解析] 指导性成本计划即选派项目经理阶段的预算成本计划,是项目经理的责任成本目标。故选C。

11. C [解析] 机械的正常利用系数是指机械在工作班内对工作时间的利用率,即机械的纯工作时间与工作班延续时间的比值。故选C。

12. A [解析] 选项B错误,发包人在接到承包人返还保证金申请后,应于14天内会同承包人按照合同约定的内容进行核实。选项C错误,工程保修期应从竣工验收合格之

日起算。选项D错误,发包人可以口头通知承包人修复工程损坏部位,并在口头通知后48小时内书面确认。故选A。

13. A [解析]工程量清单计价模式下,分部分项工程量清单中的工程量虽然是根据施工图图示尺寸和工程量清单计算规则计算的,但是该工程量并不是承包人应该实际完成的准确的工程量。故选A。

14. C [解析]选项ABD属于间接成本。直接成本是指施工过程中耗费的构成工程实体或有助于工程实体形成的各项费用支出,是可以直接计入工程对象的费用,包括人工费、材料费和施工机具使用费等。选项C属于施工机具使用费。故选C。

15. A [解析]建设工程项目施工成本控制应贯穿于项目从投标阶段开始直至保证金返还的全过程,它是企业全面成本管理的重要环节。故选A。

16. D [解析]技术措施包括:①进行技术经济分析,确定最佳的施工方案;②确定最合适的施工机械、设备使用方案;③先进的施工技术的应用,新材料的应用,新开发机械设备的使用等;④通过代用、改变配合比、使用外加剂等方法降低材料消耗的费用。选项AB属于组织措施。选项C属于合同措施。故选D。

17. B [解析]成本分析是在成本核算的基础上,对成本过程和影响成本升降的因素进行分析,以寻求进一步降低成本的途径。故选B。

18. D [解析]选项A错误,实施性成本计划是项目施工准备阶段的预算成本计划。选项B错误,指导性成本计划即选派项目经理阶段的预算成本计划。选项C错误,指导性成本计划是以合同标书为依据编制的。故选D。

19. B [解析]选项A错误,施工预算的编制以施工定额为主要依据,施工图预算的编制以预算定额为主要依据。选项C错误,施工预算的人工数量及人工费比施工图预算一般要低6%左右。选项D错误,施工预算的材料消耗量及材料费一般低于施工图预算。故选B。

20. C [解析]按赢得值法,费用偏差(CV) = $BCWP - ACWP$;进度偏差(SV) = $BCWP - BCWS$。若CV小于0,则$ACWP$大于$BCWP$;SV大于0,则$BCWP$大于$BCWS$。故有$ACWP > BCWP > BCWS$。故选C。

21. D [解析]选项A错误,已完工程实际费用 = 已完工作量 × 实际价格 = $3000 × 26$ = 78000(元)。选项B错误,费用绩效指标 = 已完工程预算费用/已完工作实际费用 = $25/26 < 1$,表明费用超支。选项C错误,进度绩效指标 = 已完工作预算费用/计划工作预算费用 = $3000/2800 > 1$,表示进度提前。选项D正确,费用偏差 = $3000 × 25 - 3000 × 26 = -3000$(元),表明项目运行超出预算费用。故选D。

22. A [解析]综合成本是指涉及多种生产要素,并受多种因素影响的成本费用,如分部分项工程成本,月(季)度成本、年度成本等。故选A。

23. A [解析]用表格核算法进行工程项目施工各岗位成本的责任核算和控制,用会计核算法进行工程项目成本核算,两者互补,相得益彰,确保工程项目成本核算工作的开展。故选A。

24. D [解析]选项A错误,工程成本包括从建造合同签订开始直至合同完成所发生的、与执行合同有关的直接费用和间接费用。

选项B错误，直接费用是指为完成合同所发生的、可以直接计入合同成本核算对象的各项费用支出。选项C错误，项目成本核算应坚持形象进度、产值统计、成本归集同步的原则，即三者的取值范围应是一致的。选项D正确，间接费用是企业各施工单位为组织和管理工程施工所发生的费用。故选D。

25. A [解析] 分部分项工程成本分析的对象是已完成分部分项工程。故选A。

26. B [解析] 成本计划一般包括以下三类指标：①成本计划的数量指标；②成本计划的质量指标（比值）；③成本计划的效益指标（降低额）。故选B。

27. D [解析] 规费包括社会保险费和住房公积金。其中社会保险费包括养老保险费、失业保险费、医疗保险费、生育保险费和工伤保险费。故选D。

28. B [解析] 材料单价=｛（材料原价+运杂费）×[1+运输损耗率（%）]｝×[1+采购保管费率（%）]=（3500+3500×2.5%）×（1+1%）×（1+2%）=3695.84（元/t）。故选B。

29. D [解析] 业务核算不但可以核算已经完成的项目是否达到原定的目的、取得预期的效果，而且可以对尚未发生或正在发生的经济活动进行核算。故选D。

30. B [解析] 选项A错误，由于施工项目包括很多分部分项工程，不可能也没有必要对每一个分部分项工程都进行成本分析。选项C错误，企业年度成本要求一年结算一次，不得将本年成本转入下一年度。选项D错误，分部分项工程成本分析的方法是进行预算成本、目标成本、实际成本的"三算"对比。故选B。

31. C [解析] 施工成本分析的基本方法包括比较法、因素分析法、差额计算法、比率法等。故选C。

32. D [解析] 如果是属于规定的"政策性"亏损，则应从控制支出着手，把超支额压缩到最低限度。故选D。

33. C [解析] 材料费包括材料原价、运杂费、运输损耗费与采购及保管费。运输损耗费是指材料在运输装卸过程中不可避免的损耗。故选C。

34. B [解析] 业务核算的范围比会计、统计核算要广。故选B。

35. A [解析] 周转性材料消耗一般与以下四个因素有关：①第一次制造时的材料消耗（一次使用量）；②每周转使用一次材料的损耗（第二次使用时需要补充）；③周转使用次数；④周转材料的最终回收及其回收折价。故选A。

36. C [解析] 目标数：800×600×1.05=504000（元）。第一次替代：850×600×1.05=535500（元），535500-504000=31500（元），由于产量增加50m³，成本增加31500元。第二次替代：850×640×1.05=571200（元），571200-535500=35700（元），由于单价提高40元，成本增加35700元。第三次替代：850×640×1.03=560320（元），560320-571200=-10880（元），由于损耗下降2%，成本减少10880（元）。实际成本与目标成本之差为850×640×1.03-800×600×1.05=56320（元）。故选C。

37. D [解析] 由于机械必须由工人小组配合，所以完成单位合格产品的时间定额，同时列出人工时间定额，即单位产品人工时间定额（工日）=小组成员总人数/台班产量，挖100m³的人工时间定额为4/3.84=

1.04（工日）。故选 D。

38. A [解析] 费用偏差（CV）= 已完工作预算费用（BCWP）- 已完工作实际费用（ACWP）= 5500×70 - 5500×72 = -11000（元）。进度偏差（SV）= 已完工作预算费用（BCWP）- 计划工作预算费用（BCWS）= 5500×70 - 5000×70 = 35000（元）。故选 A。

39. C [解析] 费用（进度）偏差反映的是绝对偏差。故选 C。

40. B [解析] 综合单价包括人工费、材料费、施工机具使用费、企业管理费和利润以及一定范围的风险费用。所以综合单价 =（98000 + 13500 + 8000）/2500 = 47.80（元/m^3）。故选 B。

41. A [解析] 参数法计价的有夜间施工费、二次搬运费与冬雨期施工的计价；分包法计价的有室内空气污染测试等。故选 A。

42. C [解析] 选项 A 错误，一个清单项目可能对应几个定额子目，因此，清单工程量不能直接用于计价。选项 BD 错误，人工单价、材料价格和施工机械台班单价，应根据工程项目的具体情况及市场资源的供求状况进行确定，采用市场价格作为参考。故选 C。

43. D [解析] 竞争性成本计划是施工项目投标及签订合同阶段的估算成本计划。故选 D。

44. C [解析] 措施项目费中的安全文明施工费，不得作为竞争性费用。规费和税金不得作为竞争性费用。故选 C。

45. A [解析] 因承包人原因造成工期延误，在工期延误期间出现法律变化的，由此增加的费用和（或）延误由承包人承担。故选 A。

46. C [解析] 招标工程以投标截止日前 28 天，非招标工程以合同签订前 28 天为基准日。故选 C。

47. B [解析] 对于任一招标工程量清单项目，如果因规定的工程量偏差和工程变更等原因导致工程量偏差超过 15%，应予以调整。故选 B。

48. A [解析] 暂列金额是指招标人在工程量清单中暂定并包括在合同价款中的一笔款项。已签约合同价中的暂列金额由发包人掌握使用。发包人按照合同的规定作出支付后，如有剩余，则暂列金额余额归发包人所有。故选 A。

49. D [解析] 选项 A 错误，承包人应在接受发包人要求的 7 天内向发包人提出签证。选项 B 错误，若发包人未签证同意，承包人施工后发生争议的，责任由承包人自负。选项 C 错误，发包人应在收到承包人的签证报告 48h 内给予确认或提出修改意见，否则视为该签证报告已经认可。故选 D。

50. A [解析] 安全文明施工费按照实际发生变化的措施项目调整，不得浮动。故选 A。

51. A [解析] 发包人逾期支付安全文明施工费超过 7 天的，承包人有权向发包人发出要求支付的催告通知，发包人收到通知后 7 天内仍未支付的，承包人有权暂停施工。故选 A。

52. B [解析] 发包人应在收到承包人提交的最终结清申请单后 14 天内完成审批并向承包人颁发最终结清证书。故选 B。

53. C [解析] 混凝土工程的工程量偏差减少超过 15%，其综合单价应予调高。该混凝土工程的实际工程费用 = 160×300×1.1 = 52800（元）= 5.28 万元。故选 C。

54. D [解析] 选项 AB 错误，一般而言，所有工作都按最迟开始时间开始，对节约资金贷款利息是有利的，但同时，也降低了项目按期竣工的保证率。选项 C 错误，项目经理可根据筹措的资金来调整 S 形曲线，即

第2章 施工成本管理

通过调整非关键线路上的工序项目的最早或最迟开工时间,力争将实际的成本支出控制在计划的范围内。故选D。

55. C [解析] 对综合单价的调整原则为:①工程量增加超过15%时,其增加的部分工程量的综合单价应予调低;②工程量减少超过15%时,减少后剩余部分的工程量的综合单价应予以调高。对措施项目费的调整原则为:①工程量增加的,措施项目费调增;②工程量减少的,措施项目费调减。故选C。

56. C [解析] 因不可抗力引起或将引起工期延误,发包人要求赶工的,由此增加的赶工费用由发包人承担。索赔的人工费=20×200+10×200×25%=4500(元)。故选C。

57. A [解析] 对竣工工程的成本核算,应区分为竣工工程现场成本和竣工工程完全成本,分别由项目管理机构和企业财务部门进行核算分析。故选A。

58. C [解析] 成本控制是指在施工过程中,对影响施工成本的各种因素加强管理,并采取各种有效措施,将施工中实际发生的各种消耗和支出严格控制在成本计划范围内。故选C。

59. D [解析] 根据图显示,4月末的计划成本是1150万元。故选D。

60. A [解析] 选项B属于技术措施。选项C属于经济措施。选项D属于合同措施。故选A。

二、多项选择题

1. ABCE [解析] 措施项目费包括安全文明施工费、夜间施工增加费、二次搬运费、冬雨期施工增加费、已完工程及设备保护费、工程定位复测费、特殊地区施工增加费、大型机械设备进出场及安拆费、脚手架工程费等。选项D属于按费用构成要素划分的施工机具使用费。故选ABCE。

2. AC [解析] 建设工程定额按编制单位和适用范围分类:①全国统一定额;②行业定额;③地区定额;④企业定额。选项BDE属于按生产要素内容分类。故选AC。

3. ACD [解析] 企业管理费费率:①以分部分项工程费为计算基础;②以人工费和机械费合计为计算基础;③以人工费为计算基础。故选ACD。

4. CE [解析] 综合单价=人工费+材料费+施工机械使用费+管理费+利润;全费用综合单价=人工费+材料费+施工机械使用费+管理费+规费+利润+税金;根据这两个公式可知全费用综合单价比综合单价的内容多的是规费和税金。故选CE。

5. ABCE [解析] 选项D错误,计日工是指在施工过程中,承包人完成发包人提出的工程合同范围以外的零星项目或工作,按合同中约定的综合单价计价的一种方式。故选ABCE。

6. ACDE [解析] 不可抗力后果承担原则:①永久工程,已运至施工现场的材料和工程设备的损坏,以及因工程损坏导致的第三人伤亡和财产损失由发包人承担;②承包人的施工机械设备损坏,由承包人承担;③发包人和承包人承担各自人员伤亡和财产损失;④因不可抗力影响承包人履行合同约定的义务,已经引起或将引起工期延误的,应当顺延工期,承包人停工的费用损失由双方合理分担,停工期间必须支付的工人工资由发包人承担;⑤因不可抗力引起或将引起工期延误,发包人要求赶工的,由此增加的赶工费用由发包人承担;⑥承包人在停工期间按照发包人要求照管、清理和修复工程的费用由发包人承担。故选ACDE。

7. ABD [解析]选项 C 错误,成本分析是在成本核算的基础上,对成本的形成过程和影响成本升降的因素进行分析,以寻求进一步降低成本的途径。选项 E 错误,竣工工程现场成本和竣工工程完全成本,分别由项目管理机构和企业财务部门进行核算分析,分别用于考核项目管理绩效和企业经营效益。故选 ABD。

8. ABD [解析]选项 CE 不属于施工成本分析的依据。故选 ABD。

9. ADE [解析]已完工作实际费用 = 500×9000÷10000 = 450(万元),已完工作预算费用 = 400×9000÷10000 = 360(万元),计划工作预算费用 = 400×8000÷10000 = 320(万元)。费用偏差 = 已完工作预算费用 − 已完工作实际费用 = −90 万元,费用超支;进度偏差 = 已完工作预算费用 − 计划工作预算费用 = 40 万元,进度超前。故选 ADE。

10. ABDE [解析]施工成本按成本组成分解为人工费、材料费、施工机械使用费、企业管理费等。故选 ABDE。

11. ACD [解析]分部分项工程成本分析过程中,计算偏差和分析偏差产生的原因,首先需进行对比的"三算"是预算成本、目标成本和实际成本。故选 ACD。

12. ABC [解析]选项 D 错误,两种核算方法可综合使用。选项 E 属于表格核算法的缺点。故选 ABC。

13. ACD [解析]人工费包括计时工资或计件工资、奖金、津贴补贴、加班加点工资、特殊情况下支付的工资。选项 BE 属于企业管理费。故选 ACD。

14. DE [解析]安全文明施工费包含:①环境保护费;②文明施工费;③安全施工费;④临时设施费;⑤建筑工人实名制管理费。故选 DE。

15. BCD [解析]选项 AE 属于企业管理费。故选 BCD。

16. ACD [解析]选项 B 属于材料费。选项 E 属于企业管理费。故选 ACD。

17. ABE [解析]选项 C 错误,施工定额是建筑安装施工企业进行施工组织、成本管理、经济核算和投标报价的重要依据。选项 D 错误,施工定额的定额水平反映施工企业生产与组织的技术水平和管理水平。故选 ABE。

18. ABCD [解析]周转性材料消耗一般与下列四个因素有关:①第一次制造时的材料消耗(一次使用量);②每周转使用一次材料的损耗(第二次使用时需要补充);③周转使用次数;④周转材料的最终回收及其回收折价。故选 ABCD。

19. ABCD [解析]拟定正常的施工条件包括:①拟定施工作业的内容;②拟定施工作业的方法;③拟定施工作业地点的组织;④拟定施工作业人员的组织等。故选 ABCD。

20. BE [解析]选项 A 错误,周转性材料消耗量指标,应当用一次使用量和摊销量两个指标表示。选项 C 错误,摊销量供施工企业成本核算或投标报价使用。一次使用量供施工企业组织施工用。选项 D 错误,周转性材料消耗一般与以下四个因素有关:①第一次制造时的材料消耗(一次使用量);②每周转使用一次材料的损耗(第二次使用时需要补充);③周转使用次数;④周转材料的最终回收及其回收折价。故选 BE。

21. AB [解析]综合单价是指完成一个规定计量单位的分部分项工程量清单项目或措施清单项目所需的人工费、材料费、施工机具使用费和企业管理费与利润,以及一定范围内的风险费用。故选 AB。

22. ACD [解析]不可竞争性费用:安全文明施工费、规费和税金。故选 ACD。

23. ACD [解析]选项 B 错误,计量方法一般包括均摊法、凭据法、估价法、断面法、图纸法、分解计量法,建筑工程险保险费一般按凭据法计量。选项 E 错误,监理人应计量的范围包括:①工程量清单中的全部项目;②合同文件中规定的项目;③工程变更项目。故选 ACD。

24. BE [解析]选项 ACD 应由发包人承担。故选 BE。

25. BCD [解析]计量依据一般有质量合格证书、《计量规范》和技术规范与设计图纸。故选 BCD。

26. CE [解析]选项 AD 属于技术措施。选项 B 属于合同措施。故选 CE。

27. BCD [解析]选项 A 属于组织措施。选项 E 属于技术措施。故选 BCD。

28. ABDE [解析]选项 A 正确,施工定额的研究对象是工序,是建设工程定额中分项最细、子目最多的定额。选项 B 正确,预算定额不仅是编制施工图预算的主要依据,也是控制建设工程投资的基础和依据。选项 C 错误,概算定额的编制对象是扩大的分部分项工程。选项 D 正确,概算指标的编制对象是整个建筑物和构筑物。选项 E 正确,投资估算指标是对已建或现有的工程价格数据和资料进行分析、整理编制的。故选 ABDE。

第 3 章 施工进度管理

考情分析

本章是本书的重点和难点,进度控制是"三控"之一,也是计算题的出题内容,几乎每年必考而且分值占比较高,相对来说本章的考点比较清晰,理解掌握之后得分比较容易。在近 4 年考试中年均考 17 分。在学习时多做相关的习题进行练习。

扫码领取本章视频课程

近 4 年考试真题分值统计表 （单位:分）

序号	专题名	2022		2021(2)		2021(1)		2020		2019	
		单选	多选	单选	多选	单选	多选	单选	多选	单选	多选
1	建设工程项目进度控制的目标和任务	1	4	1	2	1	—	2	2	2	—
2	施工进度计划的类型及其作用	1	—	1	2	1	2	1	4	—	—
3	施工进度计划的编制方法	6	2	7	2	6	4	4	2	6	6
4	施工进度控制的任务和措施	2	2	—	2	—	2	2	—	1	2
合计		10	8	9	8	8	8	9	8	9	8

思维导图

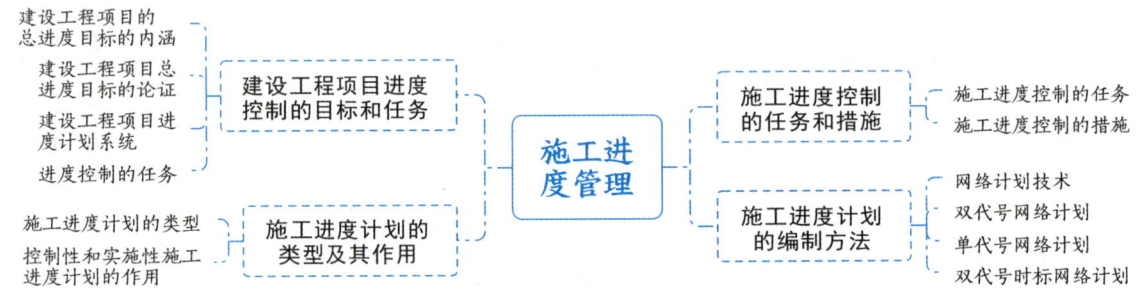

核心考点

专题 1 建设工程项目进度控制的目标和任务

复习提示▷ 本专题需对进度控制动态管理的步骤熟练掌握,区分不同参与方的进度控制任务及不同类型进度计划系统的内容。

[考点 1] 建设工程项目的总进度目标的内涵

建设工程项目的总进度目标指的是整个项目的进度目标,是在项目决策阶段项目定义时

第3章 施工进度管理 》123

确定的。因此,总进度目标的控制是业主方项目管理的任务。

在进行建设工程项目总进度目标控制前,应分析和论证目标实现的可能性。

在项目的实施阶段,项目总进度不仅只有施工进度,还包括:①设计前准备阶段的工作进度;②设计工作进度;③招标工作进度;④施工前准备工作进度;⑤工程施工和设备安装工作进度;⑥工程物资采购工作进度;⑦项目动用前的准备工作进度等。

[提示] 与实施阶段的区别,"有"招标,"无"保修。

◉ 精选真题

1.[2017年真题]对某综合楼项目实施阶段的总进度目标进行控制的主体是(　　)。
A.设计单位　　　　　　　　B.施工单位
C.建设单位　　　　　　　　D.监理单位

2.[2017年真题]关于建设工程项目总进度目标的说法,正确的是(　　)。
A.建设工程项目总进度目标的控制是施工总承包方项目管理的任务
B.在进行项目总进度目标控制前,应分析和论证目标实现的可能性
C.项目实施阶段的总进度指的就是施工进度
D.项目总进度目标论证就是要编制项目的总进度计划

3.[2020年真题]项目实施阶段的总进度包括(　　)工作进度。
A.设计　　　　　　　　　　B.招标
C.可行性研究　　　　　　　D.工程物资采购
E.工程施工

答案:1.C。

2.B。选项D错误,总进度目标论证并不是单纯的总进度规划的编制工作,它涉及许多工程实施的条件分析和工程实施策划方面的问题。

3.ABDE。

[考点2] 建设工程项目总进度目标的论证

1.建设工程项目总进度目标论证的内容

大型建设工程项目总进度目标论证的核心工作是通过编制总进度纲要论证总进度目标实现的可能性。总进度纲要的主要内容包括:

(1)项目实施的总体部署;
(2)总进度规划;
(3)各子系统进度规划;
(4)确定里程碑事件的计划进度目标;
(5)总进度目标实现的条件和应采取的措施等。

[速记]"总部总度与子规,条件措施里程碑。"

2.建设工程项目总进度目标论证的工作步骤

(1)调查研究和收集资料。

(2) 进行项目结构分析。
(3) 进行进度计划系统的结构分析。} 结构分析（先总后分）
(4) 确定项目的工作编码。
(5) 编制各层（各级）进度计划。
(6) 协调各层进度计划的关系，编制总进度计划。} 进度计划（先分后总）
(7) 若所编制的总进度计划不符合项目进度目标，则设法调整。
(8) 若经过多次调整，进度目标无法实现，则报告项目决策者。

🌐 **精选真题**

1. [2021年真题] 建设工程项目总进度目标论证的主要工作有：①进行项目结构分析；②确定项目工作编码；③编制总进度计划；④进行进度计划系统的结构分析；⑤编制各层进度计划。正确的工作顺序是（　　）。

A. ②→①→③→④→⑤　　　　　　B. ②→①→③→⑤→④
C. ①→④→②→③→⑤　　　　　　D. ①→④→②→⑤→③

2. [2018年真题] 大型建设工程项目总进度纲要的主要内容包括（　　）。

A. 项目实施总体部署　　　　　　B. 总进度规划
C. 确定里程碑事件的计划进度目标　　D. 施工准备与资源配置计划
E. 总进度目标实现的条件和应采取的措施

答案：1. D。2. ABCE。

[考点 3] 建设工程项目进度计划系统

由于项目进度控制不同的需要和不同的用途，业主方和项目各参与方可以编制多个不同的建设工程项目进度计划系统，见下表。

分类	内容	内部关系
不同深度	1. 总进度规划（计划）； 2. 项目子系统进度规划（计划）； 3. 项目子系统中的单项工程进度计划等	联系与协调
不同功能	1. 控制性进度规划（计划）； 2. 指导性进度规划（计划）； 3. 实施性（操作性）进度计划等	联系与协调
不同项目参与方	1. 业主方编制的整个项目实施的进度计划； 2. 设计进度计划； 3. 施工和设备安装进度计划； 4. 采购和供货进度计划等	联系与协调
不同周期	1. 5年（或多年）建设进度计划； 2. 年度、季度、月度和旬计划等	—

建设项目是在动态条件下实施的,进度控制也就必须是一个动态的管理过程,它由下列环节组成:

(1)进度目标的分析和论证,以论证进度目标是否合理、是否可能实现;

(2)在收集资料和调查研究的基础上编制进度计划;

(3)定期跟踪检查所编制的进度计划执行情况,若其执行有偏差,则采取纠偏措施,并视必要调整进度计划。

[提示] 记顺序:论证目标→收集资料编计划→检查调整。

🌐 **精选真题**

1.[2021年真题]关于建设项目进度计划系统的说法,正确的是( )。

A.进度计划系统是指组成进度计划的各项内容,包括执行时需要的资源和措施等

B.为便于协调各项目参与方,计划系统应由业主负责建立,各参与方协助完善

C.同一进度计划系统中,各计划的工作结构分解(项目分解)一定相同

D.同一进度计划系统中,各进度计划之间必须相互协调

2.[2019年真题]关于建设工程项目进度计划系统构成的说法,正确的是( )。

A.进度计划系统是对同一个计划采用不同方法表示的计划系统

B.同一个项目进度计划系统的组成不变

C.同一个项目进度计划系统中的各进度计划之间不能相互关联

D.进度计划系统包括对同一个项目按不同周期进度计划组成的计划系统

3.[2019年真题]建设工程项目进度计划按编制的深度可分为( )。

A.指导性进度计划、控制性进度计划、实施性进度计划

B.里程碑表、横道图计划、网络计划

C.总进度计划、单项工程进度计划、单位工程进度计划

D.年度进度计划、季度进度计划、月进度计划

4.[2017年真题]关于建设工程项目进度计划系统的说法,正确的有( )。

A.项目进度计划系统的建立和完善是逐步进行的

B.在项目进展过程中进度计划需要不断的调整

C.供货方根据需要和用途可编制不同深度的进度计划系统

D.业主方只需要编制总进度规划和控制性进度规划

E.业主方与施工方进度控制目标和时间范畴相同

答案:1.D。选项A错误,建设工程项目进度计划系统是由多个相互关联的进度计划组成的系统,它是项目进度控制的依据。选项B错误,业主方和项目各参与方可以编制多个不同的建设工程项目进度计划系统。选项C错误,同一进度计划系统中,各计划的工作结构分解(项目分解)不一定相同。

2.D。选项AC错误,建设工程项目进度计划系统是由多个相互关联的进度计划组成的系统,它是项目进度控制的依据。选项B错误,由于各种进度计划编制所需要的必要资料是在项

目进展过程中逐步形成的,因此项目进度计划系统的建立和完善也有一个过程,它也是逐步完善的。

3. C。4. ABC。

[考点 4] 进度控制的任务

项目不同参与方都有进度控制的任务,但是,其控制的目标和时间范畴并不相同。

参与方	依据	任务
业主方	—	1. 控制整个项目实施阶段的进度; 2. 包括控制设计准备、设计、施工、物资采购、动用前准备阶段的工作进度
设计方	设计任务委托合同	1. 设计进度计划指的是确定出图计划; 2. 设计进度与招标、施工和物资采购等进度相协调
施工方	施工任务委托合同	应视需要,编制深度不同的控制性和直接指导项目施工的进度计划,以及按不同计划周期编制的计划,如年度、季度、月度和旬计划等
供货方	供货合同	包括供货的所有环节,如采购、加工制造、运输等

🌐 精选真题

1. [2020 年真题] 下列进度控制工作中,属于业主方任务的是( )。
   A. 控制设计准备阶段的工作进度　　B. 编制施工图设计进度计划
   C. 调整初步设计小组的人员　　　　D. 确定设计总说明的编制时间

2. [2020 年真题] 根据《建设工程施工合同(示范文本)》(GF-2017-0201),编制甲供材料进场计划属于( )进度控制的任务。
   A. 发包人　　　B. 设计人　　　C. 供货商　　　D. 承包人

   答案:1. A。2. A。甲供材料由发包人负责安排采购。

专题 2　施工进度计划的类型及其作用

复习提示▷ 本专题历年考查较为简单,主要应掌握施工生产计划与施工进度计划的区别,还需掌握施工进度计划的作用。

[考点 1] 施工进度计划的类型

施工方所编制的与施工进度有关的计划包括施工企业的施工生产计划和建设工程项目施工进度计划,见下表。

对比	施工企业的施工生产计划	建设工程项目施工进度计划
范畴	企业计划的范畴	工程项目管理的范畴
针对	整个施工企业	每个建设工程项目的施工

(续表)

依据	施工任务量、企业经营的需求和资源利用的可能性	企业的施工生产计划的总体安排、履行施工合同的要求和施工的条件和资源利用的可能性
编制计划	年度、季度、月度和旬生产计划等	1. 施工总进度方案、施工总进度规划、施工总进度计划(小型项目)。 2. 子项目施工进度计划、单体工程施工进度计划。 3. 项目施工的年度施工计划、季度施工计划、月度施工计划和旬施工作业计划等

施工企业的施工生产计划与建设工程项目施工进度计划虽属两个不同系统的计划,但是,两者是紧密相关的。

建设工程项目施工进度计划从计划的功能区分,具体见下表。

类型	控制性施工进度计划	指导性施工进度计划	实施性施工进度计划
适用项目	大型、特大型	大型、特大型、小型	大型、特大型、小型

🌐 **精选真题**

1. [2021年真题] 关于施工进度计划类型的说法,正确的是( )。
   A. 项目施工总进度方案是企业计划,单位工程施工进度计划是项目计划
   B. 施工企业的施工生产计划和工程项目进度计划属于不同项目参与方
   C. 施工企业的施工生产计划和工程项目进度计划都与施工进度有关
   D. 施工企业的施工生产计划和工程项目进度计划是相同系统的计划

2. [2021年真题] 下列与施工进度有关的计划中,属于施工方工程项目管理范畴的有( )。
   A. 项目旬施工作业计划
   B. 施工企业季度生产计划
   C. 单位工程施工进度计划
   D. 施工企业年度生产计划
   E. 分部工程施工进度计划

3. [2020年真题] 施工方根据项目特点和施工进度控制的需要,编制的施工进度计划有( )。
   A. 建设项目总进度纲要
   B. 主体结构施工进度计划
   C. 安装工程施工进度计划
   D. 旬施工作业计划
   E. 资源需求计划

4. [2020年真题] 下列与施工进度计划有关的计划类型中,属于项目管理范畴的有( )。
   A. 项目年度施工计划
   B. 单体工程施工进度计划
   C. 子项目施工进度计划
   D. 施工总进度计划
   E. 企业旬施工进度计划

答案:1. C。选项A错误,项目施工总进度方案是项目施工进度计划。选项BD错误,施工

企业的施工生产计划与建设工程项目施工进度计划虽属两个不同系统的计划,但是两者是紧密相关的。前者针对整个企业,而后者则针对一个具体工程项目,计划的编制有一个自下而上和自上而下的往复多次的协调过程。

2.ACE。选项BD属于施工方企业计划的范畴。

3.BCD。

4.ABCD。选项E属于企业计划范畴。

[考点2] 控制性和实施性施工进度计划的作用

对比	控制性施工进度计划	实施性施工进度计划
分类	施工总进度规划、施工总进度计划	月度、旬施工作业计划
作用	1.论证施工总进度目标; 2.施工总进度目标的分解,确定里程碑事件的进度目标; 3.是编制实施性进度计划的依据; 4.是编制与该项目相关的其他各种进度计划的依据或参考依据; 5.是施工进度动态控制的依据	1.确定施工作业的具体安排; 2.确定月或旬的人工需求(工种和相应的数量); 3.确定月或旬的施工机械的需求(名称和数量); 4.确定月或旬的建筑材料的需求; 5.确定月或旬的资金的需求等
速记	论证总目标、确定里程碑目标、依据	安排,月或旬的人、材、机、资金需求

🌐 精选真题

1.[2021年真题]下列与施工进度有关的计划中,属于实施性施工进度计划的是(　　)。
A.某构件制作计划　　　　　　　　B.单项工程施工进度计划
C.项目年度施工进度计划　　　　　D.企业旬生产计划

2.[2020年真题]编制实施性施工进度计划的主要作用是(　　)。
A.论证施工总进度目标　　　　　　B.确定施工作业的具体安排
C.确定里程碑事件的进度目标　　　D.分解施工总进度目标

3.[2020年真题]编制控制性施工进度计划的主要目的是(　　)。
A.对项目结构进行逐层分解
B.对项目施工进度控制管理职能分工
C.确定单位时间内的人、材、机和资金需求
D.论证施工总进度目标

答案:1.A。选项BC属于控制性进度计划。选项D属于企业的施工生产计划。

2.B。

3.D。控制性施工进度计划编制的主要目的是通过计划的编制,以对施工承包合同所规定的施工进度目标进行再论证,并对进度目标进行分解,确定施工的总体部署,并确定为实现进度目标的里程碑事件的进度目标(或称其为控制节点的进度目标),作为进度控制的依据。

专题3　施工进度计划的编制方法

复习提示▷本专题的内容最为重要,分值比重大,如果对该专题内容能熟练掌握,得分就比较容易。考生需从概念入手熟练掌握基本概念,在此基础上多做真题练习,掌握出题方向和解题思路。

[考点 1]　网络计划技术

1. 横道计划与网络计划的比较

特点	横道计划	网络计划
优点	1. 是一种最简单、运用最广泛的传统的进度计划方法; 2. 可将工作简要说明直接放在横道上,也可将最重要的逻辑关系标注在内; 3. 表达方式较直观,易看懂计划编制的意图	1. 能全面而明确地反映出各项工作之间相互依赖、相互制约的关系; 2. 可以反映出整个工程的整体情况; 3. 能显示机动时间; 4. 能够利用计算机绘图、计算和跟踪管理
缺点	1. 工序(工作)之间的逻辑关系可以设法表达,但不易表达清楚; 2. 适用于手工编制计划; 3. 没有通过严谨的进度计划时间参数计算,不能确定计划的关键工作、关键线路与时差; 4. 计划调整只能用手工方式进行,其工作量较大; 5. 难以适应较大的进度计划系统	1. 流水施工的情况很难在网络计划上全面反映出来; 2. 绘图较麻烦,表达不够直观,且不易显示资源平衡情况等

2. 网络计划的分类

序号	划分依据	类型	序号	划分依据	类型
1	表示方法	1. 单代号网络计划; 2. 双代号网络计划	4	目标	1. 单目标网络计划; 2. 多目标网络计划
2	性质	1. 肯定性网络计划; 2. 非肯定性网络计划	5	工作衔接特点	1. 普通网络计划; 2. 搭接网络计划; 3. 流水网络计划
3	有无时间坐标	1. 时标网络计划; 2. 非时标网络计划	6	层次	1. 总网络计划; 2. 局部网络计划; 3. 单位工程网络计划

🌐 **精选真题**

1. [2021年真题]关于横道图进度计划的说法,正确的是(　　)。
   A. 每行只能容纳一项工作　　　　　B. 可以表示工作的时差
   C. 可以直接表达出关键线路　　　　D. 可以表达工作间的逻辑关系

2. [2020年真题] 关于某项目施工横道图进度计划如下图,图中存在的错误是( )。

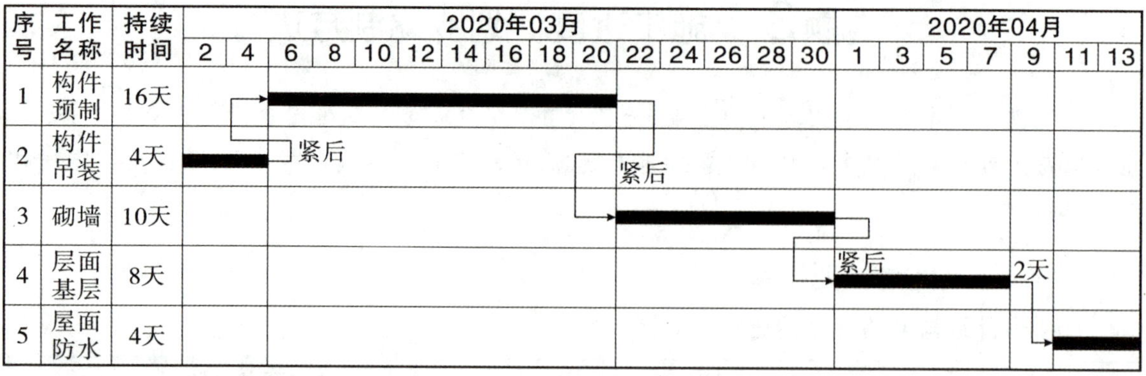

序号	工作名称	持续时间	2020年03月 2 4 6 8 10 12 14 16 18 20 22 24 26 28 30	2020年04月 1 3 5 7 9 11 13
1	构件预制	16天	████████████████ 紧后	
2	构件吊装	4天	████ 紧后	
3	砌墙	10天	██████████ 紧后	
4	层面基层	8天	████████ 2天	
5	屋面防水	4天		████

A. 逻辑关系表达混乱

B. 工作持续时间和横道时间长度不一致

C. 屋面基层与屋面防水之间存在间隔时间

D. 横道上缺少工作的简要说明

3. [2019年真题] 某建设工程施工横道图进度计划如下图所示,则关于该工程施工组织的说法,正确的是( )。

施工过程名称	施工进度(天)									
	3	6	9	12	15	18	21	24	27	30
支模板	Ⅰ-1	Ⅰ-2	Ⅰ-3	Ⅰ-4	Ⅱ-1	Ⅱ-2	Ⅱ-3	Ⅱ-4		
绑扎钢筋		Ⅰ-1	Ⅰ-2	Ⅰ-3	Ⅰ-4	Ⅱ-1	Ⅱ-2	Ⅱ-3	Ⅱ-4	
浇混凝土			Ⅰ-1	Ⅰ-2	Ⅰ-3	Ⅰ-4	Ⅱ-1	Ⅱ-2	Ⅱ-3	Ⅱ-4

注:Ⅰ、Ⅱ表示楼层;1、2、3、4表示施工段。

A. 各层内施工过程间不存在技术间歇和组织间歇

B. 所有施工过程由于施工楼层的影响,均可能造成施工不连续

C. 由于存在两个施工楼层,每一施工过程均可安排2个施工队伍

D. 在施工高峰期(第9日~第24日期间),所有施工段上均有工人在施工

4. [2018年真题] 关于横道图进度计划的说法,正确的是( )。

A. 横道图的一行只能表达一项工作

B. 工作的简要说明必须放在表头内

C. 横道图不能表达工作间的逻辑关系

D. 横道图的工作可按项目对象排序

答案:1. D。根据横道图使用者的要求,工作可按照时间先后、责任、项目对象、同类资源等进行排序。横道图的另一种可能的形式是将工作简要说明直接放在横道上,这样,一行上可容纳多项工作,这一般运用在重复性的任务上。横道图也可将最重要的逻辑关系标注在内。

2. A。应先进行构件预制工作,才能进行构件吊装,顺序错误,逻辑关系表达混乱。

3. A。选项B错误,各层内的施工是连续的。选项C错误,每一施工过程安排1个施工队伍就可完成工程。选项D错误,第9日~第24日,每天都是三个施工段上有工人施工,而不是所有。

4.D。选项 AB 错误,横道图的另一种可能的形式是将工作简要说明直接放在横道上,这样,一行上可容纳多项工作,这一般运用在重复性的任务上。选项 C 错误,工作间的逻辑关系可以设法表达。

[考点 2] 双代号网络计划

双代号网络计划是以箭线及其两端节点的编号表示工作的网络图。

(一)双代号网络计划的组成

双代号网络计划由箭线(工作)、节点及线路三个基本要素组成。双代号网络计划图、号网络计划的基本单元分别如下图(a)、(b)所示。

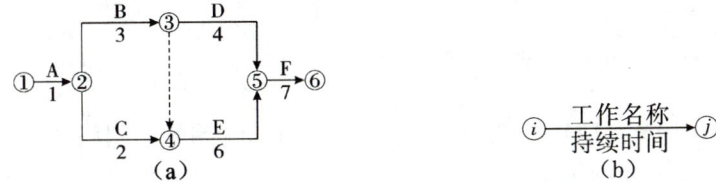

1. 箭线(工作)

(1)实箭线

对于一项工作或一个施工过程,其工作名称标注在箭线上方,一项工作所消耗的时间或资源可用数字标注在箭线的下方,且采用实箭线表示。

箭线的方向表示工作进行的方向和前进的线路,箭尾表示工作的开始,箭头表示工作的结束,如下图所示。

(2)虚箭线

虚箭线是指网络图中一端带箭头的虚线。它不占用时间,不消耗资源,其作用是正确表达相关工作的逻辑关系,具有联系、区分和断路的作用,见下表。

作用	含义	图例
联系	应用虚箭线正确表达工作之间相互依存的关系	
区分	双代号网络图中每一项工作都必须用一条箭线和两个代号表示,若两项工作的代号相同,应使用虚工作加以区分	
断路	用虚箭线断掉多余联系,即在网络图中把无联系的工作连接上时,应加上虚工作将其断开	

2. 节点

节点只标志着工作的结束和开始的瞬间,具有承上启下的衔接作用,而不需要消耗时间或资源。节点根据其位置不同可以分为:

(1)起点节点——只有外向箭线(由节点向外指的箭线);

(2)终点节点——只有内向箭线(指向节点的箭线);

(3)中间节点——既有内向箭线,又有外向箭线。

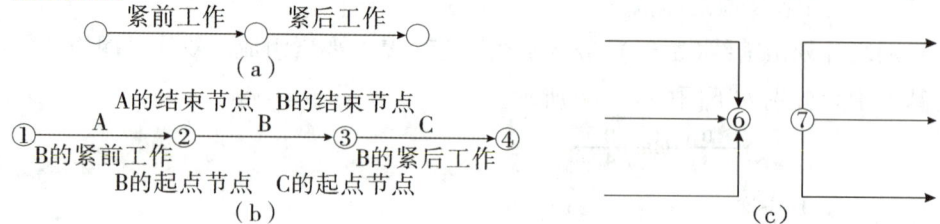

双代号网络图中,节点应用圆圈表示,并在圆圈内标注编号。网络图节点的编号顺序应从小到大,可不连续,但不允许重复。

3. 线路

线路既可依次用该线路上的节点编号表示,也可依次用该线路上的工作名称来表示。

(1)关键线路。总持续时间最长的线路称为关键线路,关键线路长度就是网络计划的总工期。此外,关键线路可能不止一条,而且在网络计划执行过程中,关键线路还会发生转移。

以一建真题为例,具体计算过程如下。

"某双代号网络计划如下图,关键线路有(　　)条。"

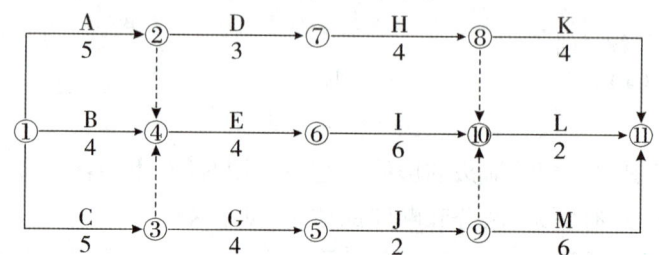

解答此问分三步。

第一步,计算各节点的最早时间,标注在节点周边,如下图所示。

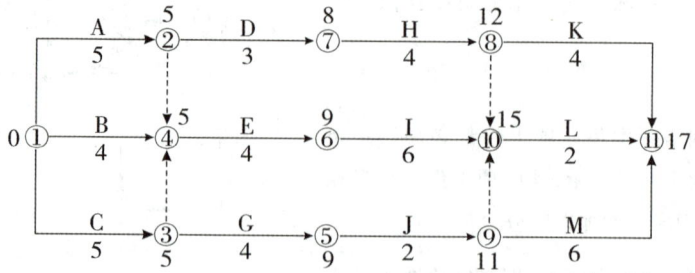

第二步,确定存在机动时间的工作,即确定非关键工作,标注波形线,如下图所示。

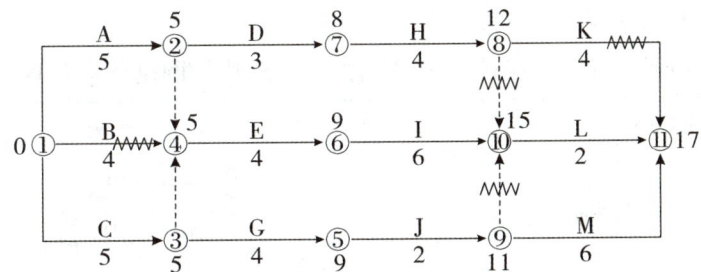

第三步,剩下能走通的线路,即为关键线路,分别是:A→E→I→L;C→E→I→L;C→G→J→M。综上所述,共3条关键线路。

(2)关键工作。关键线路上的工作即关键工作。关键工作在网络图上常用黑粗线或双线箭杆表示。在网络计划的实施过程中,关键工作的实际进度提前或拖后,均会对总工期产生影响。

🌐 **精选真题**

1.[2022年真题]下列关于网络计划关键线路的说法,正确的是(   )。

A.一个网络计划只能有一条关键线路

B.全部由关键工作组成的线路是关键线路

C.全部由关键节点组成的线路是关键线路

D.总持续时间最长的线路是关键线路

2.[2021年真题]关于双代号网络图中节点编号的说法,正确的是(   )。

A.起点节点的编号为0   B.每一个节点都必须编号

C.箭头节点编号要小于箭尾节点编号   D.各节点应连续编号

3.[2020年真题]关于网络计划线路的说法,正确的是(   )。

A.线路可依次用该线路上的节点代号来表示

B.线路是由多个箭线组成的通路

C.线路中箭线的长度之和就是该线路的长度

D.关键线路只有一条,非关键线路可以有多条

4.[2018年真题]关于双代号网络图中终点节点和箭线关系的说法,正确的是(   )。

A.既有内向箭线,又有外向箭线   B.只有外向箭线,没有内向箭线

C.只有内向箭线,没有外向箭线   D.既无内向箭线,又无外向箭线

答案:1.D。2.B。3.A。4.C。

(二)双代号网络计划的绘制方法

1.逻辑关系

逻辑关系	内涵	可逆性
工艺关系	生产性工作之间由工艺过程决定的,非生产性工作之间由工作程序决定的先后顺序	不可逆转
组织关系	工作之间由于组织安排需要或资源(人力、材料、机械设备和资金等)调配需要而规定的先后顺序关系	可以调整

2. 绘制网络图的基本原则

双代号网络图必须正确表达已确定的逻辑关系。双代号网络图应条理清楚，布局合理。

绘图规则	图例
双代号网络图严禁出现循环回路	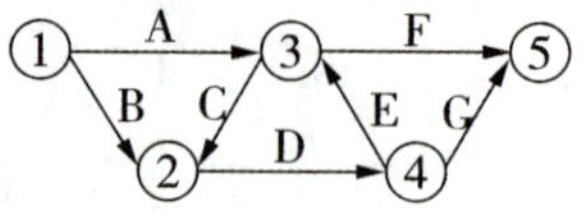
节点之间严禁出现带双向箭头或无箭头的连线	
严禁出现没有箭头节点或没有箭尾节点的箭线	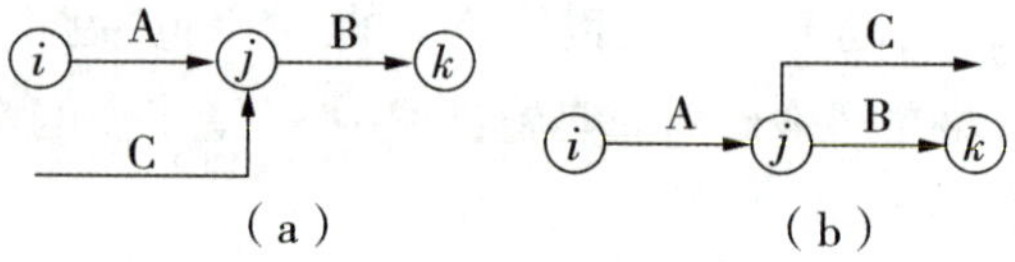 （a）　　（b）
某些节点有多条外向箭线或多条内向箭线时，可使用母线法绘制	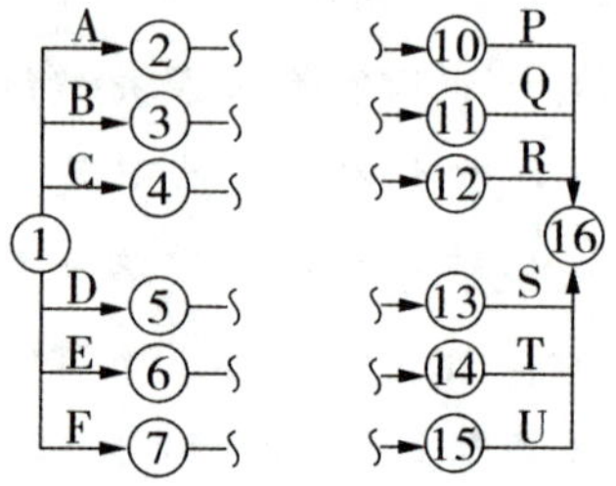
一项工作用一条箭线和相应的一对节点表示	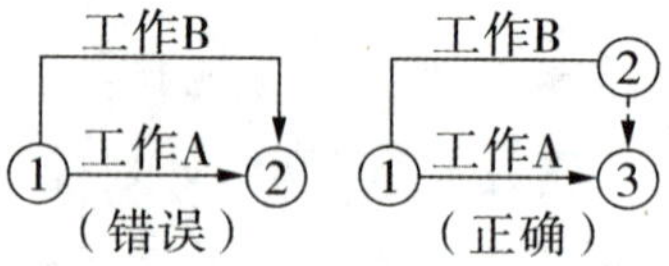 （错误）　（正确）
箭线不宜交叉，当交叉不可避免时，可用过桥法或指向法	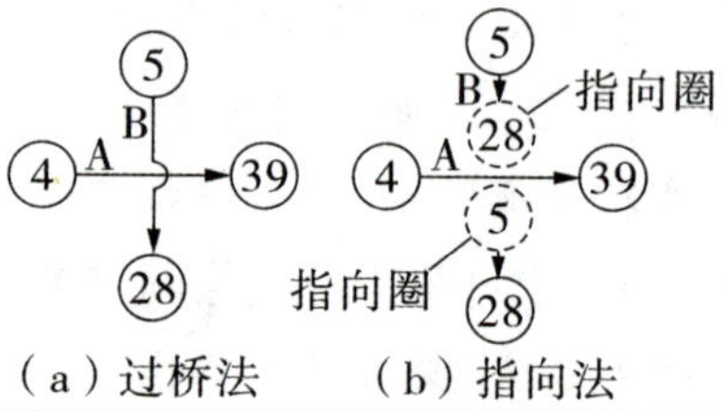 （a）过桥法　（b）指向法
双代号网络图中应只有一个起点节点和一个终点节点	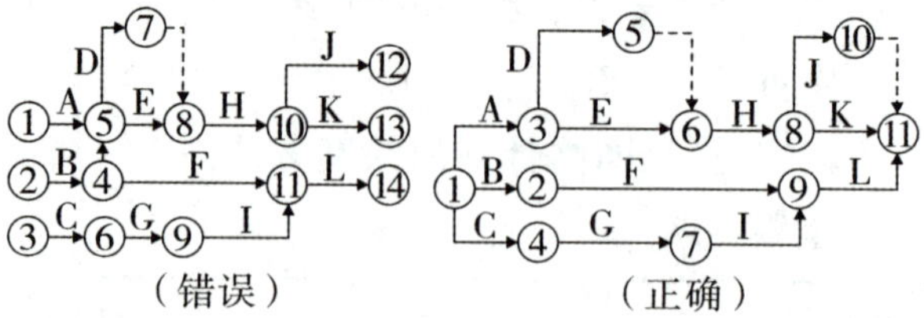 （错误）　　（正确）

3. 绘制网络图的注意事项

（1）层次分明、重点突出。

（2）构图形式要简洁、易懂，如下图所示。

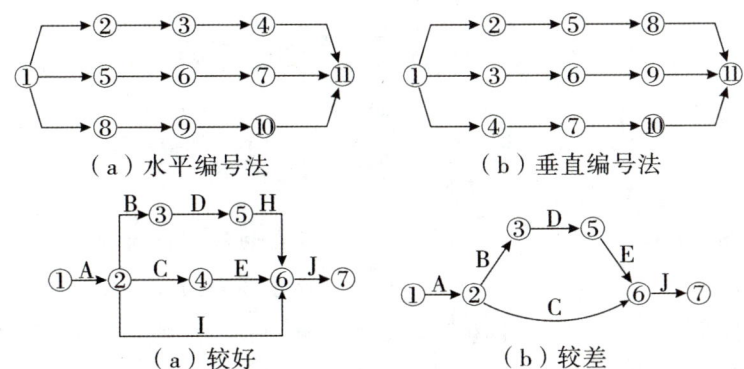

（a）水平编号法　　　（b）垂直编号法

（a）较好　　　（b）较差

(3) 正确应用虚箭线。

◈ 精选真题

1. [2021年真题] 某双代号网络计划如下图, 关于各项工作逻辑关系的说法, 正确的是(　　)。

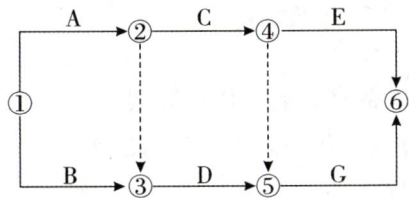

A. 工作 G 的紧前工作有工作 C 和工作 D
B. 工作 B 的紧后工作有工作 C 和工作 D
C. 工作 D 的紧后工作有工作 E 和工作 G
D. 工作 C 的紧前工作有工作 A 和工作 B

2. [2021年真题] 下列工作逻辑关系表达图中, 表示"工作 A 和工作 B 都完成后再进行工作 C、工作 D"逻辑关系的是(　　)。

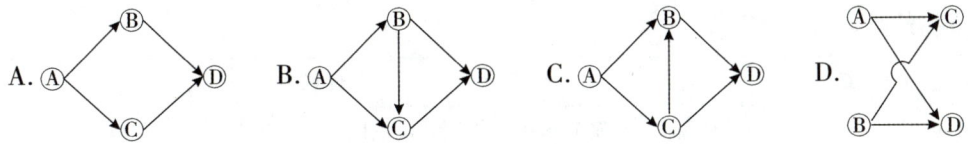

3. [2021年真题] 某双代号网络计划如下图所示(时间单位:天), 存在的绘图错误是(　　)。

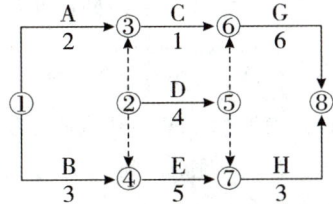

A. 工作标识不一致　　　　　　　　B. 节点编号不连续
C. 时间参数有多余　　　　　　　　D. 有多个起点节点

4. [2020年真题] 双代号网络图如下图, 图中存在的绘图错误是(　　)。

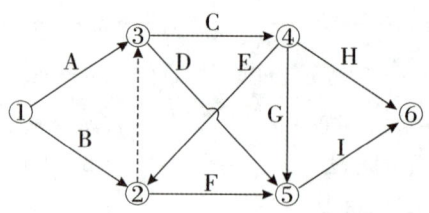

A. 存在多个终点节点 B. 存在曲线形状的箭线
C. 出现循环回路 D. 存在多余的虚箭线

答案：1. A。选项 B 错误，工作 B 的紧后工作只有工作 D。选项 C 错误，工作 D 的紧后工作只有工作 G。选项 D 错误，工作 C 的紧前工作只有工作 A。

2. D。根据逻辑关系及绘图规则中箭线不宜交叉，不可避免时，采用过桥法或指向法，选项 D 正确，采用过桥法避免了箭线的交叉。

3. D。图中有①和②两个起点节点。

4. C。节点②、③与④形成循环回路。

（三）网络计划时间参数的计算

双代号网络计划的时间参数的计算有工作计算法、节点计算法、图上计算法、表上计算法、标号法等，各种方法计算的原理基本相同。以下只讨论按工作计算法在图上进行计算的方法。

1. 时间参数的符号及其计算方法

按工作计算法计算网络计划中各时间参数，其计算结果应标注在箭线之上，如下图所示。

ES_{i-j}	LS_{i-j}	TF_{i-j}
EF_{i-j}	LF_{i-j}	FF_{i-j}

$$i \xrightarrow[\text{持续时间}]{\text{工作名称}} j$$

时间参数的具体计算方法见下表。

参数分类	细分	符号	计算方法
工作持续时间	—	D_{i-j}	一项工作从开始到完成的时间
工期	计算工期	T_c	1. 当规定了要求工期时，$T_p \leq T_r$；
	要求工期	T_r	2. 未规定要求工期时，可令计划工期等于计算工期，$T_p = T_c$
	计划工期	T_p	
最早时间	最早开始时间	ES_{i-j}	1. 最早开始时间 = 各紧前工作最早完成时间的最大值；当没有紧前工作时，最早开始时间为零；
	最早完成时间	EF_{i-j}	2. 最早完成时间 = 最早开始时间 + 持续时间
最迟时间	最迟开始时间	LS_{i-j}	1. 最迟开始时间 = 最迟完成时间 − 持续时间；
	最迟完成时间	LF_{i-j}	2. 最迟完成时间 = 各紧后工作最迟开始时间的最小值；当没有紧后工作时，最迟完成时间等于计划工期

(续表)

参数分类	细分	符号	计算方法
时差	总时差	TF_{i-j}	1. 总时差 = 最迟开始时间 – 最早开始时间 = 最迟完成时间 – 最早完成时间;
	自由时差	FF_{i-j}	2. 有紧后工作时,自由时差 = min(各紧后工作最早开始时间 – 本工作的最早完成时间);当没有紧后工作时,自由时差 = 计划工期 – 本工作的最早完成时间

2. 双代号网络图时间参数的计算步骤

计算步骤	口诀要点
计算工作的最早时间	早时正向取大
确定网络计划的计算工期	计算工期 = 以终点节点为完成节点的所有工作最早完成时间的最大值
计算工作的最迟时间	迟时逆向选小
计算工作的总时差	总时差 = 迟 – 早
计算工作的自由时差	自由时差 = 后早开(取小) – 本早完
确定关键工作和关键线路	总时差最小的工作是关键工作

以一建真题为例,具体计算过程如下。

"双代号网络计划中,某工作最早第 3 天开始,工作持续时间 2 天,有且仅有 2 个紧后工作,紧后工作最早开始时间分别是第 5 天和第 6 天,对应总时差是 4 天和 2 天。该工作的总时差和自由时差分别是(   )。"

解题思路如下:

第一步,根据题干信息绘制简图,假设该工作为 N,紧后工作分别用 A 和 B 表示。

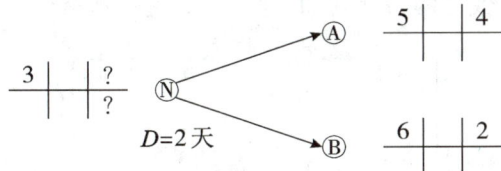

第二步,计算得到 N 工作最早完成时间为 5(3 + 2)天,A 工作最迟开始时间为 9(5 + 4)天,B 工作最迟开始时间为 8(6 + 2)天。进而得到 N 工作最迟完成时间为 8 天[min(9,8)]。

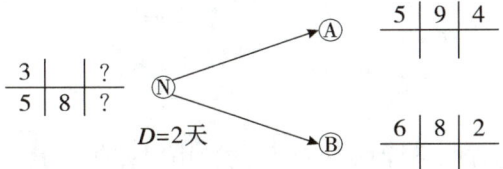

第三步,总时差 = 最迟完成时间 – 最早完成时间 = 8 – 5 = 3(天);自由时差 = 紧后工作最早开始最小值 – 本项工作最早完成时间 = 5 – 5 = 0(天)。

3.关键工作和关键线路的确定

(1)关键工作指的是网络计划中总时差最小的工作。当计划工期等于计算工期时,总时差为零的工作就是关键工作。

(2)自始至终全部由关键工作组成的线路为关键线路,或线路上总的工作持续时间最长的线路为关键线路。

精选真题

1.[2022年真题]若工作A持续4天,最早第2天开始,有两个紧后工作;工作B持续1天,最迟第10天开始,总时差2天;工作C持续2天,最早第9天完成。则工作A的自由时差是(　　)天。

A.0 B.1 C.3 D.2

2.[2021年真题]某双代号网络计划如下图(时间单位:天),计算工期是(　　)天。

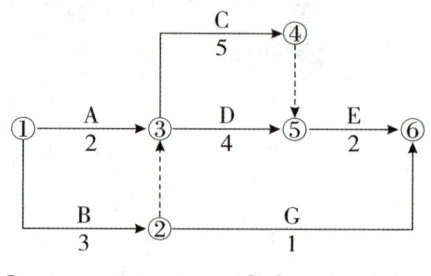

A.10 B.8 C.9 D.11

3.[2018年真题]关于双代号网络计划的工作最迟开始时间的说法,正确的是(　　)。

A.最迟开始时间等于各紧后工作最迟开始时间的最小值减去持续时间

B.最迟开始时间等于各紧后工作最迟开始时间的最大值

C.最迟开始时间等于各紧后工作最迟开始时间的最小值

D.最迟开始时间等于各紧后工作最迟开始时间的最大值减去持续时间

4.[2021年真题]某双代号网络计划如下图,其关键工作有(　　)。

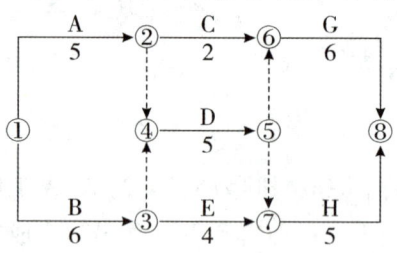

A.①→③ B.①→②
C.④→⑤ D.⑥→⑧
E.②→⑥

5.[2021年真题]在工程网络计划中,工作的自由时差等于其(　　)。

A.完成节点最早时间减去开始节点最早时间减去本工作持续时间

B.与所有紧后工作之间间隔时间的最小值

C. 所有紧后工作最早开始时间的最小值减去本工作的最早完成时间

D. 最迟开始时间与最早开始时间的差值

E. 在不影响其紧后工作最早开始时间的前提下可以利用的机动时间

答案: 1. B。因为工作 A 持续 4 天,最早第 2 天开始,所以工作 A 最早完成时间为 6 天。因为工作 B 最迟第 10 天开始,总时差 2 天,所以工作 B 最早开始时间为 8 天;因为工作 C 持续 2 天,最早第 9 天完成,所以最早开始时间为 7 天,工作 A 的自由时差 = min{7,8} − 6 = 1(天)。

2. A。关键线路为 ①→②→③→④→⑤→⑥,计算工期为 10 天。

3. A。最迟开始时间,是指在不影响整个任务按期完成的前提下,工作 i→j 必须开始的最迟时刻。最迟开始时间等于最迟完成时间减去其持续时间,然而最迟完成时间等于紧后工作最迟开始时间最小值,所以最迟开始时间等于各紧后工作最迟开始时间的最小值减去持续时间。

4. ACD。关键线路为 ①→③→④→⑤→⑥→⑧,所以,①→③、④→⑤、⑥→⑧为关键工作。

5. ABCE。选项 D 错误,最迟开始时间与最早开始时间的差值为总时差。

[考点 3] 单代号网络计划

与双代号网络计划相比,单代号网络计划具有以下特点:

(1)工作间的逻辑关系容易表达,且不用虚箭线,故绘图较简单;

(2)网络图便于检查和修改;

(3)工作持续时间表示在节点之中,没有长度,不够形象直观;

(4)表示工作之间逻辑关系的箭线可能产生较多的纵横交叉现象。

(一)组成

单代号网络计划由节点、箭线、线路三个基本要素组成。

1. 节点

一个节点表示一项工作,节点宜用圆圈或矩形表示,见下图。节点中标注工作代号、工作名称、持续时间。节点必须编号,号码可间断,但严禁重复,箭尾节点编号小于箭头节点编号。

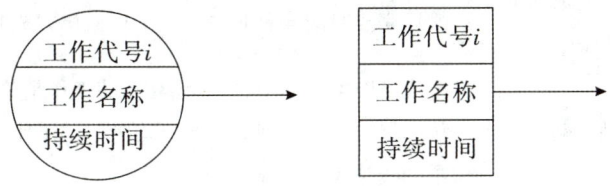

2. 箭线

用实箭线表示,只表示前后各工作之间的逻辑关系,既不占用时间,又不消耗资源。

3. 线路

线路是由网络图的起点节点出发,顺着箭线方向到达终点,中间经过的一系列节点和箭线所组成的通道。

（二）绘制规则

（1）必须正确表达已确定的逻辑关系。

（2）严禁出现循环回路。

（3）严禁出现双向箭头或无箭头的连线。

（4）严禁出现没有箭尾节点和没有箭头节点的箭线。

（5）箭线不宜交叉，当交叉不可避免时，采用过桥法或指向法。

（6）只有一个起点节点和一个终点节点。如有多项时，应在网络图的两端分别设置一项虚工作，作为起点节点（St）和终点节点（Fin）。

（三）六时间参数计算

计算单代号网络计划的时间参数的方法有分析计算法、图上计算法、表上计算法、矩阵计算法、电算法等。单代号网络计划时间参数的计算步骤如下表所示。

计算步骤	计算公式
计算最早开始时间和最早完成时间	1. 最早开始时间 = 各紧前工作最早完成时间的最大值，当没有紧前工作时，最早开始时间为零； 2. 最早完成时间 = 最早开始时间 + 持续时间
确定网络计划的计算工期	计算工期 T_c = 网络计划的终点节点的最早完成时间，没有要求工期时，$T_p = T_c$
计算相邻两项工作之间的时间间隔	LAG_{i-j} = 紧后工作的最早开始时间 - 本工作的最早完成时间
计算工作的总时差	1. 结束工作的总时差 = 计划工期 - 本工作的最早完成时间； 2. 其他工作的总时差 = min｛紧后工作的总时差 + 本工作与紧后工作时间间隔｝
计算工作的自由时差	1. 若无紧后工作，自由时差 = 计划工期 - 本工作的最早完成时间； 2. 若有紧后工作，自由时差 = 本工作与紧后工作时间间隔的最小值
计算最迟开始时间和最迟完成时间	1. 最迟开始时间 = 总时差 + 本工作最早开始时间； 2. 最迟完成时间 = 总时差 + 本工作最早完成时间
确定关键工作和关键线路	1. 单代号网络计划中，总时差最小的工作是关键工作； 2. 从起点节点开始到终点节点均为关键工作，且所有工作的时间间隔为零的线路为关键线路

◉ 精选真题

1.[2021年真题]某单代号网络计划中，相邻两项工作的部分时间参数如下图（时间单位：天），此两项工作的间隔时间是（　　）天。

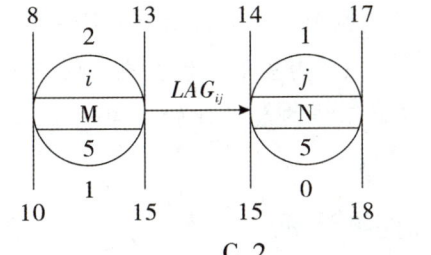

A. 0   B. 1   C. 2   D. 3

2.[2020年真题]某单代号网络图如下图,关于各项工作间逻辑关系的说法,正确的是( )。

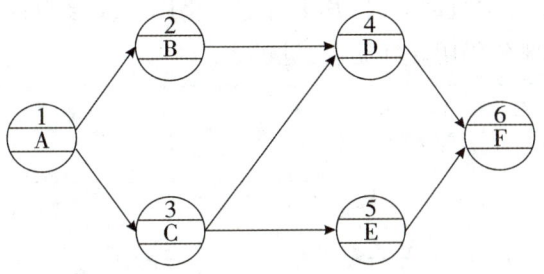

A. E 的紧前工作只有 C
B. A 完成后进行 B、D
C. B 的紧后工作是 D、E
D. C 的紧后工作只有 E

3.[2019年真题]单代号网络计划中,工作 C 的已知时间参数(单位:天)标注如下图所示,则该工作的最迟开始时间、最早完成时间和总时差分别是( )天。

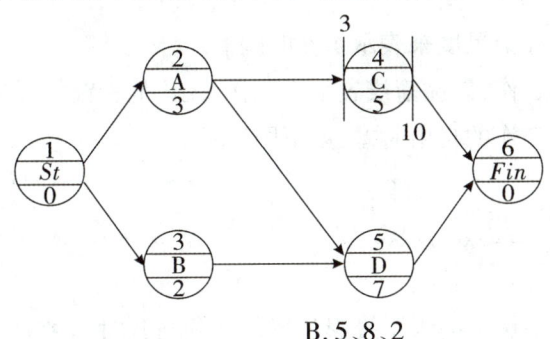

A. 3、10、5   B. 5、8、2
C. 3、8、5   D. 5、10、2

4.[2019年真题]网络计划中工作的自由时差是指该工作( )。

A. 最迟完成时间与最早完成时间的差
B. 所有紧后工作最早开始时间的最小值与本工作最早完成时间的差值
C. 与所有紧后工作间波形线段水平长度和的最小值
D. 与其所有紧后工作自由时差与间隔时间和的最小值
E. 与所有紧后工作间间隔时间的最小值

答案:1. B。时间间隔 = 紧后工作最早开始时间 − 本工作最早完成时间 = 14 − 13 = 1(天)。

2. A。选项 B 错误,工作 A 完成后进行工作 B、C。选项 C 错误,B 的紧后工作只有工作 D。选项 D 错误,C 的紧后工作有工作 D、E。

3. B。最迟开始时间=最迟完成时间-持续时间=10-5=5(天);最早完成时间=最早开始时间+持续时间=3+5=8(天);总时差=最迟完成时间-最早完成时间=10-8=2(天)。

4. BE。自由时差=min{紧后工作的最早开始时间-本工作最早完成时间};自由时差=min{LAG}。

[考点 4] 双代号时标网络计划

(一)基本符号

时标网络计划中的工作用实箭线表示,虚工作仍用虚箭线表示,但只能垂直绘制。当实箭线之后有波形线且其末端有垂直部分时,其垂直部分仍用实线绘制;当虚箭线有波形线且其末端有垂直部分时,其垂直部分仍用虚线绘制,见下表。

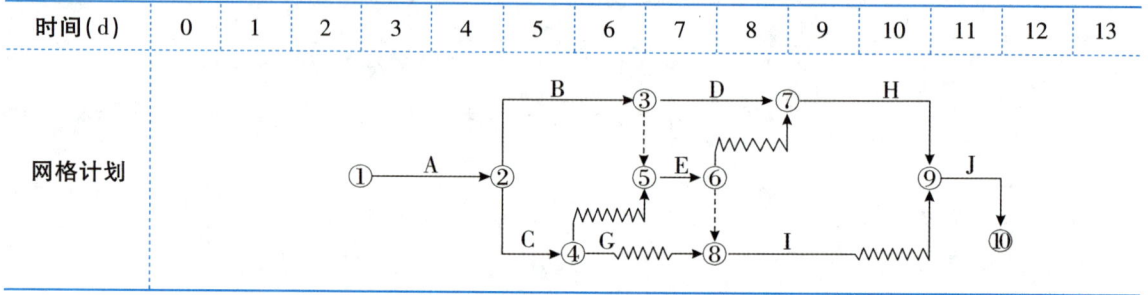

时标网络计划的表示

(二)编制原则

(1)应以水平时间坐标为尺度来表示工作时间。

(2)应以实箭线表示工作,以虚箭线表示虚工作,无论何种箭线,均应在其末端绘出箭头。

(3)应以波形线表示工作的自由时差,如下图所示。

(a)　　　　　　　　(b)

(4)所有符号在时间坐标上的水平投影位置都必须与其时间参数对应。

(三)相关参数的确定

1. 关键线路和工期的确定

自终点节点逆箭线方向朝起点节点逐次进行判定,从终点到起点不出现波形线的线路即为关键线路。在这条线路上,所有工作没有自由时差,没有机动的余地,工作的最早开始时间和最迟开始时间相同,可用粗线、双线或彩色线表示。

时标网络计划的工期是终点节点和起点节点所在位置的时标值之差,也就是终点节点所对应的时间位置。

2. 时间参数的确定

(1)最早开始/最早完成时间:实箭线起点终点。

(2)自由时差:波形线长度。

(3)总时差:所求工作开始至终点的线路上波形线之和的最小值(或本工作开始到最近的关键节点,所有线路上波形线之和最小值)。

(4)总时差 = min(紧后工作总时差 + 本工作自由时差)。

(5)最迟开始时间 = 最早开始时间 + 总时差。

(6)最迟完成时间 = 最早完成时间 + 总时差。

🌐 **精选真题**

[一建·2018年真题]某双代号时标网络计划如下图,工作F、工作H的最迟完成时间分别为( )。

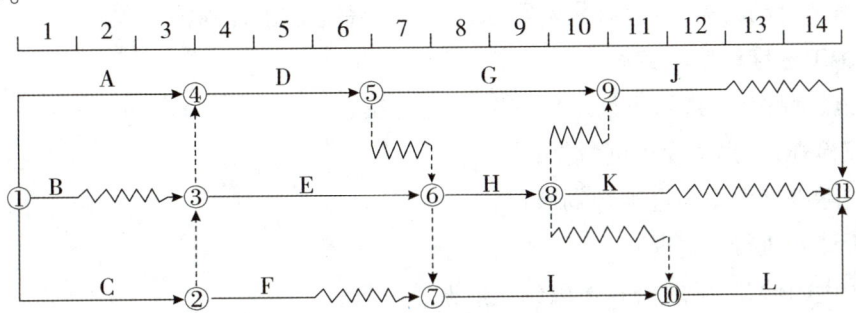

A. 第8天、第11天 B. 第8天、第9天

C. 第7天、第11天 D. 第7天、第9天

答案:C。解题思路如下:

第一步:找出关键线路,用粗实线表示。

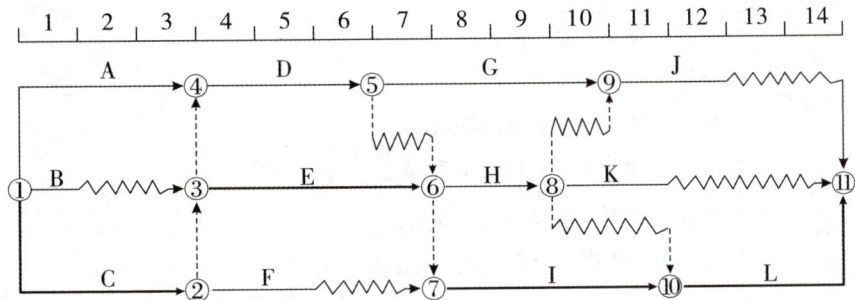

第二步:计算工作F的最迟完成时间。由于⑦是关键节点,不存在机动时间,故工作F的最迟完成时间就是⑦对应的时间,即第7天。

第三步:计算工作H的总时差。由工作H走到关键节点为止,波形线长度之和的最小值即为工作H的总时差。

走法1:⑥→⑧→⑩,波形线长度之和为2天。

走法2:⑥→⑧→⑪,波形线长度之和为3天。

走法3:⑥→⑧→⑨→⑪,波形线长度之和为3天。

故工作H的总时差 $TF_H = 2$ 天。

第四步:由于总时差的公式为 $TF = LF - EF$。可推导得到 $LF = TF + EF$。

故 $LF_H = TF_H + EF_H = 2 + 9 = 11$(天)。

专题 4　施工进度控制的任务和措施

复习提示▷本专题需对于不同进度控制的任务和措施进行区分,防止考试时混淆。

[考点 1]　施工进度控制的任务

1. 编制施工进度计划及相关的资源需求计划

编制深度不同的控制性和直接指导项目施工的进度计划,以及按不同计划周期的计划等。施工方还应编制劳动力需求计划、物资需求计划以及资金需求计划等。

2. 组织施工进度计划的实施

计划实施过程中,应进行下列工作:

(1)跟踪检查,收集实际进度数据;

(2)将实际进度数据与进度计划对比;

(3)分析计划执行的情况;

(4)对产生的偏差,采取措施予以纠正或调整计划;

(5)检查措施的落实情况;

(6)进度计划的变更必须与有关单位和部门及时沟通。

3. 施工进度计划的检查与调整

项目	内容	速记
施工进度计划的检查	1. 检查工程量完成情况; 2. 检查工作时间执行情况; 3. 检查资源使用及进度保证情况; 4. 前一次检查提出问题的整改情况	工程量、时间、资源和进度、整改
编制进度报告	1. 进度计划实施情况的综合描述; 2. 实际工程进度与计划进度的比较; 3. 进度计划在实施过程中存在的问题及其原因分析; 4. 进度执行情况对工程质量、安全和施工成本的影响情况; 5. 将采取的措施; 6. 进度的预测	实施情况、比较、找问题、影响、措施、预测进度
施工进度计划的调整	1. 工程量的调整; 2. 工作(工序)起止时间的调整; 3. 工作关系的调整; 4. 资源提供条件的调整; 5. 必要目标的调整	目标资源关系到时间和工程量

⊕ **精选真题**

1. [2022 年真题]下列施工方进度控制的工作中,首先应进行的工作是(　　)。

A. 编制施工进度计划 B. 进行施工进度计划交底

C. 编制资源需求计划 D. 进行施工进度检查和调整

2.[2020年真题]分析施工进度计划执行的情况,属于施工方进度控制(　　)环节的工作。

A. 优化物资需求计划 B. 编制施工进度计划

C. 组织施工进度计划实施 D. 施工进度计划调整

3.[2021年真题]根据《建设工程项目管理规范》(GB/T 50326—2017),施工进度计划的检查内容有(　　)。

A. 工程量的完成情况 B. 工作时间的执行情况

C. 前次检查提出问题的整改情况 D. 资源消耗的离散程度

E. 工程费用的优化情况

4.[2018年真题]根据建设工程施工进度检查情况编制的进度报告,其内容有(　　)。

A. 进度计划实施过程中存在的问题分析

B. 进度执行情况对质量、安全和施工成本的影响

C. 进度的预测

D. 进度计划的完整性分析

E. 进度计划实施情况的综合描述

答案:1. A。2. C。3. ABC。4. ABCE。

[考点 2] 施工进度控制的措施

施工方进度控制的措施主要包括组织措施、管理措施、经济措施和技术措施,见下表。

措施分类	关键词	具体内容
组织措施	人员、组织体系、分工、流程、审批程序、会议组织设计	1. 设专门的进度控制工作部门; 2. 编制进度控制的工作流程; 3. 确定进度控制的协调机制; 4. 确定有关进度控制会议的组织设计
管理措施	合同、风险、网络计划、管理措施、信息技术	1. 管理的思想、方法与手段; 2. 用工程网络计划的方法编制进度计划; 3. 发承包模式应选择合理的合同结构; 4. 采取风险管理措施,减少进度失控的风险量; 5. 重视信息技术在进度控制中的应用
经济措施	资金、资源、激励	1. 编制与进度计划相适应的资源需求计划; 2. 若资源条件不具备,则应调整进度计划; 3. 资金供应条件包括可能的资金总供应量、资金来源以及资金供应的时间; 4. 实现进度目标要采取的经济激励措施所需要的费用

(续表)

措施分类	关键词	具体内容
技术措施	设计、施工方案、施工组织设计	1. 涉及有利的设计技术和施工技术的选用； 2. 在工程进度受阻时，应分析是否存在设计技术的影响因素，为实现进度目标有无设计变更的可能性；分析是否存在施工技术的影响因素，为实现进度目标有无改变施工技术、施工方法和施工机械的可能性

[总结] 动态控制、成本控制与进度控制的措施对比见下表。

措施对比	动态控制	成本控制	进度控制
组织措施（一般不额外增加费用）	组织论/人/分工/流程	组织论/人/分工/流程/编制成本控制计划/加强定额和任务单管理/施工调度	组织论/人/部门/分工/流程/会议的组织设计
管理（合同）措施	合同/风险	合同/风险/索赔	合同/风险/网络计划/发承包模式/信息技术/观念
经济措施	资金/资源/激励（奖罚）	资金/资源/激励/签证/成本风险分析/工程款支付	资金/资源/激励（奖罚）
技术措施	换机/换料/换设计/换施工方法/施工工艺/施工方案/施工组织设计	换机/换料/换设计/换施工方法/施工工艺/施工方案/施工组织设计/技术经济分析	换机/换料/换设计/换施工方法/施工工艺/施工机械/施工方案/施工组织设计

🌐 精选真题

1.[2020年真题]下列施工进度控制措施中，属于组织措施的是(　　)。

　　A.选择适合进度目标的合同结构　　B.编制进度控制的工作流程

　　C.编制资金使用计划　　D.编制和论证施工方案

2.[2019年真题]根据《建设工程项目管理规范》(GB/T 50326—2017)，进度控制的工作包括：①编制施工进度计划及相关的资源需求计划；②采取措施予以纠正或调整计划；③分析计划执行的情况；④收集实际进度数据。其正确的顺序是(　　)。

　　A.④→②→③→①　　B.②→①→③→④

　　C.③→①→④→②　　D.①→④→③→②

3.[2018年真题]下列建设工程施工方进度控制的措施中，属于技术措施的是(　　)。

　　A.重视信息技术在进度控制中的应用

　　B.采用网络计划方法编制进度计划

C. 分析工程设计变更的必要性和可能性

D. 编制与进度相适应的资源需求计划

4. [2021年真题]下列施工方进度控制的措施中,属于管理措施的有( )。

A. 推广采用工程网络计划技术　　B. 健全进度控制管理的组织体系

C. 制定并落实加快进度的经济激励政策　　D. 选择合理的工程合同结构

E. 重视信息技术在进度控制中的应用

答案: 1. B。选项 A 属于管理措施。选项 C 属于经济措施。选项 D 属于技术措施。

2. D。

3. C。选项 AB 属于管理措施。选项 D 属于经济措施。

4. ADE。选项 B 属于组织措施。选项 C 属于经济措施。

强化练习

一、单项选择题

1. 建设工程项目的总进度目标指的是整个项目的进度目标,它是在( )阶段确定的。

   A. 项目预测　　B. 项目决策

   C. 项目计划　　D. 项目实施

2. 业主方进度控制的任务是控制整个项目( )。

   A. 前期工作进度　　B. 设计阶段进度

   C. 建设管理进度　　D. 实施阶段进度

3. 施工企业的施工生产计划与建设工程项目施工进度计划的关系是( )。

   A. 施工生产计划是项目施工进度计划的集合

   B. 属同一个计划系统,但范围不同

   C. 属两个不同系统的计划,但两者紧密相关

   D. 属两个不同系统的计划,两者之间没有关系

4. 建设工程项目的控制性施工进度计划是指( )。

   A. 月度施工计划和旬施工作业计划

   B. 季度施工计划和月度施工计划

   C. 单位工程施工计划和月度施工计划

   D. 施工总进度规划或施工总进度计划

5. 下列进度计划中,可直接用于组织施工作业的计划是( )。

   A. 施工企业的旬生产计划

   B. 建设工程项目施工的月度施工计划

   C. 施工企业的月度生产计划

   D. 建设工程项目施工的季度施工计划

6. 下列关于横道图进度计划法特点的说法,正确的是( )。

   A. 工序(工作)之间的逻辑关系表达清楚

   B. 适用于手工编制进度计划

   C. 可以适应大的进度计划系统

   D. 能够直观确定计划的关键工作、关键线路与时差

7. 在双代号网络图中,虚工作( )。

   A. 既不占用时间,也不消耗资源

   B. 只占用时间,不消耗资源

   C. 既占用时间,又消耗资源

   D. 只占用资源,不消耗时间

8. 双代号网络计划中的关键线路是指( )。

   A. 总时差为零的线路

   B. 总的工作持续时间最短的线路

C. 一经确定,不会发生转移的线路

D. 自始至终全部由关键工作组成的线路

9. 在不影响其紧后工作最早开始的前提下,工作可以利用的机动时间是(   )。

   A. 最早开始时间 B. 最早完成时间
   C. 总时差   D. 自由时差

10. 某工程施工网络计划经工程师批准后实施。已知工作A有5天的自由时差和8天的总时差,由于第三方原因,工作A的实际完成时间比原计划延长了12天。在无其他干扰的情况下,其紧后工作的最早开始时间将推迟(   )天。

    A. 3   B. 4
    C. 7   D. 12

11. 根据双代号网络图绘图规则,下列网络图中的绘图错误有(   )处。

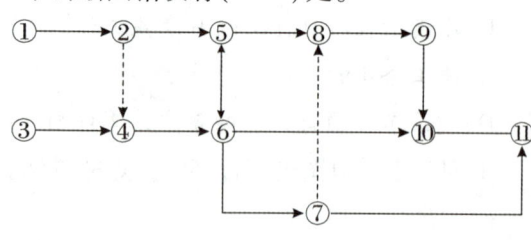

    A. 5   B. 4
    C. 3   D. 2

12. 下列施工进度控制措施中,属于管理措施的是(   )。

    A. 编制进度控制工作流程
    B. 重视信息技术的应用
    C. 优选施工方案
    D. 进行进度控制的会议组织设计

13. 下列施工进度控制措施中,属于经济措施的是(   )。

    A. 设专门的进度控制工作部门
    B. 重视信息技术的应用
    C. 为实现施工进度而采取的经济激励措施

D. 确定进度控制的协调机制

14. 关于建设工程项目进度计划系统的说法,正确的是(   )。

    A. 由不同周期分类的进度计划系统的内部关系为联系与协调
    B. 为协调项目各参与方的进度,一个项目的进度计划系统应只有1个
    C. 由不同深度构成的进度计划系统包括总进度计划、项目子系统进度计划和子系统中的单项工程进度计划
    D. 进度控制是一个静态的管理过程

15. 某市拟新建一大型会展中心,项目建设单位组织有关专家对该项目的总进度目标进行论证,在调查研究和收集资料后,紧接着应进行的工作是(   )。

    A. 进行进度计划系统结构分析
    B. 进行项目结构分析
    C. 编制各级进度计划
    D. 确定工作编码

16. 大型建设工程项目总进度目标论证的核心工作是(   )。

    A. 明确进度控制的措施
    B. 分析影响施工进度目标实现的主要因素
    C. 通过编制总进度纲要论证总进度目标实现的可能性
    D. 编制各层(各级)进度计划

17. 建设工程项目进度控制的过程包括:①收集资料和调查研究;②进度计划的跟踪检查;③编制进度计划;④根据进度偏差情况纠偏或调整进度计划。其正确的工作步骤是(   )。

    A. ①→③→②→④
    B. ①→②→③→④
    C. ①→③→④→②

D.③→①→②→④

18. 下列建设工程项目进度控制工作中,属于施工方进度控制任务的是( )。
   A. 部署项目动用准备工作进度
   B. 协商设计、招标的工作进度
   C. 编制项目施工的工作计划
   D. 编制供货进度计划

19. 下列关于施工进度计划的类型,说法错误的是( )。
   A. 施工方所编制的与施工进度有关的计划只包括施工企业的施工生产计划
   B. 建设工程项目施工进度计划,属工程项目管理的范畴
   C. 施工企业的施工生产计划,属企业计划的范畴
   D. 施工企业的施工生产计划与建设工程项目施工进度计划虽属两个不同系统的计划,但是两者是紧密相关的

20. 某项目双代号网络计划如下图(时间单位:天)所示,该网络计划的计算工期是( )天。

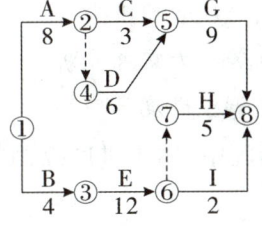

   A. 23   B. 18
   C. 20   D. 21

21. 某网络计划中,工作 M 的最早完成时间为第 8 天,最迟完成时间为第 13 天,工作的持续时间为 4 天,与所有紧后工作的间隔时间最小值为 2 天。则该工作的自由时差为( )天。
   A. 2   B. 3
   C. 4   D. 5

22. 某工程的单代号网络计划如下图所示(时间单位:天),该计划的计算工期为( )天。

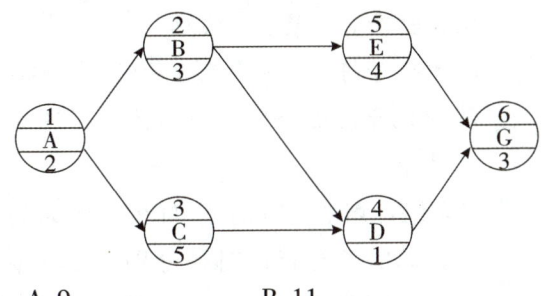

   A. 9   B. 11
   C. 12   D. 15

23. 在网络计划中,关键工作是指( )。
   A. 总时差最小的工作
   B. 自由时差最小的工作
   C. 时标网络计划中无波形线的工作
   D. 持续时间最长的工作

24. 某工程双代号网络计划如下图所示,其计算工期是( )天。

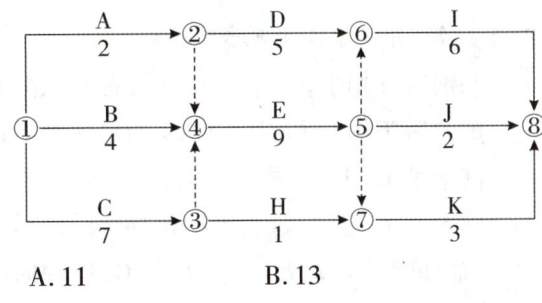

   A. 11   B. 13
   C. 15   D. 22

25. 在工程网络计划中,关键工作是指( )的工作。
   A. 双代号时标网络计划中箭线上无波形线
   B. 与其紧后工作之间时间间隔为零
   C. 最早开始时间与最迟开始时间相差最小
   D. 双代号网络计划中两端节点均为关键节点

26. 关于网络计划关键线路的说法,正确的有( )。

A. 单代号网络计划中由关键工作组成的线路
B. 总持续时间最长的线路
C. 双代号网络计划中无虚箭线的线路
D. 双代号网络计划中由关键节点连成的线路

27. 某网络计划中,已知工作 M 的持续时间为 6 天,总时差和自由时差分别为 3 天和 1 天,检查中发现该工作实际持续时间为 9 天,则其对工程的影响是( )。
A. 既不影响总工期,也不影响其紧后工作的正常进行
B. 不影响总工期,但是其紧后工作的最早开始时间推迟 2 天
C. 使其紧后工作的最迟开始时间推迟 3 天,并使总工期延长 1 天
D. 使其紧后工作的最早开始时间推迟 1 天,并使总工期延长 3 天

28. 某网络计划中,工作 F 有且仅有两项并行的紧后工作 G 和 H,工作 G 的最迟开始时间为第 12 天,最早开始时间为第 8 天,工作 H 的最迟完成时间为第 14 天,最早完成时间为第 12 天,工作 F 与 G、H 的时间间隔分别为 4 天和 5 天,则工作 F 的总时差为( )天。
A. 4 B. 5
C. 8 D. 7

29. 某双代号网络计划中,工作 K 的最早开始时间为 6 天,工作持续时间为 4 天;工作 M 的最迟完成时间为 22 天,工作持续时间为 10 天;工作 N 的最迟完成时间为 20 天,工作持续时间为 5 天。已知工作 K 只有 M、N 两项紧后工作,工作 K 的总时差为( )天。
A. 2 B. 3
C. 5 D. 6

30. 施工进度控制的主要工作环节包括:①编制资源需求计划;②编制施工进度计划;③组织进度计划的实施;④施工进度计划的检查与调整。其正确的工作程序是( )。
A. ①→②→③→④
B. ②→①→④→③
C. ②→①→③→④
D. ①→③→②→④

31. 下列建设工程项目进度控制的措施中,属于经济措施的是( )。
A. 进行进度控制会议组织设计
B. 编制与进度计划相适应的资源需求计划
C. 分析设计方案对工程进度的影响,优化设计方案
D. 分析影响工程进度的风险,减少进度失控的风险量

32. 下列施工进度控制工作中,施工进度计划实施前应完成的工作是( )。
A. 检查工程量的完成情况
B. 编制进度管理报告
C. 编制劳动力需求计划
D. 沟通调整进度计划

33. 下列措施中,属于进度控制的组织措施的是( )。
A. 进度控制会议的组织设计
B. 利用网络方法编制工程进度计划
C. 发承包模式的选择
D. 更换施工机械

34. 对于采用建设项目总承包模式的建设工程,项目总进度目标的控制是( )项目管理的任务。
A. 业主方 B. 总承包方
C. 设计方 D. 监理方

35. 已知某建设工程网络计划中A工作的自由时差为5天,总时差为7天。监理工程师在检查施工进度时发现只有该工作实际进度拖延,且影响总工期3天,则该工作实际进度比计划进度拖延( )天。
    A. 3   B. 5
    C. 8   D. 10

36. 工程网络计划执行过程中,如果某项工作实际进度拖延的时间超过其自由时差,则该工作( )。
    A. 必定影响其紧后工作的最早开始
    B. 必定变为关键工作
    C. 必定导致其后工作的完成时间推迟
    D. 必定影响工程总工期

37. 下列网络计划中,工作E最迟开始的时间是( )。

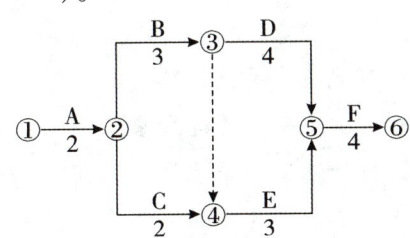

    A. 4   B. 5
    C. 6   D. 7

38. 某单代号网络计划如下图所示(时间单位:天),工作C的最迟开始时间是( )天。

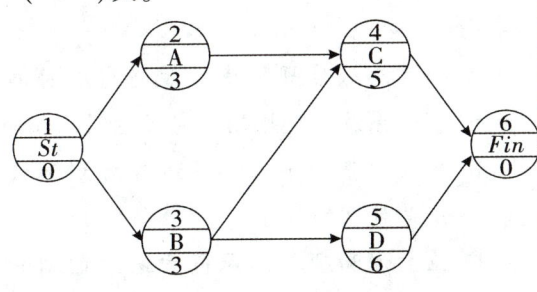

    A. 0   B. 1
    C. 3   D. 4

二、多项选择题

1. 项目进度计划,按不同深度构成的计划系统包括( )等。
   A. 总进度规划
   B. 实施性进度计划
   C. 项目子系统进度规划
   D. 控制性进度规划
   E. 项目子系统中的单项工程进度计划

2. 关于建设工程项目进度控制的说法,正确的是( )。
   A. 各参与方都有进度控制的任务
   B. 各参与方进度控制的目标和时间范畴相同
   C. 项目实施过程中不允许调整进度计划
   D. 进度控制是一个动态的管理过程
   E. 进度目标的分析论证是进度控制的一个环节

3. 建设工程项目实施性施工计划的主要作用有( )。
   A. 确定施工作业的具体安排
   B. 确定月度的人、机、料需求
   C. 确定控制性进度计划的关键指标
   D. 确定里程碑计划节点
   E. 确定一个旬的资金需求

4. 某分部工程双代号网络计划如下图所示,其中关键工作有( )。

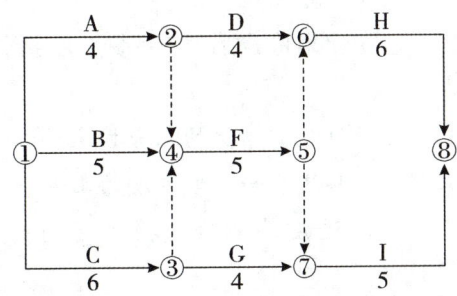

   A. 工作B   B. 工作C
   C. 工作F   D. 工作D
   E. 工作H

5. 某工程双代号网络计划如图所示,工作 B 的后续工作有( )。

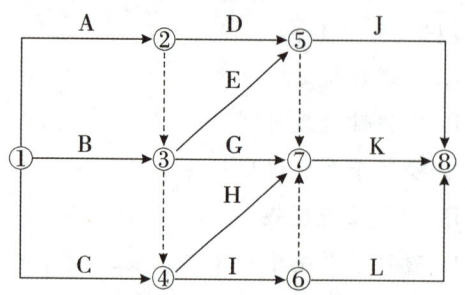

A. 工作 D
B. 工作 E
C. 工作 J
D. 工作 H
E. 工作 I

6. 下列关于工程项目进度网络图绘制的说法,正确的有( )。

A. 单代号网络图中可以有多个起点节点
B. 双代号网络图中应只有一个起点节点和一个终点节点(多目标网络计划除外)
C. 双代号网络图中节点的编号必须连续
D. 单代号网络图中的节点可以用圆圈或矩形表示
E. 网络图中所有节点都必须有编号

7. 施工进度计划的调整包括( )。

A. 调整工程量
B. 调整工作起止时间
C. 调整工作关系
D. 调整项目质量标准
E. 调整工程计划造价

8. 施工进度计划检查后,应编制进度报告,其内容有( )。

A. 进度计划实施情况的综合描述
B. 实际工程进度与计划进度的比较
C. 前一次进度计划检查提出问题的整改情况
D. 进度计划在实施过程中存在的问题及其原因分析
E. 进度的预测

9. 建设工程项目总进度目标论证时,在进行项目的工作编码前应完成的工作有( )。

A. 编制各层进度计划
B. 协调各层进度计划的关系
C. 调查研究和收集资料
D. 进度计划系统的结构分析
E. 项目结构分析

10. 下列施工方进度控制的措施中,属于管理措施的有( )。

A. 构建施工监督控制的组织体系
B. 用工程网络计划技术进行进度管理
C. 选择合理的合同结构
D. 采取进度风险的管理措施
E. 编制与施工进度相适应的资源需求计划

11. 关于双代号网络计划的说法,正确的有( )。

A. 可能没有关键线路
B. 至少有一条关键线路
C. 当计划工期等于计算工期时,关键工作为总时差为零的工作
D. 在网络计划执行过程中,关键线路不能转移
E. 由关键节点组成的线路就是关键线路

12. 关于建设工程项目进度计划系统中各进度计划间相互关系的说法,正确的有( )。

A. 项目总进度规划中的最终完成时间和各子系统进度规划的完成时间应相同
B. 应注意整个项目实施进度计划和设备采购计划的联系
C. 业主方和项目总承包方进度控制的目标不相同
D. 总进度计划和单项工程进度计划之间有关联

E. 业主方和项目总承包方进度控制的时间范围相同

13. 关于建设工程项目进度计划系统的说法,正确的有( )。
   A. 项目进度计划系统是项目进度控制的依据
   B. 项目进度计划系统在项目实施前应建立并完善
   C. 项目各参与方可以编制多个不同的进度计划系统
   D. 项目进度计划系统中各计划应注意联系与协调
   E. 项目进度计划系统可以由多个不同周期的进度计划组成

14. 在项目的实施阶段,项目总进度应包括( )。
   A. 可行性研究报告编制进度
   B. 设计工作进度
   C. 招标工作进度
   D. 物资采购工作进度
   E. 设备安装工作进度

15. 关于实施性施工进度计划作用的说法,正确的有( )。
   A. 确定一个月度的资源需求
   B. 确定施工作业的具体安排
   C. 作为编制单位工程施工进度计划的依据
   D. 论证施工总进度目标
   E. 确定里程碑事件的进度目标

16. 下列施工进度控制措施中,属于组织措施的有( )。
   A. 组织进度计划的动态调整
   B. 编制劳动力需求计划
   C. 编制进度控制管理职能分工表
   D. 进行进度控制会议组织设计

E. 选择合适的发承包模式

17. 关于施工进度计划类型的说法,正确的是( )。
   A. 单体工程施工进度计划属于企业范畴
   B. 控制性和指导性施工进度计划属于不同功能的进度计划
   C. 施工企业的施工生产计划和工程项目进度计划都与施工进度有关
   D. 施工企业的施工生产计划和工程项目进度计划是相同系统的计划
   E. 施工企业的生产计划编制需要往复多次的协调过程

18. 某双代号网络计划如下图所示,图中存在的绘图错误有( )。

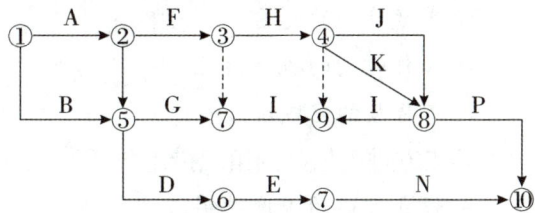

   A. 多个终点节点   B. 节点编号重复
   C. 工作名称重复   D. 循环回路
   E. 多个起点节点

19. 在双代号网络图中,虚箭线的作用有( )。
   A. 指向   B. 联系
   C. 区分   D. 过桥
   E. 断路

20. 工程网络计划中,当计划工期等于计算工期时,关键线路是指( )的线路。
   A. 时标网络计划中没有波形线
   B. 双代号网络计划中没有虚箭线
   C. 单代号网络计划中各关键工作之间的时间间隔均为零
   D. 单代号网络计划中各工作自由时差为零

E. 双代号网络计划中线路长度最长

21. 下列关于双代号网络计划绘图规则的说法,正确的有(　　)。
   A. 网络图必须正确表达各工作间的逻辑关系
   B. 网络图中可以出现循环回路
   C. 网络图中一个节点只有一条箭线引出
   D. 网络图中严禁出现没有箭头节点或没有箭尾节点的箭线
   E. 网络计划只有一个起点节点和一个终点节点

22. 施工进度计划检查的内容包括(　　)。
   A. 资源使用及进度保证的情况
   B. 前一次检查提出问题的整改情况
   C. 进度计划的变更
   D. 工作时间的执行情况
   E. 工程量的完成情况

23. 施工方进度控制的组织措施包括(　　)。
   A. 设立专门的进度控制工作部门
   B. 编制施工进度控制的工作流程
   C. 编制进度控制的管理职能分工表
   D. 编制劳动力需求计划
   E. 重视信息技术在进度控制中的应用

24. 下列建设工程项目进度控制的措施中,属于管理措施的有(　　)。
   A. 采用工程网络计划实现进度控制科学化
   B. 构建施工进度控制的组织体系
   C. 选择合理的工程物资采购模式
   D. 制定并落实加快进度的经济激励政策
   E. 选择合适的施工发承包方式

25. 下列施工方进度控制的措施中,属于技术措施的有(　　)。
   A. 确定进度控制的工作流程
   B. 优化施工方案
   C. 选择合适的施工发承包方式
   D. 选择合理的合同结构
   E. 分析工程设计变更的必要性和可能性

参考答案及解析

一、单项选择题

1. B [解析]建设工程项目的总进度目标指的是整个项目的进度目标,是在项目决策阶段项目定义时确定的。故选B。

2. D [解析]业主方进度控制的任务是控制整个项目实施阶段进度。故选D。

3. C [解析]施工企业的施工生产计划与建设工程项目施工进度计划虽属两个不同系统的计划,但是两者是紧密相关的。前者针对整个企业,而后者则针对一个具体工程项目,计划的编制有一个自下而上和自上而下的往复多次的协调过程。故选C。

4. D [解析]一般而言,一个工程项目的施工总进度规划或施工总进度计划是工程项目的控制性施工进度计划。故选D。

5. B [解析]项目施工的月度施工计划和旬施工作业计划是用于直接组织施工作业的计划,它是实施性施工进度计划。故选B。

6. B [解析]横道图进度计划法表达方式较直观,人们易看懂计划编制的意图。其缺点包括:①工序(工作)之间的逻辑关系可以设法表达,但不易表达清楚;②适用于手工编制计划;③没有通过严谨的进度计划时间参数计算,不能确定计划的关键工作、关键线路与时差;④计划调整只能用手工方式进行,其工作量较大;⑤难以适应较大的进度计划系统。故选B。

7. A [解析] 在双代号网络图中,虚工作是实际工作中并不存在的一项虚设工作,既不占用时间,也不消耗资源。故选A。

8. D [解析] 在双代号网络计划图中,自始至终全部由关键工作组成的线路为关键线路,或线路上总的工作持续时间最长的线路为关键线路。故选D。

9. D [解析] 自由时差是指在不影响其紧后工作最早开始时间的前提下,本工作可以利用的机动时间。故选D。

10. C [解析] 自由时差是指在不影响其紧后工作最早开始时间的前提下,本工作可以利用的机动时间。本题中其紧后工作的最早开始时间推迟天数为12-5=7(天)。故选C。

11. B [解析] 错误之处有:①是有多个开始节点;②是有双向箭线;③是有"没有箭头"的箭线;④是有交叉,应采用过桥法或指向法。故选B。

12. B [解析] 施工方进度控制的管理措施包括:①管理的思想、方法与手段;②用工程网络计划的方法编制进度计划;③发承包模式应选择合理的合同结构;④采取风险管理措施,减少进度失控的风险量;⑤应重视信息技术在进度控制中的应用。选项AD属于组织措施。选项C属于技术措施。故选B。

13. C [解析] 选项AD属于组织措施。选项B属于管理措施。故选C。

14. C [解析] 选项A错误,由不同深度、不同功能与不同项目参与方分类的进度计划系统的内部关系为联系与协调。选项B错误,由于项目进度控制不同的需要和不同的用途,业主方和项目各参与方可以编制

多个不同的建设工程项目进度计划系统。选项D错误,建设项目是在动态条件下实施的,进度控制也就必须是一个动态的管理过程。故选C。

15. B [解析] 建设工程项目总进度目标论证的工作步骤是:调查研究和收集资料→进行项目结构分析→进行进度计划系统的结构分析→确定项目的工作编码→编制各层(各级)进度计划→协调各层进度计划的关系和编制总进度计划→若编制的总进度计划不符合项目的进度目标,则设法调整→若经过多次调整,进度目标无法实现,则报告项目决策者。故选B。

16. C [解析] 大型建设工程项目总进度目标论证的核心工作是通过编制总进度纲要论证总进度目标实现的可能性。故选C。

17. A [解析] 进度控制是一个动态的管理过程,包括:①进度目标的分析和论证,其目的是论证进度目标是否合理,进度目标是否可能实现;②收集资料和调查研究的基础上编制进度计划;③定期跟踪检查所编制的进度计划执行情况,若其执行有偏差,则采取纠偏措施,并视必要调整进度计划。故选A。

18. C [解析] 施工方应视项目的特点和施工进度控制的需要,编制深度不同的控制性和直接指导项目施工的进度计划。故选C。

19. A [解析] 施工方所编制的与施工进度有关的计划包括施工企业的施工生产计划和建设工程项目施工进度计划。故选A。

20. A [解析] ①→②→④→⑤→⑧线路最长,则计算工期是23天。故选A。

21. A [解析] 工作M与所有的紧后工作的间隔时间最小值为2天,所以自由时差为2天。故选A。

22. C [解析]找所有线路中工期最长的一条,即 A→B→E→G,其工期是12天。故选C。

23. A [解析]关键工作指的是网络计划中总时差最小的工作。当计划工期等于计算工期时,总时差为零的工作就是关键工作。故选A。

24. D [解析]线路上总的工作持续时间最长的线路为关键线路。其关键线路为①→③→④→⑤→⑥→⑧,工期为 7+9+6=22(天)。故选D。

25. C [解析]选项C正确,在双代号网络计划中,工作的总时差等于其最迟开始时间减去最早开始时间,或等于最迟完成时间减去最早完成时间,而关键工作是总时差最小的工作。故选C。

26. B [解析]选项A错误,全部由关键工作组成的线路,且关键工作之间的时间间隔全部为零则为关键线路。选项C错误,双代号网络计划中总的工作持续时间最长的线路是关键线路。选项D错误,双代号网络计划中全部由关键工作组成的线路是关键线路。故选B。

27. B [解析]实际进度比计划进度拖后3天,不影响总工期,但是其紧后工作的最早开始时间推迟2天。故选B。

28. D [解析]总时差 = min(紧后工作的总时差 + 本工作与该紧后工作之间的时间间隔)。工作 F 的总时差 = min(4+4,2+5) =7(天)。故选D。

29. A [解析]工作 K 的总时差等于最迟完成时间减去最早完成时间,工作 K 的最早完成时间等于 6+4=10(天)。工作 M 的最迟开始时间为 22-10=12(天),工作 N 的最迟开始时间为 20-5=15(天),故工作 K 的最迟完成时间为 12 天。故工作 K 的总时差为 12-10=2(天)。故选A。

30. C [解析]施工方进度控制的主要工作环节包括:①编制施工进度计划及相关的资源需求计划;②组织施工进度计划的实施;③施工进度计划的检查与调整。故选C。

31. B [解析]选项A属于组织措施。选项C属于技术措施。选项D属于管理措施。故选B。

32. C [解析]为确保施工进度计划能得以实施,施工方还应编制劳动力需求计划、物资需求计划以及资金需求计划等。故选C。

33. A [解析]选项BC属于管理措施。选项D属于技术措施。故选A。

34. A [解析]建设工程项目总进度目标的控制是业主方项目管理的任务。若采用建设项目总承包的模式,协助业主进行项目总进度目标的控制也是建设项目总承包方项目管理的任务。故选A。

35. D [解析]影响总工期3天,也就是工作拖延不但超过了总时差,而且超过了总时差3天。所以,拖延的时间 = 7+3=10(天)。故选D。

36. A [解析]自由时差(FF),是指在不影响其紧后工作最早开始的前提下,该工作可以利用的机动时间。故选A。

37. C [解析]第一步先计算总工期,总工期为13;工作 E 的最迟开始时间 = 本工作的最迟完成时间 - 本工作的持续时间。工作 E 的最迟完成时间 = 紧后工作的最迟开始时间的最小值。E 的紧后工作只有F,工作 F 的最迟开始时间 = 13-4=9。则工作 E 的最迟开始时间 =9-3=6。故选C。

38. D [解析]把单代号网络计划视为双代号网络计划计算。第一步计算总工期,总工期为9天。C 工作的最迟开始时间 = 本工作的最迟完成时间 - 本工作持续时间;本工作的最迟完成时间=紧后工作的最迟开始时间的最小值。紧后工作的最迟开始时间=9-0=9(天)。则C工作的最迟开始时间=9-5=4(天)。故选D。

二、多项选择题

1. ACE [解析]由不同深度的计划构成的进度计划系统包括总进度规划、项目子系统进度规划、项目子系统中的单项工程进度计划等。选项BD错误,由不同功能的计划构成的进度计划系统包括控制性进度规划、指导性进度规划、实施性(操作性)进度计划等。故选ACE。

2. ADE [解析]选项B错误,各参与方进度控制的目标和时间范畴是不相同的。选项C错误,项目实施过程进度计划是根据实际情况进行调整的过程。故选ADE。

3. ABE [解析]实施性施工进度计划的主要作用有:①确定施工作业的具体安排;②确定一个月度或旬的人工需求;③确定一个月度或旬的施工机械的需求;④确定一个月度或旬的建筑材料的需求;⑤确定一个月度或旬的资金的需求。故选ABE。

4. BCE [解析]采用工作计算法可知,计算工期为17,网络图的关键线路为①→③→④→⑤→⑥→⑧,关键线路上的工作称为关键工作。故选BCE。

5. BCDE [解析]工作B的后续工作就是工作B所在的线路中,工作B后面进行的工作。故选BCDE。

6. BDE [解析]选项A错误,单代号网络图中只应有一个起点节点和一个终点节点。选项C错误,双代号网络图中节点必须编号,号码可间断,但严禁重复,箭尾节点编号应小于箭头节点编号。故选BDE。

7. ABC [解析]施工进度计划调整的内容:①工程量的调整;②工作(工序)起止时间的调整;③工作关系的调整;④资源提供条件的调整;⑤必要目标的调整。故选ABC。

8. ABDE [解析]施工进度计划检查后,编制的进度报告内容除选项ABDE外,还包括:进度执行情况对工程质量、安全和施工成本的影响情况;将采取的措施。选项C属于施工进度计划检查的内容。故选ABDE。

9. CDE [解析]建设工程项目总进度目标论证的工作步骤如下:①调查研究和收集资料;②进行项目结构分析;③进行进度计划系统的结构分析;④确定项目的工作编码;⑤编制各层(各级)进度计划;⑥协调各层进度计划的关系和编制总进度计划;⑦若所编制的总进度计划不符合项目的进度目标,设法调整;⑧若经过多次调整,进度目标无法实现,报告项目决策者。故选CDE。

10. BCD [解析]管理措施包括:①管理的思想、方法与手段;②用工程网络计划的方法编制进度计划;③发承包模式应选择合理的合同结构;④采取风险管理措施,减少进度失控的风险量;⑤重视信息技术在进度控制中的应用。故选BCD。

11. BC [解析]选项A错误,双代号网络计划一定至少有一条关键线路。选项D错误,在网络计划执行过程中,关键线路可以变化转移。选项E错误,关键节点组成的线路不一定是关键线路。故选BC。

12. BCD [解析]选项AE错误,代表不同方利益的项目管理(业主方和项目参与各方)都有进度控制的任务,但是,其控制的目标和时间范畴是不相同的。故选BCD。

13. ACDE [解析]选项B错误,由于各种进度计划编制所需要的必要资料是在项目进展过程中逐步形成的,因此项目进度计划系统的建立和完善也有一个过程,它也是逐步完善的。故选 ACDE。

14. BCDE [解析]可行性研究报告的编制属于决策阶段的工作。在项目的实施阶段,项目总进度应包括:①设计前准备阶段的工作进度;②设计工作进度;③招标工作进度;④施工前准备工作进度;⑤工程施工和设备安装工作进度;⑥工程物资采购工作进度;⑦项目动用前的准备工作进度等。故选 BCDE。

15. AB [解析]实施性进度计划的主要作用是确定施工作业的具体安排和月度、旬的各类资源需求。故选 AB。

16. CD [解析]组织措施:①设专门的进度控制工作部门;②编制施工进度控制的工作流程;③确定进度控制的协调机制;④确定有关进度控制会议的组织设计。故选 CD。

17. BCE [解析]选项 A 错误,单体工程施工进度计划为工程项目施工进度计划,属工程项目管理的范畴。选项 D 错误,施工企业的施工生产计划与建设工程项目施工进度计划属于两个不同系统的计划。故选 BCE。

18. ABC [解析]图中存在多个终点节点⑨⑩;节点编号重复,两个⑦节点;有两个工作Ⅰ。故选 ABC。

19. BCE [解析]虚箭线三项作用:联系作用、区分作用和断路作用。故选 BCE。

20. ACE [解析]选项 B 错误,双代号网络计划中没有虚箭线,只是表示没有虚工作。选项 D 错误,单代号网络计划中各工作自由时差为零,并不一定各工作的总时差为零。故选 ACE。

21. ADE [解析]双代号网络计划的绘图规则包括:①双代号网络图必须正确表达已定的逻辑关系。②双代号网络图中,严禁出现循环回路。③双代号网络图中,在节点之间严禁出现带双向箭头或无箭头的连线。④双代号网络图中,严禁出现没有箭头节点或没有箭尾节点的箭线。⑤当双代号网络图的某些节点有多条外向箭线或多条内向箭线时,为使图形简洁,可使用母线法绘制(但应满足一项工作用一条箭线和相应的一对节点表示)。⑥绘制网络图时,箭线不宜交叉。当交叉不可避免时,可用过桥法或指向法。⑦双代号网络图中应只有一个起点节点和一个终点节点,而其他所有节点均应是中间节点。⑧双代号网络图应条理清楚,布局合理。故选 ADE。

22. ABDE [解析]施工进度计划的检查应按统计周期的规定定期进行,并应根据需要进行不定期的检查。施工进度计划检查的内容包括:①检查工程量的完成情况;②检查工作时间的执行情况;③检查资源使用及与进度保证的情况;④前一次进度计划检查提出问题的整改情况。选项 C 属于进度计划实施过程中应做的工作。故选 ABDE。

23. ABC [解析]选项 D 属于经济措施。选项 E 属于管理措施。故选 ABC。

24. ACE [解析]选项 B 属于组织措施。选项 D 属于经济措施。故选 ACE。

25. BE [解析]选项 A 属于施工方进度控制的组织措施。选项 CD 属于施工方进度控制的管理措施。故选 BE。

第 4 章 施工质量管理

考情分析

本章属于重点章节,质量控制是"三控"之一。本部分内容烦琐、抽象,记忆难度比较大,比如,施工质量控制的内容和方法的内容较多,知识点比较琐碎。在近4年考试中年均考19分。在学习时应先搭接学习框架、建立学习思路,采取对比记忆等方法进行学习。

扫码领取本章视频课程

近4年考试真题分值统计表 （单位:分）

序号	专题名	2022 单选	2022 多选	2021(2) 单选	2021(2) 多选	2021(1) 单选	2021(1) 多选	2020 单选	2020 多选	2019 单选	2019 多选
1	施工质量管理与施工质量控制	2	2	1	2	2	2	2	2	2	2
2	施工质量管理体系	2	2	3	2	2	2	3	2	2	2
3	施工质量控制的内容和方法	4	4	5	—	5	—	3	—	4	—
4	施工质量事故预防与处理	3	—	2	2	2	2	2	2	2	2
5	建设行政管理部门对施工质量的监督管理	1	—	2	2	2	2	2	2	2	2
	合计	12	8	13	8	13	8	12	8	12	8

思维导图

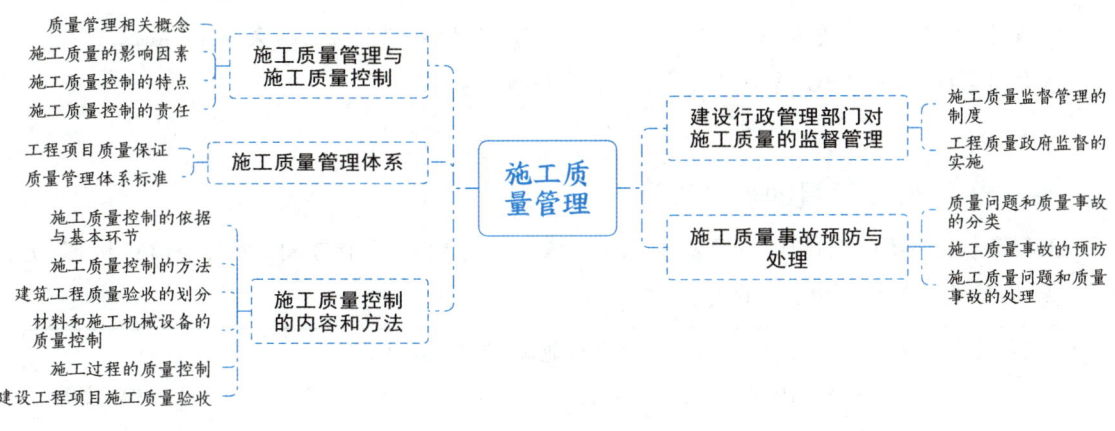

核心考点

专题1 施工质量管理与施工质量控制

复习提示▷ 本专题为质量管理开篇小节,需要对质量管理、质量控制等概念、特点进行掌握,重点掌握各质量影响因素的内容及质量控制责任的相关内容。

[考点 1] 质量管理相关概念

1. 质量与施工质量

质量是指客体的一组固有特性满足要求的程度。质量不仅是指产品的质量,也包括产品生产活动或过程的工作质量,还包括质量管理体系运行的质量。质量的关注点是一组固有特性,而不是赋予的特性。

施工质量包括适用性、安全性、耐久性、可靠性、经济性及与环境的协调性等六个方面的特性。

2. 施工质量要达到的基本要求

(1)按图施工:符合工程勘察、设计文件的要求;以图纸、文件的形式对施工提出要求,是针对每个工程项目的个性化需求。

(2)依法施工:符合国家法律、法规的要求。

(3)践约施工:符合施工承包合同的约定。

"合格"是对施工质量的最基本的要求,即满足(1)和(2)。

◆ 精选真题

1.[2020年真题]下列建筑工程施工质量要求中,能够体现个性化的是( )。
A. 国家法律、法规的要求　　　　　B. 质量管理体系标准的要求
C. 施工质量验收标准的要求　　　　D. 工程勘察、设计文件的要求

2.[2016年真题]施工质量特性主要体现在由施工形成的建筑产品的( )。
A. 适用性、安全性、耐久性、可靠性　　B. 适用性、安全性、美观性、耐久性
C. 安全性、耐久性、美观性、可靠性　　D. 适用性、先进性、耐久性、可靠性

答案:1. D。选项 ABC 属于依法施工,属于一般性要求。
2. A。

[考点 2] 施工质量的影响因素

工程项目施工质量的影响因素有很多,归纳起来主要有五个方面,即人、材料、机械、方法和环境,简称为 4M1E 因素,见下表。

人的因素	1. 直接参与施工的决策者、管理者和作业者,起到决定性的作用。 2. 应以控制人的因素为基本出发点,例如执业资格注册制度及作业人员持证上岗制度等
材料因素	1. 包括工程材料、周转材料等。 2. 材料质量是工程质量的基础,加强对材料质量的控制是保证工程质量的重要基础
机械因素	1. 工程设备、施工机械和各类施工工器具。 2. 是所有施工方案和工法得以实施的重要物质基础
方法因素	1. 包括施工技术方案、施工工艺、工法和施工技术措施等。 2. 技术工艺水平的高低,决定了施工质量的优劣

环境因素	1. 自然环境因素：先天、客观存在，如工程地质、水文、气象条件和周边建筑、地下障碍物以及其他不可抗力等。 2. 管理环境因素：体系、制度和协调，如建立现场施工组织系统、质量管理体系、合同结构。 3. 作业环境因素：施工现场平面和空间环境条件，如施工照明、通风、安全防护设施、施工场地给水排水以及交通运输和道路条件等

◉ 精选真题

1. [2021年真题]下列影响施工质量的环境因素中，属于施工作业环境因素的是(　　)。
A. 参建施工单位之间的协调程度　　　B. 项目部质量管理制度
C. 项目工程地质情况　　　　　　　　D. 各种能源介质的供应保障程度

2. [2020年真题]下列影响施工质量的环境因素中，属于管理环境因素的是(　　)。
A. 施工现场平面布置和空间环境　　　B. 施工现场道路交通状况
C. 施工现场安全防护设施　　　　　　D. 施工参建单位之间的协调

3. [2019年真题]为消除施工质量通病而采用新型脚手架应用技术的做法，属于质量影响因素中的(　　)因素控制。
A. 材料　　　　B. 机械　　　　C. 方法　　　　D. 环境

4. [2021年真题]影响建设工程施工质量的环境因素包括(　　)。
A. 施工现场自然环境　　　　　　B. 施工质量管理环境
C. 施工作业环境　　　　　　　　D. 施工所在地政策环境
E. 施工所在地市场环境

答案：1. D。2. D。3. C。4. ABC。

[考点3] 施工质量控制的特点

施工质量控制的特点是由工程项目的工程特点和施工生产的特点决定的，包括以下内容：
(1)需要控制的因素多。包括"人、机、料、法、环"五项影响因素。
(2)控制的难度大。由于建筑产品的单件性和施工生产的流动性，不能进行标准化施工；施工作业面大、关系复杂、工作环境差。
(3)过程控制要求高。工序衔接多、中间交接多、隐蔽工程多。
(4)终检局限大。竣工验收时，只能表面检查，隐蔽部分无法检查。

◉ 精选真题

1. [2017年真题]关于施工质量控制特点的说法，正确的是(　　)。
A. 需要控制的因素少，只有4M1E五大方面
B. 施工生产的流动性导致控制的难度大
C. 生产受业主监督，因此过程控制要求低
D. 工程竣工验收是对施工质量的全面检查

2. [2018年真题]根据建设工程的工程特点和施工生产特点,施工质量控制的特点有( )。

A. 终检局限性大　　　　　　　　B. 控制的难度大
C. 控制的成本高　　　　　　　　D. 需要控制的因素多
E. 过程控制要求高

答案:1. B。选项 A 错误,4M1E 仅仅是施工质量控制的五个主要的因素,并非全部。选项 C 错误,受业主监督,所以过程控制要求高。选项 D 错误,工程项目的终检(竣工验收)只能从表面进行检查,难以发现在施工过程中产生、又被隐蔽了的质量隐患。

2. ABDE。

[考点 4] 施工质量控制的责任

项目经理质量安全责任	项目经理必须按照工程设计图纸和技术标准组织施工,不得偷工减料。负责组织编制施工组织设计,负责组织制定质量安全技术措施,负责组织编制、论证和实施危险性较大分部分项工程专项施工方案,负责组织质量安全技术交底
五方责任主体	1. 建筑工程五方责任主体项目负责人是指承担建筑工程项目建设的建设单位项目负责人、勘察单位项目负责人、设计单位项目负责人、施工单位项目经理、监理单位总监理工程师。 2. 建筑工程五方责任主体项目负责人质量终身责任,是指参与新建、扩建、改建的建筑工程项目负责人按照国家法律法规和有关规定,在工程设计使用年限内对工程质量承担相应责任。 3. 符合下列情形之一的,县级以上地方人民政府住房和城乡建设主管部门应当依法追究项目负责人的质量终身责任:①发生工程质量事故;②发生投诉、举报、群体性事件、媒体报道并造成恶劣社会影响的严重工程质量问题;③由于勘察、设计或施工原因造成尚在设计使用年限内的建筑工程不能正常使用
施工单位主体责任	1. 施工单位应完善质量管理体系,建立岗位责任制度,设置质量管理机构,配备专职质量负责人,加强全面质量管理。 2. 总承包单位依法将建设工程分包给其他单位的,分包单位应当按照分包合同的约定对其分包工程的质量向总承包单位负责,总承包单位与分包单位对分包工程的质量承担连带责任。 3. 建立质量责任标识制度,对关键工序、关键部位隐蔽工程实施举牌验收,加强施工记录和验收资料管理,实现质量责任可追溯,不得转包、违法分包工程

🌐 精选真题

1. [2021年真题]某建设工程施工由甲施工单位总承包,甲依法将其中的空调安装工程分包给乙施工单位,空调由建设单位采购,因空调安装质量不合格返工导致工程不能按时完工给建设单位造成损失,该质量责任及损失应由( )承担。

A.建设单位
B.空调供应商
C.乙施工单位
D.甲和乙施工单位

2.[2018年真题]根据建设工程质量终身责任制要求,施工单位项目经理对建设工程质量承担责任的时间期限是( )。

A.建筑工程实际使用年限
B.建设单位要求年限
C.建筑工程设计使用年限
D.缺陷责任期

3.[2021年真题]根据《建筑施工项目经理质量安全责任十项规定(试行)》,项目经理的质量安全责任有( )。

A.负责建立质量安全管理体系
B.负责审批施工组织设计
C.负责组织工程质量验收
D.负责编制施工组织设计
E.负责组织制定质量安全技术措施

4.[2020年真题]关于施工质量控制责任的说法,正确的有( )。

A.项目经理可以不参加地基基础、主体结构等分部工程的验收
B.项目经理负责组织编制、论证和实施危险性较大分部分项工程专项施工方案
C.质量终身责任是指参与工程建设的项目负责人在工程施工期限内对工程质量承担相应责任
D.项目经理必须组织对进入现场的建筑材料、构配件、设备、预拌混凝土等进行检验
E.发生工程质量事故,县级以上地方人民政府住房和城乡建设主管部门应追究项目负责人的质量终身责任

答案:1.D。2.C。

3.AE。项目经理必须对工程项目施工质量安全负全责,负责建立质量安全管理体系,负责配备专职质量、安全等施工现场管理人员,负责落实质量安全责任制、质量安全管理规章制度和操作规程。

4.BDE。选项A错误,项目经理必须组织做好隐蔽工程的验收工作,参加地基基础、主体结构等分部工程的验收,参加单位工程和工程竣工验收。

专题2 施工质量管理体系

复习提示▷本专题每年出题分值较为固定,需要区分质量保证体系与PDCA循环的具体内容,重点掌握质量管理体系的认证与监督内容。

[考点1] 工程项目质量保证

工程项目的施工质量保证体系以控制和保证施工产品质量为目标。

(一)施工质量保证体系的内容

体系分类	内容
项目施工质量目标	以承包合同为基本依据,逐级分解以形成在合同环境下的各级目标。 1. 时间角度:实施全过程的控制。 2. 空间角度:全方位、全员的质量目标管理
项目施工质量计划	1. 编制依据:企业质量手册、项目质量目标。 2. 质量计划包括:施工质量工作计划、施工质量成本计划。 3. 质量成本包括:运行质量成本和外部质量保证成本
思想保证体系	思想保证体系是施工质量保证体系的基础。 1. 树立"质量第一"的观点。 2. 贯彻"一切为用户服务"的思想
组织保证体系	1. 成立 QC 小组。 2. 健全规章制度。 3. 建立健全质量管理组织,明确任务、职责和权限。 4. 建立质量信息系统
工作保证体系	主要是明确工作任务、建立工作制度,落实在以下三个阶段: 1. 施工准备阶段。事前预防、交底、制定管理制度、建立工程测量控制网、测量控制制度 2. 施工阶段。建立检查制度(自检、互检、专检)、群众性的 QC 活动。 3. 竣工验收阶段。成品保护,严格按照规范标准进行检查

(二)施工质量保证体系的运行

(1)以质量计划为主线,以过程管理为重心,按照 PDCA 循环的原理展开。

施工质量保证体系的运行应如下图所示,通过计划、实施、检查和处理的步骤展开控制。质量保证体系运行状态和结果的信息应及时反馈,以便进行质量保证体系的能力评价。

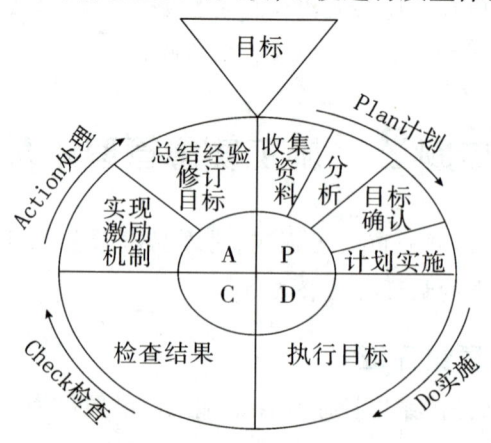

PDCA 循环图

PDCA 循环	关键词	具体内容
计划(P)	确定目标、方案等	1. 是质量管理的首要环节。 2. 确定质量目标及实现质量目标的行动方案。 3. 质量保证工作安排应做到材料、技术、组织三落实
实施(D)	落实、执行、部署交底	1. 包含计划行动方案的交底和按计划规定的方法及要求展开的施工作业技术活动。 2. 首先,要做好计划的交底和落实;其次,要依靠质量保证工作体系,做好质量控制工作,以保证质量计划的执行
检查(C)	查做否、查做得好否	1. 检查是否严格执行了计划的行动方案。 2. 检查执行结果,检查施工的质量是否达到标准要求,并对比进行确认和评价
处理(A)	纠正偏差	采取措施,纠正计划执行中的偏差,克服缺点,改正错误,对于尚未解决的问题,可记录在案,留到下一次循环加以解决

(2)按照事前、事中和事后控制相结合的模式依次展开。

◆ 精选真题

1. [2021年真题]项目技术负责人向各班组进行施工作业技术交底,属于施工质量保证体系运行的( )环节。

A. 计划   B. 检查   C. 实施   D. 处理

2. [2020年真题]下列施工质量控制工作中,属于"PDCA"处理环节的是( )。

A. 确定项目施工应达到的质量标准   B. 纠正计划执行中的质量偏差

C. 按质量计划开展施工技术活动   D. 检查施工质量是否达到标准

3. [2018年真题]建设工程施工质量保证体系运行的主线是( )。

A. 质量计划   B. 过程管理

C. PDCA 循环   D. 质量手册

4. [2021年真题]项目施工质量计划的内容包括( )。

A. 质量方针编制计划   B. 质量保证体系认证计划

C. 施工质量工作计划   D. 施工质量组织计划

E. 施工质量成本计划

答案:1. C。2. B。3. A。4. CE。

[考点2] 质量管理体系标准

(一)质量管理的原则

①以顾客为关注焦点(质量管理的首要关注点);②领导作用;③全员积极参与;④过程方法;⑤改进;⑥循证决策;⑦关系管理。

(二)质量管理体系文件的构成

质量管理体系的文件主要由质量手册、程序文件、质量计划和质量记录等构成,见下表。

文件构成	特点	具体内容
质量手册	纲领性文件	①企业的质量方针、质量目标;②组织机构和质量职责;③各项质量活动的基本控制程序或体系要素;④质量评审、修改和控制管理办法
程序文件	质量手册的支持性文件	①文件控制程序;②质量记录管理程序;③不合格品控制程序;④内部审核程序;⑤预防措施控制程序;⑥纠正措施控制程序等
质量计划	制定的专门质量措施和活动顺序的文件	针对特定的项目、产品、过程或合同,规定由谁及何时应使用哪些程序和相关资源,采取何种质量措施的文件
质量记录	质量活动进行及结果的客观反映	是证明各阶段产品质量达到要求和质量体系运行有效的证据

精选真题

1. [2021年真题]下列项目施工管理体系文件中,能够证明各阶段产品质量达到要求的是(　　)。

   A. 质量记录　　　　　　　　　　B. 质量手册
   C. 程序文件　　　　　　　　　　D. 质量计划

2. [2020年真题]企业质量管理体系文件应由(　　)等构成。

   A. 质量目标、质量手册、质量计划和质量记录
   B. 程序文件、质量手册、质量计划和质量记录
   C. 质量方针、质量手册、程序文件和质量记录
   D. 质量评审、质量手册、质量计划和质量记录

3. [2018年真题]关于施工企业质量管理体系文件构成的说法,正确的是(　　)。

   A. 质量计划是纲领性文件
   B. 质量记录应阐述企业质量目标和方针
   C. 质量手册应阐述项目各阶段的质量责任和权限
   D. 程序文件是质量手册的支持性文件

答案:1. A。2. B。
3. D。选项 C 的内容在新版教材已删除。

(三)质量管理体系的建立与运行

质量管理体系的建立和运行一般可分为三个阶段。

1. 质量管理体系的建立

它是企业根据质量管理七项原则,在确定市场及顾客需求的前提下,制定企业的质量方针、质量目标、质量手册、程序文件和质量记录等体系文件,并将质量目标落实。

2. 质量体系文件的编制

它是质量管理体系的重要组成部分,也是企业进行质量管理和质量保证的基础。编制质量体系文件是建立和保持体系有效运行的重要基础工作。

3. 质量体系的运行

它是在生产及服务的全过程按质量管理文件体系制定的程序、标准、工作要求及目标分解的岗位职责进行操作运行,在运行过程中监测其有效性,做好质量记录,并实现持续改进。

◉ 精选真题

[2021年真题]施工企业质量管理体系运行阶段的工作内容包括(　　)。

A. 持续改进质量管理体系

B. 生产和服务按质量管理体系的规定操作

C. 编制详细作业文件

D. 监测管理体系运行的有效性

E. 编制质量手册

答案:ABD。

(四)质量管理体系的认证与监督

认证机构	公正的第三方
认证有效期	3年,有效期内应经常性内部审核
监督检查	分为定期和不定期两种。定期检查每年一次,不定期检查临时安排
认证注销	企业的自愿行为
认证暂停	认证机构对获证企业质量管理体系发生不符合认证要求情况时采取的警告措施
认证撤销	1. 撤销认证的情形:体系严重不符合规定;暂停期限内未予整改。 2. 企业不服可申诉。 3. 撤销认证的企业一年后可重新提出认证申请
重新换证	有效期内可重新换证情形:认证标准变更、认证范围变更、认证证书持有者变更

◉ 精选真题

1. [2022年真题]施工企业质量管理体系获准认证的有效期是(　　)年。
   A. 二　　　　　B. 五　　　　　C. 三　　　　　D. 六

2. [2020年真题]企业质量管理体系的认证应由(　　)进行。
   A. 企业最高管理层　　　　　　B. 政府相关主管部门
   C. 公正的第三方认证机构　　　D. 企业所属的行业协会

答案:1. C。2. C。

专题 3　施工质量控制的内容和方法

复习提示 ▷ 本专题出题形式主要为单选题,需区分各质量控制环节的内容及掌握重要质量控制点的内容,重点掌握验收程序及不合格情况的处理方法。

[考点 1] 施工质量控制的依据与基本环节

控制依据有:

(1)共同性依据——适用于施工阶段,通用的工程建设合同、设计文件、设计交底及图纸会审记录、设计修改和技术变更,如《中华人民共和国建筑法》《中华人民共和国招标投标法》《建设工程质量管理条例》。

(2)专业技术性依据——针对不同的行业、不同质量控制对象制定的专业技术法规文件,包括规范、规程、标准、规定等。

(3)项目专用性依据——本项目的工程建设合同、勘察设计文件、设计交底及图纸会审记录、设计修改和技术变更通知,以及相关会议记录和工程联系单等。

基本环节如下图所示。

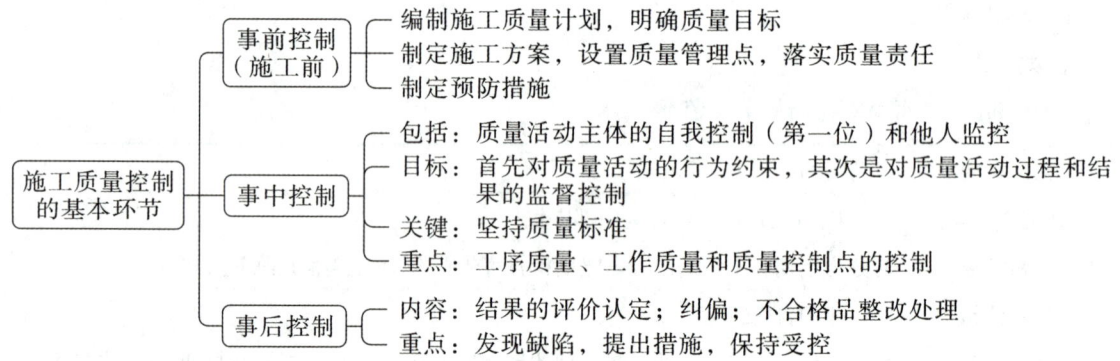

◉ **精选真题**

1.[2021 年真题]下列施工质量控制工作中属于事前控制的是(　　)。
A.编制施工质量计划　　　　　　B.约束质量活动的行为
C.监督质量活动过程　　　　　　D.处理施工质量的缺陷

2.[2021 年真题]设计交底和图纸属于项目质量控制依据中的(　　)。
A.共同性依据　　　　　　　　　B.专业技术性依据
C.项目专用性依据　　　　　　　D.施工管理依据

3.[2019 年真题]下列质量控制活动中,属于事中质量控制的是(　　)。
A.设置质量控制点　　　　　　　B.明确质量责任
C.评价质量活动结果　　　　　　D.约束质量活动行为

答案: 1.A。选项 BC 属于事中质量控制。选项 D 属于事后控制。
2.C。3.D。

[考点 2] 施工质量控制的方法

(1)质量文件审核,审核有关技术文件、报告或报表,是项目经理对工程质量进行全面管理的重要手段。

(2)现场质量检查的内容:①开工前的检查。是否具备开工条件、开工后能否持续正常施工、能否保证质量。②工序交接检查(三检:自检、互检、专检)。③隐蔽工程的检查。④停工后复工的检查。⑤分项、分部工程完工后的检查。⑥成品保护的检查。

(3)现场质量检查的方法。

①目测法

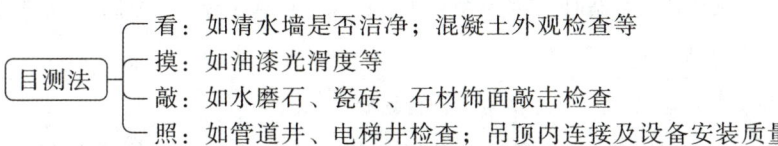

②实测法

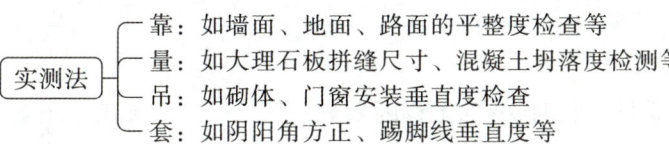

③试验法

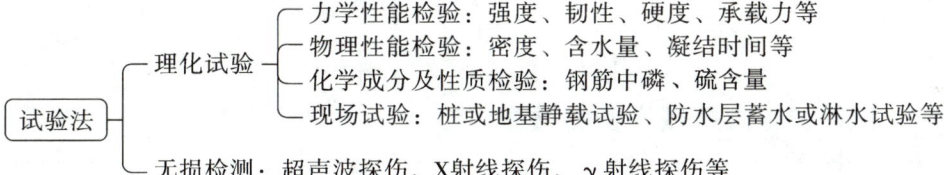

◈ 精选真题

1.[2022年真题]下列施工现场质量检查方法中,属于理化试验方法的是(   )。

A.超声波焊缝探伤　　　　　　　　B.基桩静载试验

C.门窗口对角线直尺检查　　　　　D.混凝土构件标高测量

2.[2021年真题]对建筑材料密度的测定属于现场质量检查方法中的(   )。

A.目测法　　　B.试验法　　　C.实测法　　　D.无损检测法

3.[2020年真题]下列施工现场质量检查项目中,适宜采用试验法的是(   )。

A.钢筋的力学性能检验　　　　　　B.混凝土坍落度的检测

C.砌体的垂直度检查　　　　　　　D.沥青拌合料的温度检测

4.[2020年真题]下列施工现场质量检查项目中,适宜采用实测法的是(   )。

A.砌体的垂直度检查　　　　　　　B.地基静载试验

C.钢筋的力学性能检验　　　　　　D.给水管道耐压检查

答案:1.B。2.B。3.A。

4.A。选项BCD属于试验法。

[考点 3] 建筑工程质量验收的划分

建筑工程施工质量验收应划分为单位工程、分部工程、分项工程、检验批和室外工程,其划分原则下表。

工程类别	划分原则
单位工程	1. 指具备独立施工条件并能形成独立使用功能的建筑物及构筑物; 2. 对于规模较大的单位工程,可将其能形成独立使用功能的部分划分为若干个子单位工程
分部工程	1. 可按专业性质、工程部位确定分部工程; 2. 当分部工程较大或较复杂时,可按材料种类、施工特点、施工程序、专业系统及类别等划分为若干子分部工程
分项工程	按主要工种、材料、施工工艺、设备类别等进行划分
检验批	可根据施工质量控制和专业验收需要,按工程量、楼层、施工段、变形缝等进行划分
室外工程	可按规定划分单位工程、分部工程

⊕ 精选真题

[2019 年真题]建设工程施工质量验收时,分部工程的划分一般按( )确定。

A. 施工工艺,设备类别 B. 专业性质,工程部位
C. 专业类别,工程规模 D. 材料种类,施工程序

答案:B。

[考点 4] 材料和施工机械设备的质量控制

材料	采购订货关	施工单位应制定合理的材料采购供应计划。选用已经建材备案的、达到建设工程设计文件要求的建材产品
	进场检验关	1. 对重要建材的使用,必须经过监理工程师签字和项目经理签准。必要时,监理工程师应对进场建材进行平行检验。 2. 混凝土预制构件出厂时的混凝土强度不宜低于设计混凝土强度等级值的75%
	存储和使用关	施工单位必须加强材料进场后的存储和使用管理,对预拌混凝土要加强生产、运输、使用环节的质量管理
施工机械设备		1. 机械设备选型:应按照技术上先进、生产上适用、经济上合理、使用上安全、操作上方便的原则进行,选配的施工机械应具有工程的适用性,保证质量的可靠性,使用操作的方便性和安全性。 2. 主要性能参数指标的确定:主要性能参数是选择机械设备的依据,其参数指标的确定必须满足施工的需要和保证质量的要求。 3. 使用操作要求:应贯彻"持证上岗"和"人机固定"原则,实行定机、定人、定岗位职责(三定)的使用管理制度

🌐 精选真题

1. [2021年真题]关于施工机械设备质量控制的说法,正确的是( )。

A.机械设备选型应首先考虑经济性,其次是适应性和可靠性

B.机械设备选择主要是选型,性能参数不作为选择依据

C.机械操作人员应持证上岗,可根据工作需要操作同类机械

D.要明确机械操作人员的岗位职责,在使用中严格遵守操作规程

2. [2020年真题]混凝土预制构件出厂时的混凝土强度不宜低于设计混凝土强度等级值的( )。

A.50%　　　　　B.65%　　　　　C.75%　　　　　D.90%

3. [2019年真题]为了保证工程质量,对重要建材的使用,必须经过( )。

A.监理工程师签字,项目经理签准　　B.总监理工程师签字

C.业主现场代表签字　　D.业主现场代表签字、监理工程师签准

答案:1.D。2.C。3.A。

[考点 5] 施工过程的质量控制

1.技术交底

(1)对象——项目开工前应由项目技术负责人向承担施工的负责人或分包人进行书面技术交底。

(2)内容——任务范围、施工方法、质量标准和验收标准等。

(3)时间——每一分部工程开工前均应进行。

(4)编制——施工项目技术人员。

(5)批准——项目技术负责人。

(6)形式——书面、口头、会议、挂牌、样板、示范操作等。

🌐 精选真题

[2021年真题]为保证施工质量,在项目开工前,应由( )向分包人进行书面技术交底。

A.施工企业技术负责人　　B.项目技术负责人

C.施工项目经理　　D.总监理工程师

答案:B。

2.测量控制

项目开工前应编制测量控制方案,经项目技术负责人批准后实施。施工过程中必须认真进行施工测量复核工作,其复核结果报送监理工程师复验确认后,方能进行后续相关工序的施工。

🌐 精选真题

[2019年真题]施工单位在项目开工前编制的测量控制方案,一般应经( )批准后实施。

A. 项目经理 B. 业主代表
C. 施工员　　D. 项目技术负责人

答案：D。

3. 计量控制

施工过程中的计量工作，包括施工生产时的投料计量、施工测量、监测计量以及对项目、产品或过程的测试、检验、分析计量等。

计量控制的任务是统一计量单位制度、组织量值传递、保证量值统一。

4. 工序施工质量控制

工序的质量控制是施工阶段质量控制的重点。工序施工质量控制主要包括工序施工条件质量控制和工序施工效果质量控制，见下表。

工序施工条件质量控制	工序施工效果质量控制
1. 工序施工条件控制就是控制工序活动的各种投入要素质量和环境条件质量。 2. 控制的手段：检查、测试、试验、跟踪监督等。 3. 控制的依据：设计质量标准、材料质量标准、机械设备技术性能标准、施工工艺标准以及操作规程等	1. 工序施工效果是工序产品的质量特征和特性指标的反映。 2. 工序施工效果控制属于事后质量控制，控制的主要途径是实测获取数据、统计分析获取数据、判断认定质量等级和纠正质量偏差

5. 特殊过程的质量控制

（1）选择质量控制点的原则。

特殊过程的质量控制是施工阶段质量控制的重点。质量控制点的选择应以施工过程的重点部位、重点工序和重点质量因素作为质量控制的对象。

（2）质量控制点的重点控制对象。

①人的行为。应从人的生理、心理、技术能力等方面进行控制。

②材料的质量与性能。如钢结构工程中使用的高强度螺栓、某些特殊焊接使用的焊条。

③施工方法与关键操作。如预应力钢筋的张拉工艺操作过程及张拉力的控制。

④施工技术参数。如混凝土的外加剂掺量、水胶比、回填土的含水量、砌体的砂浆饱满度、防水混凝土的抗渗等级、钢筋混凝土结构的实体检测结果及混凝土冬期施工受冻临界强度等。

⑤技术间歇。如砌筑与抹灰之间，应在墙体砌筑后留6~10天时间。

⑥施工顺序。如对冷拉的钢筋应当先焊接后冷拉，否则会失去冷强。

⑦易发生或常见的质量通病。如对混凝土工程的蜂窝、麻面、空洞等均应事先研究对策，提出预防措施。

⑧新技术、新材料及新工艺的应用。

⑨严格控制产品质量不稳定和不合格率较高的工序。

⑩特殊地基或特种结构。湿陷性黄土、膨胀土、红黏土、大跨度结构、高耸结构。

(3)特殊过程质量控制的管理。

除按一般过程质量控制的规定执行外,还应由专业技术人员编制作业指导书,经项目技术负责人审批后执行。

6.成品保护的控制

成品保护的措施一般有防护、包裹、覆盖、封闭等几种方法。

🌐 **精选真题**

1.[2022年真题]质量控制点的设置应选择施工过程中的重点部位、重点工序和( )。
A.重点流程　　　　　　　　　　B.重点结果
C.重点质量因素　　　　　　　　D.重点质检手段

2.[2021年真题]特殊施工过程的质量控制中,专业技术人员编制的作业指导书应经( )审批后方可执行。
A.企业技术负责人　　　　　　　B.项目经理
C.监理工程师　　　　　　　　　D.项目技术负责人

3.[2015年真题]下列质量控制点的重点控制对象中,属于施工技术参数的是( )。
A.水泥的安定性　　　　　　　　B.砌体砂浆的饱满度
C.预应力钢筋的张拉　　　　　　D.混凝土浇筑后的拆模时间

答案: 1.C。2.D。3.B。

[考点6] 建设工程项目施工质量验收

(一)施工过程的质量验收

验收部位	组织者	参加者	验收内容
检验批	专业监理工程师	施工单位项目专业质量检查员、专业工长	1.主控项目的质量经抽样检验均应合格; 2.一般项目的质量经抽样检验合格; 3.具有完整的施工操作依据、质量检查记录
分项工程	专业监理工程师	施工单位项目专业技术负责人	1.所含检验批的质量均应验收合格; 2.所含检验批的质量验收记录应完整
一般分部工程	总监理工程师	施工单位项目负责人和项目技术负责人	1.所含分项工程的质量均应验收合格; 2.质量控制资料应完整; 3.有关安全、节能、环境保护和主要使用功能的检验结果应符合相应规定; 4.观感质量应符合要求
地基与基础分部工程	总监理工程师	勘察、设计单位项目负责人和施工单位技术、质量部门负责人	
主体结构、节能分部工程		设计单位项目负责人和施工单位技术、质量部门负责人	

(续表)

验收部位	组织者	参加者	验收内容
单位工程自检	施工单位	总包单位	1. 所含分部工程的质量均应验收合格； 2. 质量控制资料应完整； 3. 所含分部工程有关安全、节能、环境保护和主要使用功能的检验资料应完整； 4. 主要使用功能的抽查结果应符合相关专业质量验收规范的规定； 5. 观感质量应符合要求
竣工预验收	总监理工程师	各专业监理工程师	
竣工验收	建设单位	建设、勘察、设计、施工、监理并书面通知工程质量监督机构	

（二）施工过程质量验收不合格的处理

不合格情况	处理方法
检验批一般缺陷	返修或更换器具、设备，消除缺陷后，重新验收
检验批严重缺陷	返工重做，重新验收
个别检验批某些指标不满足要求	请有资质的检测机构检测鉴定。鉴定结果达到设计要求时，予以验收；达不到设计要求时，经原设计单位核算认可能够满足结构安全和使用功能的，予以验收
严重质量缺陷或超过检验批范围的缺陷	经有资质的检测机构检测鉴定后，不满足最低限度的安全储备和使用功能的，必须加固处理，经返修或加固处理后，满足安全及使用功能要求时，可按技术处理方案和协商文件的要求予以验收，责任方应承担经济责任
返修或加固处理后仍不能满足安全或重要使用要求的分部工程及单位工程	严禁验收

（三）竣工质量验收的程序

1. 验收的具体程序

自检	施工单位组织有关人员进行自检
竣工预验收	总监理工程师组织各专业监理工程师对工程质量进行竣工预验收
问题整改完毕	预验收时，存在施工质量问题，由施工单位及时整改
提交工程竣工报告	对工程存在的质量问题整改完毕后，施工单位向建设单位提交工程竣工报告，申请工程竣工验收。实行监理的工程，工程竣工报告须经总监理工程师签署意见
制定验收方案	建设单位收到工程竣工报告后，组织勘察、设计、施工、监理等单位组成验收组，制定验收方案
书面通知监督机构	建设单位应当在工程竣工验收7个工作日前将验收的时间、地点及验收组名单书面通知负责监督该工程的工程质量监督机构

(续表)

竣工验收	建设单位组织工程竣工验收,参与竣工验收的各单位对验收结果不能形成一致意见时,应协商提出解决办法,待意见一致后,重新组织竣工验收
竣工验收报告	工程竣工验收合格后,建设单位应当及时提出工程竣工验收报告

2. 工程项目的竣工验收报告

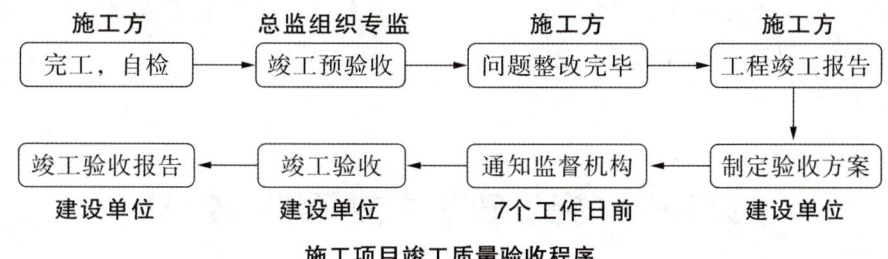

施工项目竣工质量验收程序

内容包括:①总说明;②竣工验收报告附表;③工程验收鉴定书。

3. 竣工验收备案

(1)建设单位应当自建设工程竣工验收合格之日起15日内,将建设工程竣工验收报告和规划、公安消防、环保等部门出具的认可文件或准许使用文件,报建设行政主管部门或者其他相关部门备案。

(2)备案部门在收到备案文件资料后的15日内,对文件资料进行审查,符合要求的工程,在验收备案表上加盖"竣工验收备案专用章",并将一份建设单位存档。

◈ 精选真题

1.[2021年真题]工程质量验收中,需进行观感质量检查并作出综合质量评价的验收对象是(　　)。

A. 分部工程　　　　　　　　B. 工序

C. 检验批　　　　　　　　　D. 分项工程

2.[2021年真题]应由建设单位组织的施工质量验收项目是(　　)。

A. 分部工程　　　　　　　　B. 分项工程

C. 工序　　　　　　　　　　D. 单位工程

3.[2020年真题]根据《建筑工程施工质量验收统一标准》(GB 50300—2013),对施工单位采取相应措施消除一般项目缺陷后的检验批验收,应采取的做法是(　　)。

A. 原设计单位复核后予以验收　　B. 经检测单位鉴定后予以验收

C. 按验收程序重新组织验收　　　D. 按技术处理方案和协商文件进行验收

4.[2018年真题]在建设工程施工过程的质量验收中,检验批的合格质量主要取决于(　　)。

A. 主控项目的检验结果

B. 主控项目和一般项目的检验结果

C. 资料检查完整、合格和主控项目检验结果

D. 资料检查完整、合格和一般项目的检验结果

答案:1. A。分部工程需要进行观感质量验收。这类检查往往难以定量,只能以观察、触摸或简单量测的方式进行,并由各个人的主观印象判断,检查结果并不给出"合格"或"不合格"的结论,而是综合给出质量评价。对于评价为"差"的检查点应通过返修处理等补救。

2. D。单位工程质量验收由建设单位组织,分部工程质量验收由总监理工程师组织,分项工程和工序质量验收由监理工程师组织。

3. C。4. B。

专题 4　施工质量事故预防与处理

复习提示 ▷ 本专题每年出题分值固定,需全部掌握。尤其是各类报告的内容,为案例型选择题常考点。

[考点 1] 质量问题和质量事故的分类

(一)工程质量不合格

(1)质量不合格:凡工程产品未满足质量要求。

(2)质量缺陷:凡工程产品与预期或规定用途有关的不合格。

(3)质量问题:凡质量不合格,必须进行返修、加固或报废处理的。

(4)质量事故:造成人身伤亡或者重大经济损失。

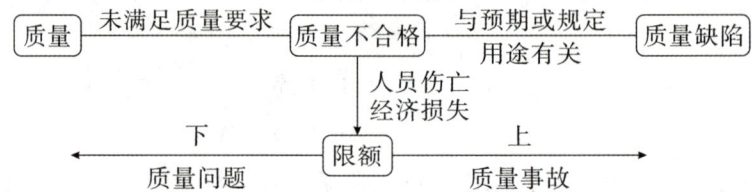

精选真题

1. [2022 年真题] 根据《质量管理体系 基础和术语》(GB/T 19000—2016),凡工程产品未满足质量要求就称为(　　)。

A. 质量问题　　　　　　　　　　B. 质量缺陷

C. 质量事故　　　　　　　　　　D. 质量不合格

2. [2019 年真题] 根据《质量管理体系 基础和术语》(GB/T 19000—2016),工程产品与规定用途有关的不合格,称为(　　)。

A. 质量通病　　　　　　　　　　B. 质量缺陷

C. 质量问题　　　　　　　　　　D. 质量事故

答案:1. D。2. B。

(二)工程质量事故

1. 按事故造成损失的程度分级

根据工程质量事故造成的人员伤亡或者直接经济损失,工程质量事故分为4个等级,见下表。

事故类别	死亡人数 x(人)	重伤人数 y(人)	直接经济损失 z(万元)
特别重大事故	$x \geq 30$	$y \geq 100$	$z \geq 10000$
重大事故	$10 \leq x < 30$	$50 \leq y < 100$	$5000 \leq z < 10000$
较大事故	$3 \leq x < 10$	$10 \leq y < 50$	$1000 \leq z < 5000$
一般事故	$x < 3$	$y < 10$	$100 \leq z < 1000$

2. 按事故责任分类

事故类别	事故原因	举例
指导责任事故	工程指导或领导失误	工程负责人片面追求施工进度,放松或不按质量标准进行控制和检验,降低施工质量标准等
操作责任事故	操作者不按规程和标准实施操作	浇筑混凝土时随意加水,或振捣疏漏造成混凝土质量事故等
自然灾害事故	突发的严重自然灾害等不可抗力	地震、台风、暴雨、雷电、洪水等对工程造成破坏甚至其倒塌

[总结] 不同等级事故处理流程的对比见下表。

对比项目	一般事故	较大事故	重大事故	特别重大事故
组织调查 (人民政府或授权有关部门)	县级 (无伤亡可委托事故发生单位)	市级	省级	国务院
提交调查报告	事故发生之日起60日内(可延期60日)			
批复调查报告	收到事故调查报告之日15日内			收到30日内 (可延期30日)
处罚	依据政府的批复对相关单位和个人进行处罚			

🌐 精选真题

1.[2020年真题]某工程发生的质量事故导致2人死亡,直接经济损失4500万元,则该质量事故等级是( )。

A.一般事故   B.重大事故   C.特别重大事故   D.较大事故

2.[2019年真题]某工程施工中,操作工人不听从指导,在浇筑混凝土时随意加水造成混凝土质量事故,按事故责任分类,该事故属于( )。

A.操作责任事故   B.自然责任事故
C.指导责任事故   D.一般责任事故

3. [2020年真题]按事故责任分类,下列工程质量事故中,属于指导责任事故的有(　　)。

A. 项目负责人不按规范指导施工造成的质量事故

B. 项目管理人员强令他人违章作业造成质量事故

C. 施工人员在浇筑混凝土时随意加水造成质量事故

D. 项目技术负责人降低施工质量标准造成质量事故

E. 片面追求施工进度而忽视质量控制造成质量事故

4. [2019年真题]根据工程质量事故造成损失的程度分级,属于重大事故的有(　　)。

A. 50人以上100人以下重伤

B. 3人以上10人以下死亡

C. 1亿元以上直接经济损失

D. 1000万元以上5000元以下直接经济损失

E. 5000万元以上1亿元以下直接经济损失

答案：1. D。2. A。3. ABDE。

4. AE。选项BD属于较大事故。选项C属于特别重大事故。

[考点2]　施工质量事故的预防

(一) 施工质量事故发生的原因

原因类型	定义	举例
技术原因	在工程项目设计、施工中在技术上的失误	结构设计计算失误、对水文地质情况判断错误等
管理原因	管理上的不完善或失误	检验制度不严密,质量控制不严格,质量管理措施落实不力,检测仪器设备管理不善而失准,以及材料检验不严等
社会、经济原因	经济因素及社会上存在的弊端和不正之风,造成建设中的错误行为	某些施工单位盲目追求利润而不顾工程质量;恶意压低标价;中标后随意修改方案或偷工减料等
其他原因	由于人为的设备事故、安全事故,以及严重的自然灾害等不可抗力造成的质量事故	工程实施指导或领导失误;实施操作者不按规程标准操作;突发的严重自然灾害等不可抗力

(二) 施工质量事故预防的具体措施

(1) 严格按照基本建设程序办事。

(2) 认真做好工程地质勘察。

(3) 科学地加固处理好地基。

(4) 进行必要的设计审查复核。

(5) 严格把好建筑材料及制品的质量关。

(6)对施工人员进行必要的技术培训。

(7)加强施工过程的管理。

(8)做好应对不利施工条件和各种灾害的预案。

(9)加强施工安全与环境管理。

🌐 **精选真题**

1.[2021年真题]下列工程质量事故中,属于技术原因引发的质量事故是( )。

A.检测仪器设备管理不善而失准引起的质量事故

B.质量管理措施落实不力引起的质量事故

C.设备事故导致连带发生的质量事故

D.采用了不适宜的施工工艺引发的质量事故

2.[2016年真题]下列引发工程质量事故的原因中,属于管理原因的有( )。

A.施工方法选用不当　　　　　　B.质量控制不严格

C.检验制度不严密　　　　　　　D.盲目追求利润而不顾质量

E.特大暴雨导致质量不合格

答案:1.D。选项AB属于管理原因。选项C属于其他原因。

2.BC。

[考点 3] 施工质量问题和质量事故的处理

(一)施工质量事故处理的依据

依据	内容
质量事故的实况资料	质量事故发生的时间、地点;质量事故状况的描述、发展变化的情况、有关的观测记录;事故现场状态的照片或录像;事故调查组获得的第一手资料
有关合同及合同文件	工程承包合同、设计委托合同、设备与器材购销合同、监理合同及分包合同等
有关的技术文件和档案	有关的设计文件(如施工图纸和技术说明)、与施工有关的技术文件、档案和资料(如施工方案、施工计划、施工记录、施工日志等)
相关的建设法规	与工程质量及质量事故处理有关的法规,以及相关技术标准、规范、规程和管理办法等

🌐 **精选真题**

[2018年真题]下列建设工程资料中,可以作为施工质量事故处理依据的有( )。

A.质量事故状况的描述　　　　　B.设计委托合同

C.施工记录　　　　　　　　　　D.现场制备材料的质量证明资料

E.工程竣工报告

答案:ABCD。选项A属于质量事故的实况资料。选项B属于有关的合同文件。选项CD属于有关的技术文件和档案。

（二）施工质量事故的处理程序

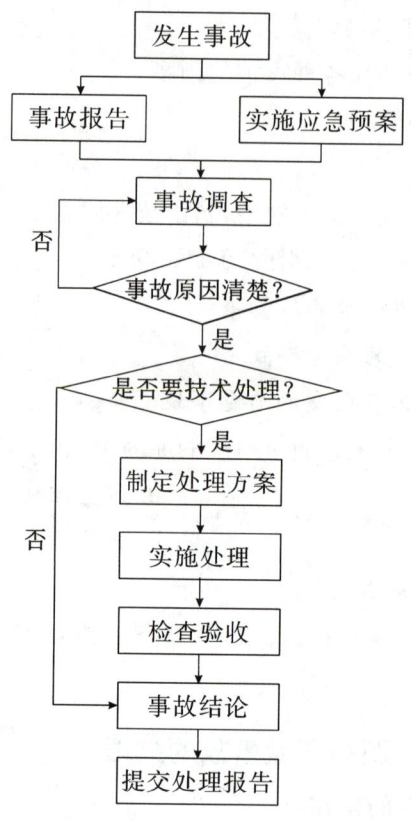

1. 事故调查

事故发生后，施工项目负责人应按法定的时间和程序，及时向企业报告事故的状况，积极组织事故调查。事故调查应力求及时、客观、全面，以便为事故的分析与处理提供正确的依据。调查结果要整理撰写成事故调查报告。

2. 事故的原因分析

应对调查所得到的数据、资料进行仔细的分析，去伪存真，找出造成事故的主要原因。

3. 制定事故处理的技术方案

在制定事故处理方案时，应做到安全可靠，技术可行，不留隐患，经济合理，具有可操作性，满足结构安全和使用功能要求。

4. 事故处理

根据制定的质量事故处理的方案，对质量事故进行认真处理。处理的内容主要包括事故的技术处理、事故的责任处罚。

5. 事故处理的鉴定验收

应当通过检查鉴定和验收确认事故处理是否达到预期目的，是否依然存在隐患。

6. 提交处理报告

事故处理结束后，必须尽快向主管部门和相关单位提交完整的事故处理报告。施工质量事故的处理程序中涉及的两个"报告"见下表。

内容	事故调查报告	事故处理报告
概况	工程项目和参建单位概况	
发生经过	事故基本情况	事故调查的原始资料、测试的数据
资料	事故调查中的有关数据、资料	
原因	对事故原因和事故性质的初步判断	事故原因分析、论证
措施	事故发生后所采取的应急防护措施	事故处理的方案及技术措施
处理	对事故处理的建议；事故涉及人员与主要责任者的情况	事故处理的依据；实施质量处理中有关的数据、记录、资料；检查验收记录
结论	—	事故处理的结论

[提示] 先调查再分析原因，先出方案再处理，最后验收、出报告。

⊕ **精选真题**

1. [2021年真题]施工质量事故发生后，负责向事故发生地政府建设行政主管部门报告的是( )。
   A. 建设单位负责人　　　　　　B. 事故现场管理人员
   C. 施工单位负责人　　　　　　D. 监理单位负责人

2. [2020年真题]施工质量事故的处理工作包括：①事故调查；②事故处理；③事故原因分析；④制定事故处理方案。仅就上述工作而言，正确的顺序是( )。
   A. ①→②→③→④　　　　　　B. ①→③→④→②
   C. ①→③→②→④　　　　　　D. ③→①→②→④

3. [2018年真题]建设工程施工质量事故的处理程序中，确定处理结果是否达到预期目的、是否依然存在隐患，属于( )环节的工作。
   A. 事故处理鉴定验收　　　　　B. 事故调查
   C. 事故原因分析　　　　　　　D. 制定事故处理技术方案

4. [2021年真题]建设工程施工质量事故调查报告的主要内容包括( )。
   A. 事故基本情况　　　　　　　B. 事故发生后采取的应急防护措施
   C. 事故调查中的有关数据、资料　D. 事故的原因分析
   E. 事故涉及人员与主要责任者的情况

答案：1. A。施工质量事故发生后，事故现场有关人员应立即向工程建设单位负责人报告。工程建设单位负责人接到报告后，应于1h内向事故发生地县级以上人民政府住房和城乡建设主管部门及有关部门报告。

2. B。3. A。4. ABCE。

(三)施工质量事故处理的基本方法

处理方式	针对对象	举例
修补	表面质量缺陷	1. 混凝土结构或表面出现损伤、蜂窝麻面,不影响使用和外观。 2. 混凝土表面出现裂缝,但不影响安全和使用安全。 (1)裂缝宽度不大于0.2mm时——表面密封法。 (2)裂缝宽度大于0.3mm时——嵌缝密闭法。 (3)裂缝较深时——灌浆修补法
加固	危及结构承载力	增大截面、外包角钢、增设支架、预应力加固法等
返工	返修加固不满足要求,不具备补救的可能性	1. 防洪堤坝填筑压实后,压实土干密度未达到规定。 2. 公路桥梁工程预应力规定张拉系数1.3,实际仅为0.8。 3. 混凝土结构误用安定性不合格水泥,且无法补救。 4. 28天混凝土实际强度达不到规定强度的32%
限制使用	补修处理达不到要求又无法返工	结构卸荷、减荷、限制使用
不作处理	对结构安全和使用功能影响很小	1. 不影响结构安全、生产工艺和使用要求的,如放线定位偏差、混凝土出现干缩裂缝。 2. 后道工序可以弥补的质量缺陷,如混凝土结构表面轻微麻面或平整度有偏差。 3. 法定检测单位鉴定合格的,如试块不合格。 4. 出现质量缺陷,检测鉴定达不到设计要求,但原设计单位核算满足结构安全和使用功能

采用上述处理方法后仍不能满足规定的质量要求或标准,则必须予以报废处理。

🌐 **精选真题**

1.[2022年真题]某工程混凝土结构出现了宽度大于0.3mm的裂缝,经分析研究不影响结构的安全和使用,可采取的处理方法是( )。

A.返工处理　　　　　　　　　　B.返修处理
C.限制使用　　　　　　　　　　D.不作处理

2.[2017年真题]当工程质量缺陷经加固、返工处理后仍无法保证达到规定的安全要求,但没有完全丧失使用功能时,适宜采用的处理方法是( )。

A.不作处理　　　　　　　　　　B.限制使用
C.报废处理　　　　　　　　　　D.返修处理

答案:1.B。2.B。

专题5 建设行政管理部门对施工质量的监督管理

复习提示▷本专题每年出题分值固定,需掌握政府监督的主体、内容、程序及涉及相关文件的内容。

[考点 1] 施工质量监督管理的制度

1.监督管理部门职责的划分

部门	管理权限和职责
国务院建设行政主管部门	全国的建设工程质量实施统一监督管理
县级以上地方人民政府建设行政主管部门	本行政区域内的建设工程质量实施监督管理
国务院发展计划部门	国家出资的重大建设项目实施监督检查
国务院经济贸易主管部门	国家重大技术改造项目实施监督检查

2.工程质量监督的性质与权限

性质	权限(有权采取的措施)
1.工程质量监督的性质属于行政执法行为。 2.实体质量监督:主管部门对涉及工程主体结构安全、主要使用功能的工程实体质量情况实施监督。 3.质量行为监督:对工程质量责任主体和质量检测等单位履行法定质量责任和义务的情况实施监督	1.要求被检查的单位提供有关工程质量的文件和资料。 2.进入被检查单位的施工现场进行检查。 3.发现有影响工程质量的问题时,责令改正

工程质量监督管理的具体工作可以由县级以上地方人民政府建设主管部门委托所属的工程质量监督机构实施。

3.政府质量监督的内容

(1)执行法律法规和工程建设强制性标准的情况。

(2)抽查涉及工程主体结构安全和主要使用功能的工程实体质量。

(3)抽查工程质量责任主体和质量检测等单位的工程质量行为。

(4)抽查主要建筑材料、建筑构配件的质量。

(5)对工程竣工验收进行监督。

(6)组织或者参与工程质量事故的调查处理。

(7)定期对本地区工程质量状况进行统计分析。

(8)依法对违法违规行为实施处罚。

其中,对涉及工程主体结构安全和主要使用功能的工程实体质量抽查的范围应包括地基基础、主体结构、防水与装饰装修、建筑节能、设备安装等相关建筑材料和现场实体的检测。

⊕ **精选真题**

1. [2019年真题] 政府对工程质量监督的行为从性质上属于(　　)。
   A. 技术服务　　　　　　　　　B. 委托代理
   C. 司法审查　　　　　　　　　D. 行政执法

2. [2017年真题] 关于政府质量监督性质与权限的说法,正确的是(　　)。
   A. 政府质量监督机构有权颁发施工企业资质证书
   B. 政府质量监督属于行政调解行为
   C. 政府质量监督机构应对质量检测单位的工程质量行为进行监督
   D. 工程质量监督的具体工作必须由当地人民政府建设主管部门实施

3. [2019年真题] 建设行政管理部门对工程质量监督的内容有(　　)。
   A. 审核工程建设标准的完整性
   B. 抽查质量检测单位的工程质量行为
   C. 抽查工程质量责任主体的工程质量行为
   D. 参与工程质量事故的调查处理
   E. 监督工程竣工验收

4. [2017年真题] 政府质量监督机构实施监督检查时,有权采取的措施有(　　)。
   A. 要求被检查单位提供相关工程财务台账
   B. 进入被检查单位的施工现场进行检查
   C. 发现有影响工程质量的问题时,责令改正
   D. 降低企业资质等级
   E. 吊销企业营业执照

答案:1. D。2. C。3. BCDE。4. BC。

[考点 2] 工程质量政府监督的实施

1. 受理建设单位对工程质量监督的申报

在工程项目开工前,监督机构接受建设单位有关建设工程质量监督的申报手续,审查建设单位提供的有关文件,审查合格签发有关质量监督文件。建设单位凭工程质量监督文件,向建设行政主管部门申领施工许可证。

⊕ **精选真题**

[2021年真题] 在工程项目开工前,建设单位有关建设工程质量监督的申报手续,并对有关文件进行审查,审查合格后签发(　　)。
A. 质量监督文件　　　　　　　B. 施工许可证
C. 质量监督报告　　　　　　　D. 监督计划方案

答案:A。

2. 开工前的质量监督

在工程项目开工前,监督机构要在施工现场召开由工程建设参与各方代表参加的监督会议,公布监督方案,提出监督要求,并进行第一次的监督检查工作。检查的重点是参与工程建设各方主体的质量行为。检查的主要内容有:

(1)检查参与工程项目建设各方的质量保证体系建立情况,包括组织机构、质量控制方案、措施及质量责任制等制度。

(2)审查参与建设各方的工程经营资质证书和相关人员的执业资格证书。

(3)审查按建设程序规定的开工前必须办理的各项建设行政手续是否齐全完备。

(4)审查施工组织设计、监理规划等文件以及审批手续。

(5)保存检查的结果及记录。

◈ **精选真题**

1.[2021年真题] 在工程项目开工前,施工质量监督机构进行第一次现场质量监督的重点是( )。

A. 主要原材料的质量　　　　　　　　B. 施工作业面的施工质量
C. 参与工程建设各方主体的质量行为　D. 重要部位和关键工序的施工质量

2.[2022年真题] 工程开工前,质量监督机构第一次监督检查的主要内容有( )。

A. 检查建设各方的质量保证体系建立情况　B. 抽查主要建筑材料的采购计划
C. 审查施工单位的工程经营资质证书　　　D. 检查质量控制资料的完成情况
E. 审查总监理工程师的执业资格证书

答案: 1. C。 2. ACE。

3. 施工过程的质量监督

(1)监督机构按照监督方案对工程项目全过程施工的情况进行不定期的检查。检查的内容主要有:参与工程建设各方的质量行为及质量责任制的履行情况,工程实体质量和质量控制资料的完成情况,其中对基础和主体结构阶段的施工应每月安排监督检查。

(2)桩基、基础、主体结构等除进行常规检查外,监督机构还应在分部工程验收时进行监督,建设单位应将施工、设计、监理和建设单位各方分别签字的质量验收证明在验收后3天内报送质量监督机构备案。

(3)对违反有关规定、造成工程质量事故和严重质量问题的单位和个人依法严肃查处曝光。对查实的问题可签发《质量问题整改通知单》或《局部暂停施工指令单》,对问题严重的单位也可根据问题的性质采取临时收缴资质证书等处理措施。

◈ **精选真题**

1.[2021年真题] 将各方签字的分部工程质量验收证明报送工程质量监督机构备案的责任主体是( )。

A. 建设单位　　　　　B. 施工单位
C. 监理单位　　　　　D. 质量检测单位

2. [2018年真题]建设工程主体结构施工中,政府质量监督机构安排监督质量检查的频率至少是(　　)。

A. 每周一次
B. 每旬一次
C. 每月一次
D. 每季度一次

3. [2021年真题]政府质量监督机构对工程实体质量和责任主体的质量行为采取"双随机、一公开"的检查方式和"互联网+监管"模式,其检查的内容主要有(　　)。

A. 工程各参建方的质量行为
B. 工程各参建方的经营资质证书
C. 工程质量控制资料的完成情况
D. 工程实体质量
E. 工程各参建方质量责任制的履行情况

答案:1. A。2. C。3. ACDE。

4. 竣工阶段的质量监督

(1)竣工验收前,复查整改情况。

(2)竣工验收时,参加竣工验收会议,对验收的组织形式、程序等进行监督。

(3)竣工验收合格后,建设单位要在现场设置竣工永久性标牌,载明五方责任主体的单位名称和主要负责人的姓名。

(4)编制单位工程质量监督报告,在竣工验收之日起5天内提交到竣工验收备案部门。对不符合验收要求的责令改正,对存在的问题进行处理,并向备案部门提出书面报告。

🌐 **精选真题**

[2020年真题]政府质量监督机构参加工程竣工验收会议的目的是(　　)。

A. 签发工程竣工验收意见
B. 对验收的组织形式、程序等进行监督
C. 对工程实体质量进行检查验收
D. 检查核实有关工程质量的文件和资料

答案:B。

5. 建立工程质量监督档案

建设工程质量监督档案按单位工程建立。要求归档及时,资料记录等各类文件齐全,经监督机构负责人签字后归档,按规定年限保存。

强化练习

一、单项选择题

1. 在工程项目施工质量管理中,起决定性作用的影响因素是(　　)。
   A. 人
   B. 材料
   C. 机械
   D. 方法

2. 下列影响施工质量的环境因素中,属于管理环境因素的是(　　)。
   A. 施工现场平面布置和空间环境
   B. 施工现场道路交通状况
   C. 施工现场各种能源介质供应
   D. 施工单位质量管理制度

3. 施工企业质量管理体系文件中,阐明质量政策、质量体系等的文件是(　　)。
   A. 质量手册
   B. 程序文件
   C. 质量计划
   D. 质量记录

4. 关于企业质量管理体系认证与监督的说法,

正确的是( )。
A. 企业质量管理体系必须由国家认证认可监督委员会认证
B. 企业获准认证的有效期为五年
C. 企业获准认证后只需第一年接受认证机构的监督管理
D. 企业获准认证后应经常性地进行内部审核

5. 施工质量保证体系的PDCA循环中,实施阶段工作内容包括( )。
A. 确定质量管理的目标
B. 确定质量管理的方针
C. 检查是否严格执行了计划的行动方案
D. 按计划规定的方法及要求展开的实施作业技术活动

6. 下列质量检查方法中,属于施工现场质量检查实测法的是( )。
A. 理化试验
B. 超声波探伤
C. 用线锤吊线检查垂直度
D. 用敲击工具进行音感检查

7. 施工单位在相应工程施工前编制的技术交底书,需经( )批准后方可实施。
A. 施工项目经理   B. 总监理工程师
C. 甲方工程师   D. 项目技术负责人

8. 某工程项目施工工期紧迫赶工,楼面混凝土刚浇筑完毕即上人作业,造成混凝土表面不平并出现楼板裂缝坍塌,造成1人死亡,12人重伤。按事故责任分,此质量事故属于( )。
A. 操作责任的一般事故
B. 指导责任的一般事故
C. 操作责任的较大事故
D. 指导责任的较大事故

9. 根据质量事故处理的一般程序,事故处理上一步应进行的工作是( )。

A. 制定事故处理的技术方案
B. 事故原因分析
C. 事故处理的鉴定验收
D. 提交处理报告

10. 特殊过程的质量控制,除按一般过程质量控制的规定执行外,还应( )。
A. 由专业技术人员编制作业指导书,经项目经理审批后执行
B. 由专业技术人员编制作业指导书,经项目技术负责人审批后执行
C. 由项目技术负责人编制作业指导书,经项目经理审批后执行
D. 由项目经理编制作业指导书,经施工企业技术负责人审批后执行

11. 对于重要的工序或对工程质量有重大影响的工序,应严格执行"三检"制度,"三检"是指( )。
A. 自检、互检、交接检
B. 自检、互检、专检
C. 抽检、自检、互检
D. 自检、互检、第三方检测

12. 建设工程质量监督档案按( )建立。
A. 单位工程   B. 分部工程
C. 单项工程   D. 分项工程

13. 下列不属于政府对建设工程质量监督的内容是( )。
A. 组织或参与工程质量事故的调查处理
B. 监督检查工程实体的施工质量,特别是基础、主体结构、主要设备安装等涉及结构安全和使用功能的施工质量
C. 组织工程竣工验收
D. 抽查主要建筑材料、建筑构配件的质量

14. 工程项目建设中的桩基工程经监督检查验收合格后,建设单位应将质量验收证明在验收后( )内报送工程质量监督机构

备案。
A. 14 天　　　　B. 10 天
C. 7 天　　　　　D. 3 天

15. 在影响施工质量的各个因素中,工程质量的基础是(　　)。
A. 施工管理　　　B. 材料质量
C. 施工工艺　　　D. 施工方法

16. 在施工质量管理中,以控制人的因素为基本出发点而建立的管理制度是(　　)。
A. 见证取样制度
B. 专项施工方案论证制度
C. 执业资格注册制度
D. 建设工程质量监督管理制度

17. 在影响施工质量的五大因素中,建设主管部门推广的钢筋与混凝土技术,属于(　　)的因素。
A. 方法　　　　　B. 环境
C. 材料　　　　　D. 机械

18. 影响施工质量的环境因素中,施工作业环境因素包括(　　)。
A. 地下障碍物的影响
B. 施工现场交通运输条件
C. 质量管理制度
D. 施工工艺与工法

19. 建设工程项目质量管理的 PDCA 循环工作原理中,"C"是指(　　)。
A. 计划　　　　　B. 实施
C. 检查　　　　　D. 处理

20. "基于数据和信息的分析和评价的决策",属于质量管理七项原则中的(　　)。
A. 领导作用　　　B. 全员参与
C. 关系管理　　　D. 循证决策

21. (　　)是实施和保持质量体系过程中长期遵循的纲领性文件。
A. 质量手册　　　B. 程序文件
C. 质量计划　　　D. 质量记录

22. 下列属于质量手册支持性文件的是(　　)。
A. 程序文件　　　B. 质量计划
C. 质量记录　　　D. 质量方针

23. PDCA 循环中,检查阶段的主要任务是(　　)。
A. 明确并制定实现目标的行动方案
B. 展开施工作业技术活动
C. 检查执行的情况和效果
D. 对施工质量问题进行原因分析,采取必要措施予以纠正

24. 下列施工质量控制措施中,不属于事前控制的是(　　)。
A. 落实质量责任　B. 设置质量管理点
C. 明确质量目标　D. 施工质量检查验收

25. 下列施工质量控制的依据中,属于共同性依据的是(　　)。
A. 工程建设项目质量检验评定标准
B. 有关材料验收的标准
C. 施工工艺质量等方面的技术法规性文件
D. 技术变更

26. 建设单位应在工程竣工验收前(　　)个工作日前,将验收时间、地点、验收组名单书面通知该工程的工程质量监督机构。
A. 3　　　　　　B. 14
C. 15　　　　　　D. 7

27. 项目开工前,项目技术负责人应向(　　)进行书面技术交底。
A. 项目经理
B. 承担施工的负责人
C. 施工班组长
D. 操作工人

28. 在施工过程中,施工测量复核结果应报

送( )复验确认后才能进行后续相关工序的施工。

A. 项目经理

B. 监理工程师

C. 业主技术负责人

D. 项目技术负责人

29. 施工单位向建设单位提交工程竣工报告,申请工程竣工验收。实行监理的工程,工程竣工报告须经( )签署意见。

A. 设计单位项目负责人

B. 建设单位项目负责人

C. 施工单位技术负责人

D. 总监理工程师

30. 下列关于材料的质量控制,说法错误的是( )。

A. 必要时,监理工程师应对进场建材进行平行检验

B. 施工单位应当建立建材进场验证制度

C. 混凝土预制构件出厂时的混凝土强度不宜低于设计混凝土强度等级值的50%

D. 建材供应商不得向建设工程提供未经检验或者检验不合格的建材产品和假冒伪劣产品

31. 某钢筋混凝土结构工程的框架柱表面出现局部蜂窝麻面,经调查分析,其承载力满足设计要求,则对该框架柱表面质量问题一般的处理方式是( )。

A. 加固处理　　B. 返修处理

C. 返工处理　　D. 不作处理

32. 由于工程负责人不按规范指导施工、随意压缩工期造成的质量事故,按事故责任分类,属于( )。

A. 操作责任事故　　B. 自然灾害事故

C. 技术责任事故　　D. 指导责任事故

33. 某工程由于施工现场管理混乱,质量问题频发,下列建设工程施工质量事故中,属于重大事故的是( )。

A. 某基坑发生透水事件,造成直接经济损失5000万元,没有人员伤亡

B. 某拆除工程质量事故,造成直接经济损失1000万元,45人重伤

C. 某建设工程材料不合格,导致脚手架倒塌,造成直接经济损失960万元,8人重伤

D. 某建设工程提前拆模导致结构坍塌,造成35人死亡,直接经济损失4500万元

34. 某房屋建设工程施工中,模板支撑体系坍塌,导致1人死亡,11人重伤,直接经济损失2000万元,根据《关于做好房屋建筑和市政基础设施工程质量事故报告和调查处理工作的通知》(建质〔2010〕111号),该事故等级为( )。

A. 一般事故　　B. 较大事故

C. 重大事故　　D. 特别重大事故

35. 工程施工质量事故的处理包括:①事故调查;②事故原因分析;③提交处理报告;④事故处理;⑤事故处理的鉴定验收;⑥制定事故处理方案。其正确的程序为( )。

A. ①→②→⑥→③→④→⑤

B. ②→①→③→④→⑤→⑥

C. ②→①→⑤→③→⑥→④

D. ①→②→⑥→④→⑤→③

36. 某公路桥梁工程预应力按规定张拉系数为1.3,而实际仅为0.8,属于严重的质量缺陷,在无法返修的情况下应采取的处理方式是( )。

A. 加固处理　　B. 返工处理

C. 限制使用　　D. 报废处理

37. 工程项目开工前,负责向监督机构申报建设工程质量监督手续的单位应该是( )。
   A. 施工单位　　B. 建设单位
   C. 监理单位　　D. 设计单位

二、多项选择题

1. 在影响施工质量的主要因素中,方法的因素主要包括( )等方面。
   A. 施工技术方案　　B. 施工工艺
   C. 施工技术措施　　D. 施工技术标准
   E. 施工检验方法

2. 建筑工程五方责任主体项目负责人是指( )。
   A. 建设单位项目负责人
   B. 勘察单位项目负责人
   C. 设计单位项目负责人
   D. 施工单位项目经理
   E. 监理单位监理工程师

3. 下列选项中,属于质量管理七项原则的有( )。
   A. 领导作用　　B. 全员积极参与
   C. 改进　　　　D. 过程方法
   E. 与需方互利的关系

4. 当分部工程较大或较复杂时,可按( )将分部工程划分为若干子分部工程。
   A. 材料种类　　B. 主要工种
   C. 施工特点　　D. 施工程序
   E. 施工工艺

5. 下列引发工程质量事故的原因中,属于社会、经济原因的有( )。
   A. 偷工减料
   B. 结构设计计算错误
   C. 检验制度不严密
   D. 盲目追求利润而不顾质量
   E. 检测仪器设备管理不善而失准

6. 某工程在主体封顶后,发现主梁底部裂缝,经检测,裂缝不影响结构安全和使用,可以采用的处理方法包括( )。
   A. 小于0.3mm的裂缝不用处理
   B. 对于不大于0.3mm的裂缝,可进行表面密封法处理
   C. 对于不大于0.2mm的裂缝,可进行表面密封法处理
   D. 对于大于0.3mm的裂缝,可进行嵌缝密闭法进行处理
   E. 所有缝隙均应当采用灌浆修补法

7. 某施工现场钢屋架安装过程中一榀屋架倾覆,且碰撞了相邻屋架,产生较大移位,对该质量事故处理的说法,正确的是( )。
   A. 事故发生后,事故现场有关人员应当在2h内向工程建设单位负责人报告
   B. 事故发生后,现场有关人员应当立即进入现场对倾覆屋架进行检查
   C. 事故导致3名工人重伤,直接经济损失2000万元,事故定性为较大质量事故
   D. 事故发生后,现场施工人员对倾覆屋架及其相邻屋架进行修复后结束了事故处理
   E. 经调查发现事故原因主要是由于赶进度,未按质量标准进行质量检验和控制,因而该事故属于指导责任事故

8. 关于质量监督机构在工程竣工阶段质量监督工作的说法,正确的有( )。
   A. 对所提出的质量问题的整改情况进行复查
   B. 主持竣工验收会议
   C. 对验收的组织形式进行监督
   D. 对质量责任制的履行情况进行检查
   E. 对验收的程序进行监督

9. 下列影响施工质量的环境因素中,属于管

环境因素的有（　　）。
A. 施工现场的照明情况
B. 施工单位的质量管理制度
C. 施工现场的道路条件
D. 各参建单位之间的协调程度
E. 施工单位的质量管理体系

10. 施工质量影响因素主要有"4M1E"，其中，"4M"是指（　　）。
A. 人　　　　　　B. 机械
C. 方法　　　　　D. 环境
E. 材料

11. 建筑工程施工质量控制难度大的原因有（　　）。
A. 规范化的生产工艺
B. 成套的生产设备
C. 建筑产品的单件性
D. 施工生产的流动性
E. 工序多、关系复杂

12. 下列机械设备，属于施工机械设备的有（　　）。
A. 辅助配套的电梯、泵机
B. 测量仪器
C. 计量器具
D. 空调设备
E. 操作工具

13. 施工质量保证体系中，属于工作保证体系内容的有（　　）。
A. 编制质量计划　B. 建立工作制度
C. 明确工作任务　D. 分解质量目标
E. 落实建筑工人实名制管理

14. 施工质量控制应贯彻全面、全过程质量管理的思想，运用动态控制原理，进行质量的（　　）。
A. 全程监控　　　B. 事前控制
C. 事中控制　　　D. 事后控制
E. 抽查控制

15. 下列施工质量控制依据中，属于专用性依据的有（　　）。
A. 工程建设项目质量检验评定标准
B. 建设工程质量管理条例
C. 设计修改和技术变更通知
D. 材料验收的技术标准
E. 勘察设计文件

16. 建设工程施工质量不符合要求时，正确的处理方法有（　　）。
A. 经返工重做或更换器具、设备的检验批，应重新进行验收
B. 检验批的某些项目或指标不满足要求，难以确定可否验收时，经有法定资质的检测单位检测鉴定达到设计要求时，该检验批应认为通过验收
C. 经有法定资质的检测单位检测鉴定达不到设计要求，但经原设计单位核算，仍能满足规范标准要求的结构安全和使用功能的情况，该检验批可予以验收
D. 经返修或加固的分项、分部工程，虽然改变外形尺寸但不影响安全和主要使用功能条件下，可按技术处理方案和协商文件进行验收
E. 经返修或加固处理仍不能满足安全使用要求的分部工程，经鉴定后降低安全等级使用

17. 事中质量控制的内容包括（　　）。
A. 对质量活动的行为进行约束
B. 对质量活动的过程进行监督控制
C. 对质量活动的结果进行监督控制
D. 对质量偏差进行纠正
E. 对质量评价过程的控制

18. 下列施工现场质量检查，属于实测法检查的有（　　）。

A. 肉眼观察墙面喷涂的密实度
B. 用敲击工具检查地面砖铺贴的密实度
C. 用直尺检查地面的平整度
D. 用线锤吊线检查墙面的垂直度
E. 现场检测混凝土试件的抗压强度

19. 下列工程建设的参建主体中,应在建设单位报送工程质量监督机构的结构主要部位分部工程质量验收证明上签字的单位有( )。

A. 勘察单位 B. 设计单位
C. 施工单位 D. 检测单位
E. 监理单位

20. 下列可能导致施工质量事故发生的原因中,属于管理原因的有( )。

A. 质量控制不严
B. 操作人员技术素质差
C. 地质勘察过于疏略
D. 材料质量检验不严
E. 质量管理体系不完善

21. 下列关于施工质量事故处理基本方法的说法,正确的有( )。

A. 结构受撞击所造成的损伤仅在结构的表面或局部,不影响其使用和外观时,可进行修补处理
B. 某些部位的混凝土表面的裂缝,经检查分析,属于表面养护不够的干缩裂缝,不影响使用和外观,可不作处理
C. 当混凝土结构出现的裂缝不影响结构的安全和使用时,可采取修补处理
D. 混凝土结构出现的裂缝宽度大于 0.3mm,如不影响结构的安全和使用,可采取嵌缝密闭法修补处理
E. 某公路桥梁工程预应力按规定张拉系数为 1.3,而实际为 0.8,可采取加固处理方法

22. 下列工程质量问题中,一般可不作专门处理的情况有( )。

A. 混凝土结构出现宽度大于 0.3mm 的裂缝
B. 混凝土现浇楼面的平整度偏差达到 8mm
C. 某一结构构件截面尺寸不足,但进行复核验算后能满足设计要求
D. 混凝土结构表面出现蜂窝、麻面
E. 某基础的混凝土 28 天强度不到规定强度的 30%

23. 政府质量监督主管部门实施监督检查时,有权采取的措施包括( )。

A. 签发收缴资质证书通知书
B. 要求被检查的单位提供有关工程质量的文件和资料
C. 进入被检查单位的施工现场进行检查
D. 发现有影响工程质量的问题时,责令改正
E. 签发收缴施工单位营业执照通知书

24. 政府质量监督管理的内容有( )。

A. 抽查主要建筑材料的质量
B. 依法处罚违法违规行为
C. 监督工程竣工验收
D. 定期统计分析本地区工程质量情况
E. 抽查施工进度计划的执行情况

参考答案及解析

一、单项选择题

1. A [解析] 在施工质量管理中,人的因素起决定性的作用。故选 A。

2. D [解析] 施工质量管理环境因素主要指施

工单位质量管理体系、质量管理制度和各参建施工单位之间的协调等因素。选项ABC属于施工作业环境因素。故选D。

3. A [解析]质量手册是阐明一个企业的质量政策、质量体系和质量实践的文件,是实施和保持质量体系过程中长期遵循的纲领性文件。故选A。

4. D [解析]选项A错误,质量管理体系由公正的第三方认证机构依据质量管理体系的要求标准,审核企业质量管理体系要求的符合性和实施的有效性,进行独立、客观、科学、公正的评价,得出结论。选项B错误,企业获准认证的有效期为三年。选项C错误,企业获准认证后,应经常性地进行内部审核,保持质量管理体系的有效性,并每年一次接受认证机构对企业质量管理体系实施的监督管理。故选D。

5. D [解析]选项AB属于计划阶段应完成的工作内容。选项C属于检查阶段应完成的工作内容。故选D。

6. C [解析]现场质量检查的方法主要有目测法、实测法、试验法。选项AB属于试验法。选项D属于目测法中的"敲"。故选C。

7. D [解析]技术交底书应由施工项目技术人员编制,并经项目技术负责人批准实施。故选D。

8. D [解析]指导责任事故是指工程指导或领导失误而造成的质量事故。例如,由于工程负责人不按规范指导施工,强令他人违章作业;或者片面追求施工进度,降低施工质量标准等而造成的质量事故。较大事故,是指造成3人以上10人以下死亡,或者10人以上50人以下重伤,或者1000万元以上5000万元以下直接经济损失的事故。故选D。

9. A [解析]质量事故处理的一般程序:①事故调查;②事故的原因分析;③制定事故处理的技术方案;④事故处理;⑤事故处理的鉴定验收;⑥提交处理报告。故选A。

10. B [解析]特殊过程的质量控制除按一般过程质量控制的规定执行外,还应由专业技术人员编制作业指导书,经项目技术负责人审批后执行。故选B。

11. B [解析]工序交接检查,重要工序或对工程质量有重大影响的工序应严格执行"三检"制度,即自检、互检、专检。故选B。

12. A [解析]建设工程质量监督档案按单位工程建立。故选A。

13. C [解析]竣工验收由建设单位组织,质量监督机构对工程竣工验收进行监督。故选C。

14. D [解析]桩基、基础、主体结构等除进行常规检查外,监督机构还应在分部工程验收时进行监督,建设单位应将施工、设计、监理和建设单位各方分别签字的质量验收证明在验收后3天内报送工程质量监督机构备案。故选D。

15. B [解析]材料质量是工程质量的基础,材料质量不符合要求,工程质量就不可能达到标准。故选B。

16. C [解析]我国实行的执业资格注册制度和作业人员持证上岗制度等,从本质上说就是对从事施工活动的人的素质和能力进行必要的控制。故选C。

17. A [解析]施工方法包括施工技术方案、施工工艺、工法和施工技术措施等。例如:包括地基基础和地下空间工程技术,钢筋与混凝土技术,模板及脚手架技术,装配式混凝土结构技术,钢结构技术,机电安装工程技术,绿色施工技术,防水技术与维护结构节能,抗震、加固与监测技术,信息化技术等。故选A。

18. B [解析]选项A属于自然环境因素。选项C属于管理环境因素。选项D属于方法因素。故选B。

19. C [解析]P(Plan)是计划,D(Do)是实施,C(Check)是检查,A(Action)是处理。故选C。

20. D [解析]循证决策,基于数据和信息的分析和评价的决策,更有可能产生期望的结果。故选D。

21. A [解析]质量手册是实施和保持质量体系过程中长期遵循的纲领性文件。故选A。

22. A [解析]属于质量手册支持性文件的是程序文件。故选A。

23. C [解析]选项A属于计划环节的内容。选项B属于实施环节的内容。选项D属于处理环节的内容。故选C。

24. D [解析]事前质量控制指在正式施工前进行的事前主动质量控制,通过编制施工质量计划,明确质量目标,制定施工方案,设置质量管理点,落实质量责任等。故选D。

25. D [解析]选项ABC属于专业技术法规性依据。故选D。

26. D [解析]建设单位应在工程竣工验收前7个工作日前,将验收时间、地点、验收组名单书面通知该工程的工程质量监督机构。故选D。

27. B [解析]项目开工前应由项目技术负责人向承担施工的负责人或分包人进行书面技术交底。故选B。

28. B [解析]施工过程中必须认真进行施工测量复核工作,其复核结果报送监理工程师复验确认后,方能进行后续相关工序的施工。故选B。

29. D [解析]施工单位向建设单位提交工程竣工报告,申请工程竣工验收。实行监理的工程,工程竣工报告须经总监理工程师签署意见。故选D。

30. C [解析]混凝土预制构件出厂时的混凝土强度不宜低于设计混凝土强度等级值的75%。故选C。

31. D [解析]如果混凝土结构表面的轻微麻面,可通过后续的抹灰、刮涂、喷涂等弥补,可不作处理。故选D。

32. D [解析]指导责任事故:由于工程指导或领导失误而造成的质量事故。例如,由于工程负责人不按规范指导施工,放松或不按质量标准进行控制和检验,降低施工质量标准等而造成的质量事故。故选D。

33. A [解析]重大事故是指造成10人以上30人以下死亡,或者50人以上100人以下重伤,或者5000万元以上1亿元以下直接经济损失的事故。选项BD属于较大事故。选项C属于一般事故。故选A。

34. B [解析]较大事故,是指造成3人以上10人以下死亡,或者10人以上50人以下重伤,或者1000万元以上5000万元以下直接经济损失的事故。故选B。

35. D [解析]施工质量事故的处理程序如下:①事故调查;②事故的原因分析;③制定事故处理的技术方案;④事故处理;⑤事故处理的鉴定验收;⑥提交处理报告。故选D。

36. B [解析]某公路桥梁工程预应力按规定张拉系数为1.3,而实际仅为0.8,属于严重的质量缺陷,也无法返修,只能返工处理。故选B。

37. B [解析]在工程项目开工前,监督机构接受建设单位有关建设工程质量监督的申报手续。故选B。

二、多项选择题

1. ABC [解析]施工方法包括施工技术方案、

施工工艺、工法和施工技术措施等。从某种程度上说，技术工艺水平的高低，决定了施工质量的优劣。故选ABC。

2. ABCD [解析] 建筑工程五方责任主体项目负责人是指承担建筑工程项目建设的建设单位项目负责人、勘察单位项目负责人、设计单位项目负责人、施工单位项目经理、监理单位总监理工程师。故选ABCD。

3. ABCD [解析] 质量管理七项原则，内容如下：①以顾客为关注焦点；②领导作用；③全员积极参与；④过程方法；⑤改进；⑥循证决策；⑦关系管理。故选ABCD。

4. ACD [解析] 当分部工程较大或较复杂时，可按材料种类、施工特点、施工程序、专业系统及类别将分部工程划分为若干子分部工程。选项BE属于分项工程的划分标准。故选ACD。

5. AD [解析] 选项B属于技术原因。选项CE属于管理原因。故选AD。

6. CD [解析] 混凝土结构出现裂缝，不影响结构的安全和使用功能时，可采取返修处理。当裂缝宽度不大于0.2mm时，可采用表面密封法；当裂缝宽度大于0.3mm时，可采用嵌缝密闭法；当裂缝较深时，则应采取灌浆修补的方法。故选CD。

7. CE [解析] 选项A错误，事故发生后，事故现场有关人员应当立即向工程建设单位负责人报告。选项B错误，在事故处理过程中应当确保处理期间的安全，现场人员不应当立即进入现场，而是应当先做好防护措施。选项C正确，3人以上10人以下死亡，10人以上50人以下重伤，1000万元以上5000万元以下直接经济损失的事故均属于较大质量事故。选项D错误，修复工作只是事故的技术处理，而事故的处理还包括其余内容，如事故处理的鉴定验收等。选项E正确，赶进度，未按质量标准进行质量检验和控制属于指导责任事故。故选CE。

8. ACE [解析] 选项B错误，应参加竣工验收会议。选项D属于施工过程质量监督的工作。故选ACE。

9. BDE [解析] 选项AC属于作业环境因素。故选BDE。

10. ABCE [解析] 施工质量的影响因素主要有人（Man）、材料（Material）、机械（Machine）、方法（Method）及环境（Environment）等五大方面，即"4M1E"。故选ABCE。

11. CDE [解析] 控制的难度大：由于建筑产品的单件性和施工生产的流动性，不能进行标准化施工，施工质量容易产生波动。同时施工作业面大、人员多、工序多、关系复杂、作业环境差，都加大了质量控制的难度。故选CDE。

12. BCE [解析] 选项AD属于工程设备。故选BCE。

13. BC [解析] 选项A属于项目施工质量计划的内容。选项D属于项目施工质量目标的内容。选项E属于组织保证体系的内容。故选BC。

14. BCD [解析] 施工质量控制应贯彻全面、全过程质量管理的思想，运用动态控制原理，进行质量的事前控制、事中控制、事后控制。故选BCD。

15. CE [解析] 选项AD属于专业技术性依据。选项B属于共同性依据。故选CE。

16. ABCD [解析] 选项E错误，应严禁验收。故选ABCD。

17. ABC [解析] 事中控制首先是对质量活动的行为约束，其次是对质量活动过程和结果的监督控制。事中控制的关键是坚持质量标准,控制的重点是工序质量、工作质量和质量控制点的控制。故选 ABC。

18. CD　[解析]选项 AB 属于目测法检测内容。选项 E 属于试验法检测内容。故选 CD。

19. BCE　[解析]建设单位应将施工、设计、监理和建设单位各方分别签字的质量验收证明在验收后 3 天内报送工程质量监督机构备案。故选 BCE。

20. ADE　[解析]选项 BC 属于技术原因。故选 ADE。

21. ABCD　[解析]选项 E 错误,只能返工处理。故选 ABCD。

22. BC　[解析]选项 AD 错误,需要返修处理。选项 E 错误,需要返工处理。故选 BC。

23. BCD　[解析]选项 AE 错误,监督机构对在施工过程中发生的质量问题、质量事故进行查处。对查实的问题可签发《质量问题整改通知单》或《局部暂停施工指令单》,对问题严重的单位也可根据问题的性质签发临时收缴资质证书通知书等处理措施。故选 BCD。

24. ABCD　[解析]政府质量监督的内容包括:①执行法律法规和工程建设强制性标准的情况;②抽查涉及工程主体结构安全和主要使用功能的工程实体质量;③抽查工程质量责任主体和质量检测等单位的工程质量行为;④抽查主要建筑材料、建筑构配件的质量;⑤对工程竣工验收进行监督;⑥组织或者参与工程质量事故的调查处理;⑦定期对本地区工程质量状况进行统计分析;⑧依法对违法违规行为实施处罚。故选 ABCD。

第 5 章　施工职业健康安全与环境管理

考情分析

本章属于重点章节。本章主要围绕职业健康安全与环境管理的要求来展开阐述,一共包括四个专题。其中,前两个专题理论性较强,重在理解;后两个专题实践性较强,在学习的过程中注意理论与实际相结合。在近 4 年考试中年均考 15 分。考生应通过反复练习往年真题来找到复习思路与方法。

扫码领取本章视频课程

近 4 年考试真题分值统计表

（单位:分）

序号	专题名	2022 单选	2022 多选	2021(2) 单选	2021(2) 多选	2021(1) 单选	2021(1) 多选	2020 单选	2020 多选	2019 单选	2019 多选
1	职业健康安全管理体系与环境管理体系	2	2	2	2	2	2	2	2	2	2
2	施工安全生产管理	4	2	2	2	2	2	3	—	3	2
3	生产安全事故应急预案和事故处理	2	2	2	2	2	2	2	2	2	2
4	施工现场文明施工和环境保护的要求	2	2	2	—	2	—	2	—	2	—
	合计	10	8	8	6	8	6	9	6	9	6

思维导图

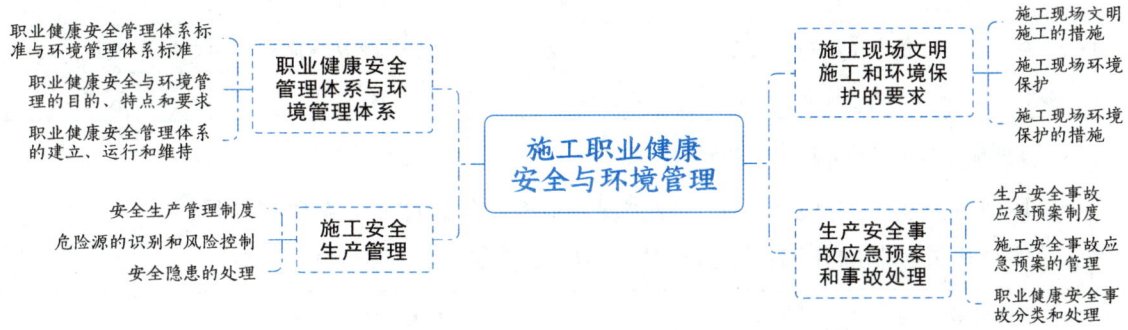

核心考点

专题 1　职业健康安全管理体系与环境管理体系

复习提示▷ 本专题重点讲解了职业健康安全管理与环境管理要求,建议考生在学习本专题内容时理解记忆。

[考点 1] 职业健康安全管理体系标准与环境管理体系标准

(一)职业健康安全与环境管理体系标准对比

比较项目	职业健康安全管理体系	环境管理体系
运行模式	由"领导作用—策划—支持和运行—绩效评价—改进"五大要素构成,采用PDCA动态循环、不断上升的螺旋式运行模式	以PDCA动态循环"策划—支持和运行—绩效评价—改进"四大要素构成的动态循环过程为基础
侧重点	持续改进的动态管理思想	坚持持续改进和环境污染预防
图例	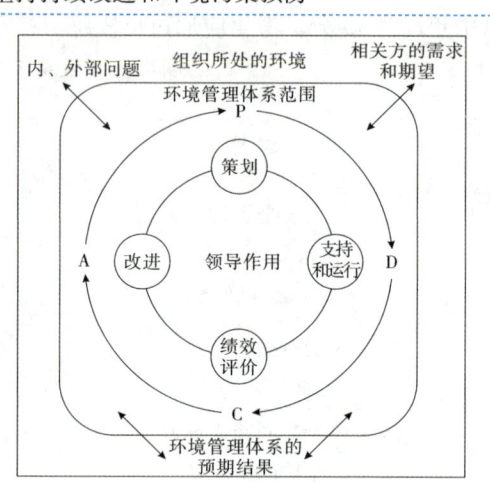	

[提示] PDCA原则在不同体系里的含义见下表。

体系	P	D	C	A
质量	计划	实施	检查	处理
安全	领导作用——策划	支持和运行	绩效评价	改进
环境	策划	支持和运行	绩效评价	改进

(二)职业健康安全管理体系结构

(1)职业健康安全方针:体现了企业实现风险控制的总体职业健康安全目标。

(2)实行事故控制的开端:危险源识别、风险评价和风险控制策划。

总体结构	结构细分
组织所处环境	1.理解组织及其所处的环境;2.理解工作人员和其他相关方的需求和期望;3.确定职业健康安全管理体系的范围;4.职业健康安全管理体系
领导作用和工作人员参与	1.领导作用和承诺;2.职业健康安全方针;3.组织的角色、职责和权限;4.工作人员的协商和参与
策划	1.应对风险和机遇的措施;2.职业健康安全目标及其实现的策划
支持	资源、能力、意识、沟通、文件化信息

(续表)

总体结构	结构细分
运行	1.运行策划与控制;2.应急准备和响应
绩效评价	1.监视、测量、分析和评价绩效;2.内部审核;3.管理评审
改进	1.总则;2.事件、不符合和纠正措施;3.持续改进

(三)环境管理体系标准的结构及内容

总体结构		基本要求和内容
组织所处环境	理解组织及其所处的环境	影响其实现环境管理体系预期结果的能力的内外部问题
	理解相关方的需求	确定与环境管理体系有关的相关方并明确其需求
	确定环境管理体系的范围	确定环境管理体系的边界和适用性
	环境管理体系	根据标准建立、实施、保持并持续改进环境管理体系
领导作用	领导作用与承诺	最高管理者通过九方面的行动证实领导作用和承诺
	环境方针	最高管理者在体系范围内建立、实施并保持环境方针
	组织的角色、职责和权限	最高管理者确保在组织内部分配并沟通相关角色的职责和权限
策划	应对风险和机遇的措施	总则、环境因素、合规义务、措施的策划
	环境目标及其实现的策划	环境目标、实现环境目标的措施的策划

◉ 精选真题

1.[2020年真题]根据《职业健康安全管理体系 要求及使用指南》(CB/T 45001—2020)的总体结构,属于运行要求的内容是(   )。

A.应急准备和响应　　　　　　　　B.持续改进

C.事件、不符合的纠正和预防　　　D.绩效测量和监视

2.[2020年真题]根据《环境管理体系 要求及使用指南》(GB/T 24001—2016),下列环境因素中,属于外部存在的是(   )。

A.组织的全体职工　　　　　　　　B.影响人类生存的各类自然因素

C.组织的管理团队　　　　　　　　D.静态组织结构

3.[2018年真题]根据《环境管理体系 要求及使用指南》(GB/T 24001—2016),PDCA循环中"A"环节指的是(   )。

A.策划　　　　　　　　　　　　　B.支持和运行

C.改进　　　　　　　　　　　　　D.绩效评价

4.[2020年真题]《环境管理体系 要求及使用指南》(GB/T 24001—2016)中,应对风险和机遇的措施部分包括的内容有(   )。

A.总则　　　　　　　　　　　　　B.环境目标

C.环境因素　　　　　　　　　　　D.合规义务

E.措施的策划

答案:1. A。

2. B。《环境管理体系 要求及使用指南》(GB/T 24001—2016)中,认为环境是指组织运行活动的外部存在,包括空气、水、土地、自然资源、植物、动物、人,以及它(他)们之间的相互关系。

3. C。 4. ACDE。

[考点 2] 职业健康安全与环境管理的目的、特点和要求

1. 职业健康安全与环境管理的目的

比较项目	总体目的	建设工程目的
安全管理	减少或消除不安全行为和状态,避免事故的发生,以保证生产活动中人员的健康和安全	防止和减少生产安全事故、保护产品生产者健康、保障人民群众的生命和财产免受损失
环境管理	保护生态环境,使社会经济发展与人类的生存环境相协调	保护和改善施工现场的环境

2. 职业健康安全与环境管理的特点

建设工程职业健康安全与环境管理应考虑的特点包括:①复杂性;②多变性;③协调性;④持续性;⑤经济性。

[速记] 经济复杂多变,多样持续协调。

3. 职业健康安全管理的基本要求

(1)坚持安全第一、预防为主和防治结合的方针。

(2)企业的法定代表人是安全生产的第一负责人,项目负责人是施工项目生产的主要负责人。

(3)在设计阶段,设计单位应进行安全保护设施的设计;对防范生产安全事故提出指导意见;采用"三新"和特殊结构的建设工程。

(4)在施工阶段,施工企业应制定职业健康安全生产技术措施计划。

(5)实行总承包的,总承包单位自行完成工程主体结构的施工。分包单位应接受总包单位的安全生产管理,因分包单位不服从管理导致生产安全事故的,由分包单位承担主要责任,总包和分包单位对分包工程的安全生产承担连带责任。

(6)施工企业必须为从事危险作业的人员办理意外伤害保险。

(7)工程施工职业健康安全管理应遵循下列程序:

①识别并评价危险源及风险;

②确定职业健康安全目标;

③编制并实施项目职业健康安全技术措施计划;

④职业健康安全技术措施计划实施结果验证;

⑤持续改进相关措施和绩效。

[提示] (1)安全生产责任。总包负总责,分包负分责,总分连带。

(2)职业健康安全管理程序。识别风险→确定目标→编制实施→结果验证→持续改进。

第5章 施工职业健康安全与环境管理

🌐 **精选真题**

1.[2021年真题]关于施工企业职业健康安全与环境管理基本要求的说法,正确的是( )。

A.取得安全生产许可证的施工企业,需设立安全生产管理机构,但不需配备专职安全生产管理人员

B.建设工程项目中防治污染的设施必须经监理单位验收合格后方可投入使用

C.建设工程实行总承包的,因分包合同中已明确各自安全生产的权利和义务,分包单位发生安全生产事故时,总承包单位不承担连带责任

D.施工企业法定代表人是安全生产的第一负责人,项目经理是施工项目生产的主要负责人

2.[2021年真题]工程施工职业健康安全管理工作包括:①确定职业健康安全目标;②识别并评价危险源及风险;③持续改进相关措施和绩效;④编制并实施项目职业健康安全技术措施计划;⑤职业健康安全技术措施计划实施结果验证。正确的程序是( )。

A.①→②→④→⑤→③　　　　B.①→②→⑤→④→③
C.②→①→④→③→⑤　　　　D.②→①→④→⑤→③

3.[2018年真题]根据《建设工程安全生产管理条例》和《职业健康安全管理体系》(GB/T 28000),对建设工程施工职业健康安全管理的基本要求有( )。

A.施工企业必须对本企业的安全生产负全面责任

B.设计单位对已发生的生产安全事故处理提出指导意见

C.施工项目负责人和专职安全生产管理人员应持证上岗

D.坚持安全第一、预防为主和防治结合的方针

E.实行总承包的工程,分包单位应当接受总承包单位的安全生产管理

4.[2017年真题]根据《建设工程安全生产管理条例》和《职业健康安全管理体系》(GB/T 28000)标准,建设工程对施工职业健康安全管理的基本要求包括( )。

A.工程施工阶段,施工企业应制定职业健康安全生产技术措施计划

B.施工企业在其经营生产的活动中必须对本企业的安全生产负全面责任

C.工程设计阶段,设计单位应制定职业健康安全生产技术措施计划

D.实行总承包的建设工程,由总承包单位对施工现场的安全生产负总责

E.实行总承包的建设工程,分包单位应当接受总承包单位的安全生产管理

答案:1.D。选项A错误,取得安全生产许可证的施工企业应设立安全生产管理机构,配备合格的专职安全生产管理人员,并提供必要的资源。选项B错误,建设工程项目中防治污染的设施必须经原审批环境影响报告书的环境保护行政主管部门验收合格后,该建设工程项目方可投入生产或者使用。

2.D。3.ACDE。4.ABDE。

[考点 3] 职业健康安全管理体系的建立、运行和维持

（一）职业健康安全管理体系的建立

（1）为贯彻"安全第一、预防为主"的方针，职业健康安全管理体系的建立应当遵循下图所示步骤。

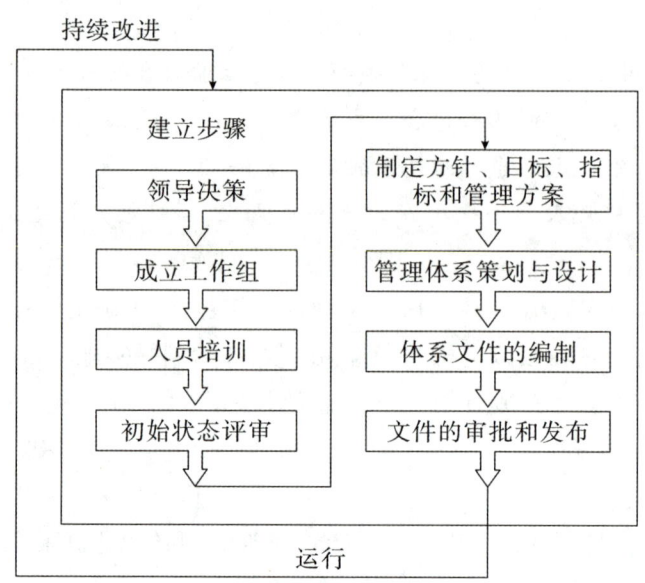

（2）体系文件包括管理手册、程序文件、作业文件三个层次。

①管理手册是管理体系的纲领性文件。

②程序文件的内容可按"4W1H"的顺序和内容来编写，即管理要素由谁做（Who），什么时间做（When），在什么地点做（Where），做什么（What），怎么做（How）。

③作业文件一般包括作业指导书（操作规程）、管理规定、监测活动准则及程序文件引用的表格。

[速记] 作业文件：奸臣做官。

（二）职业健康安全管理体系的运行和维持

体系运行	活动内容	1.培养意识和能力；2.信息交流；3.文件管理；4.执行控制体系；5.监测；6.不符合、纠正和预防措施；7.记录
体系维持	内部审核	1.企业对其自身的管理体系进行的审核；2.管理体系自我保证和自我监督的一种机制
	管理评审	组织的最高管理者对管理体系的系统评价
	合规性评价	1.公司级：每年进行一次。2.项目组级：半年至少进行一次

[提示]（1）合规性评价（口诀）：一年半载。

（2）质量管理体系文件与职业健康安全管理体系区别见下表。

第5章 施工职业健康安全与环境管理

分类	体系文件构成
质量管理体系	质量手册、程序文件、质量计划、质量记录
职业健康安全管理体系	管理手册、程序文件、作业文件

◈ **精选真题**

1. [2021年真题]施工职业健康安全管理体系与环境管理体系的管理评审,应由施工企业的( )进行。

   A. 最高管理者 B. 项目经理
   C. 技术负责人 D. 安全生产负责人

2. [2019年真题]下列施工职业健康安全与环境管理体系的运行维持活动中,属于管理体系运行的是( )。

   A. 管理评审 B. 内部审核
   C. 合规性评价 D. 文件管理

3. [2021年真题]施工职业健康安全管理体系文件包括( )。

   A. 管理手册 B. 程序文件
   C. 作业文件 D. 管理方案
   E. 初始状态评审文件

4. [2021年真题]职业健康安全与环境管理体系的作业文件一般包括( )。

   A. 作业指导书 B. 管理规定
   C. 监测活动准则 D. 程序文件引用的表格
   E. 绩效报告

   答案:1. A。2. D。3. ABC。4. ABCD。

专题2 施工安全生产管理

复习提示 ▷ 本专题重点讲解安全生产管理制度,建议考生学习时精确理解及记忆。

[考点1] 安全生产管理制度

(一)安全生产责任制度

(1)安全生产责任制度是最基本的安全管理制度,是所有安全生产管理制度的核心。
(2)安全生产责任制度以"管生产的同时必须管安全"为基本原则。
(3)安全生产管理制度应贯彻"安全第一,预防为主"的方针。
(4)按工程项目大小配备专(兼)职安全人员,以建筑工程为例见下表。

建筑面积(万m²)	<1	1~5	>5
专职安全员数量	1人	2~3人	按不同专业组成安全管理组

(二)安全生产许可证制度

(1)安全生产许可证颁发管理机关应当自收到申请之日起 4~5 日内审查完毕。

(2)是否颁发安全生产许可证,需书面通知企业并说明理由。

(3)安全生产许可证的有效期为 3 年,如下图所示。

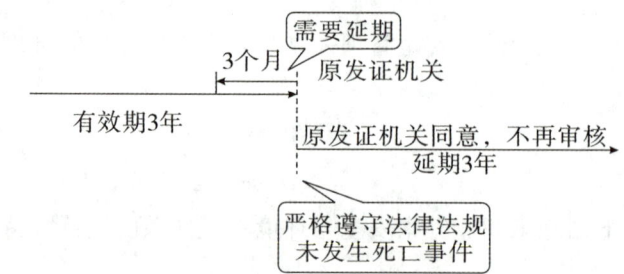

(4)安全生产许可证与施工许可证的区别见下表。

类别	办理单位	颁发部门	对象	有效期
安全生产许可证	施工单位	建设主管单位	企业	3 年
施工许可证	建设单位	建设行政主管单位	项目	一次性

(三)安全生产教育培训制度

安全生产教育培训一般包括对管理人员、特种作业人员和企业员工的安全教育。

1. 管理人员的安全教育

管理人员包括:①企业领导;②项目经理、技术负责人、技术干部;③行政管理干部;④企业安全管理人员;⑤班组长和安全员。

2. 特种作业人员的安全教育

(1)特种作业人员应具备的条件:

①年满 18 周岁,且不超过国家法定退休年龄;

②经社区或者县级以上医疗机构体检健康合格;

③具有初中及以上文化程度;

④具备必要的安全技术知识与技能。

危险化学品特种作业人员还应当具备高中或者相当于高中及以上文化程度。

(2)特种作业人员的安全教育应注意:

①特种作业人员上岗作业前,必须进行专门的安全技术和操作技能的培训教育;

②培训后,经考核合格方可取得操作证,并准许独立作业;

③特种作业操作证每 3 年复审 1 次;

④有效期内,连续从事本工种 10 年以上,经同意,复审时间可延长至每 6 年一次。

3. 企业员工的安全教育

(1)新员工上岗前的三级安全教育。

新员工上岗前的三级安全教育即进厂、进车间、进班组。对建设工程来说,具体指企业(公司)、项目(或工区、工程处、施工队)、班组三级。

①企业级:企业主管领导负责。

②项目级:项目级负责人组织实施。

③班组级:班组长组织。

企业新上岗的从业人员,岗前培训时间≥24学时。

(2)改变工艺和变换岗位时的安全教育。

①实施新工艺、新技术或使用新设备、新材料时。

②岗位调动。

③放长假离岗1年以上重新上岗。

(3)经常性安全教育(三会一日张贴画)。

①班前班后会上说明安全注意事项。

②安全活动日、经常性安全教育。

③安全生产会议。

④事故现场会。

⑤张贴安全生产招贴画、宣传标语及标志。

(四)特种作业人员持证上岗制度

(1)特种作业人员的范围包括垂直运输机械作业人员、安装拆卸工、爆破作业人员、起重信号工、登高架设作业人员等。

(2)离开特种作业岗位达6个月以上的特种作业人员,应当重新进行实际操作考核,经确认合格后方可上岗作业。

[速记] 特种作业人员的范围。垂直登高信号,安拆爆破。

(五)专项施工方案专家论证制度

(1)达到一定规模的危险性较大的分部分项工程编制专项施工方案,经施工单位技术负责人、总监理工程师签字后实施,由专职安全生产管理人员进行现场监督,包括:基坑支护与降水工程;土方开挖工程;模板工程;起重吊装工程;脚手架工程;拆除、爆破工程等。

(2)对前款所列工程中涉及深基坑、地下暗挖工程、高大模板工程的专项施工方案,施工单位还应当组织专家进行论证、审查。

(六)施工起重机械使用登记制度

施工单位应当自施工起重机械和整体提升脚手架、模板等自升式架设设施验收合格之日起30日内,向建设行政主管部门或其他有关部门登记。登记标志应置于或附着于该设备的显著位置。进行登记应提交下列资料:

(1)使用情况资料:①管理制度和措施;②使用情况;③作业人员的情况。

(2)生产方面资料:①制造质量证明书;②安装证明;③使用说明书;④设计文件;⑤监督检验证书。

(七)安全检查制度

(1)目的:清除隐患、防止事故、改善劳动条件。

(2)方法:看、量、测、现场操作。

(3)内容:查思想、查制度、查机械设备、查安全设施、查安全教育培训、查操作行为、查劳保用品使用、查伤亡事故的处理等。

(4)重点:检查"三违"和安全责任制的落实。

(5)安全隐患处理程序:登记—整改—复查—销案。

(6)安全隐患的整改计划:对查出的安全隐患,不能立即整改的,要制定整改计划、定人、定措施、定经费、定完成日期。

[提示] 三违:违章指挥、违规作业和违反劳动纪律。

(八)安全技术措施计划制度

(1)范围:①安全技术措施;②职业卫生措施;③辅助用房及措施;④安全宣传教育措施。

(2)编制步骤:①工作活动分类;②危险源识别;③风险确定;④风险评价;⑤制定安全技术措施计划;⑥安全技术措施计划的充分性。

(九)其他制度

1.三同时制度

(1)安全设施必须与主体工程同时设计、同时施工、同时投入生产和使用。

(2)安全生产设施主要指安全技术设施、职业卫生设施和生产辅助性设施。

2.意外伤害保险

(1)建筑施工企业应当依法为职工参加工伤保险缴纳工伤保险费。

(2)是否投保意外伤害险由建筑施工企业自主决定。

[提示] 工伤保险→强制性保险;意外伤害险→非强制性保险。

🌐 精选真题

1.[2021年真题]施工企业在安全生产许可证有效期内严格遵守有关安全生产的法律法规,未发生死亡事故的,安全生产许可证期满时,经原安全生产许可证的颁发管理机关同意,可不再审查,其有效期延期(　　)年。

　　A.1　　　　　　　　B.3　　　　　　　　C.2　　　　　　　　D.5

2.[2021年真题]施工企业最基本的安全管理制度是(　　)。

　　A.安全生产责任制度　　　　　　　　B.安全生产检查制度
　　C.安全生产许可证制度　　　　　　　D.安全生产教育培训制度

3.[2021年真题]下列施工的形式中属于经常性安全教育的有(　　)。

　　A.事故现场会　　　　　　　　　　　B.安全生产会议
　　C.上岗前三级安全教育　　　　　　　D.变换岗位时的安全教育
　　E.安全活动日

4.[2020年真题]对施工特种作业人员安全教育的管理要求有(　　)。

A. 特种作业操作证每5年审核一次
B. 上岗作业前必须进行专门的安全技术培训
C. 培训考核合格取得操作证后才可独立作业
D. 培训和考核的重点是安全技术基础知识
E. 特种作业操作证的复审时间可有条件延长至6年一次

答案：1. B。企业在安全生产许可证有效期内,严格遵守有关安全生产的法律法规,未发生死亡事故的,安全生产许可证有效期届满时,经原安全生产许可证的颁发管理机关同意,不再审查,安全生产许可证有效期延期3年。

2. A。3. ABE。

4. BCE。选项A错误,特种作业操作证每3年复审1次。选项D错误,重点放在提高其安全操作技术和预防事故的实际能力上。

[考点 2]　危险源的识别和风险控制

（一）危险源的分类

根据危险源在事故发生发展中的作用,危险源分为第一类危险源和第二类危险源,见下表。

比较项目	第一类危险源	第二类危险源
地位	1. 事故的主体。 2. 事故发生的前提。 3. 决定事故的严重程度	1. 事故发生的必要条件。 2. 决定事故发生可能性的大小
内容	能量或危险物质的意外释放是事故发生的物理本质,如"炸药"	1. 设备故障或缺陷(物的不安全状态)。 2. 人为失误(人的不安全行为)。 3. 管理缺陷
控制方法	1. 防止事故发生的方法:消除危险源、限制能量或危险物质等。 2. 避免或减少事故损失的方法:隔离、个体防护、避难与援救措施等	1. 减少故障:提高可靠性、设置安全监控系统、改善作业环境等。 2. 避免人的不安全行为:加强员工的安全意识培训和教育;克服不良的操作习惯;严格按操作章程办事等方法

（二）危险源的识别

危险源识别的方法有询问交谈、现场观察等方法,这些方法各有特点和局限性,见下表。在实际工程中,往往采用两种或两种以上的方法识别危险源。

方法	含义	优点	缺点
专家调查法	向有经验的专家咨询、调查、识别、分析和评价危险源	简便、易行	受专家知识、经验和占有资料的限制,可能出现遗漏
安全检查表(SCL)法	可以用"是""否"作为回答,或"√""×"进行判断	简单易懂、容易掌握	只能做出定性的评价

专家调查法常用的有头脑风暴法和德尔菲（Delphi）法。检查表的内容一般包括分类项目、检查内容及要求、检查以后处理意见等。

（三）风险评价方法

1. 风险等级评价方法

根据对危险源的识别，评估危险源造成的风险可能性和大小，将风险分为Ⅰ、Ⅱ、Ⅲ、Ⅳ、Ⅴ五个等级，见下表。

可能性	后果		
	轻度损失/轻微伤害(1)	中度损失/伤害(2)	重大损失/严重伤害(3)
很大(3)	Ⅲ	Ⅳ	Ⅴ
中等(2)	Ⅱ	Ⅲ	Ⅳ
极小(1)	Ⅰ	Ⅱ	Ⅲ

（1）Ⅰ——可忽略风险；Ⅱ——可容许风险；Ⅲ——中度风险；Ⅳ——重大风险；Ⅴ——不容许风险。

（2）"可能性"与"后果"两者数值的和为2、3、4、5、6的，其风险等级分别为Ⅰ、Ⅱ、Ⅲ、Ⅳ、Ⅴ。

2. LEC方法

LEC方法又称作业条件危险性分析法或格雷厄姆-金尼方法，计算式为

$$R = L \cdot E \cdot C$$

式中　R——风险大小；

　　　L——事故发生的可能性；

　　　E——人员暴露于危险环境中的频繁程度；

　　　C——事故后果的严重程度。

根据危险性（R）的值可以划分危险等级，见下表。

危险性分数值（R）	危险程度
≥320	极度危险，不容许风险，不能继续作业
>160～320	高度危险，重大风险，需要立即改进
>70～160	显著危险，中度风险，需要改进
>20～70	比较危险，可容许风险，需要注意
≤20	稍有危险，可忽略风险，可以接受

（四）风险控制措施计划

风险	措施
可忽略的	不采取措施且不必保留文件记录
可容许的	不需要另外的控制措施，考虑更佳的解决方案或需要监视得以维持

(续表)

风险	措施
中度的	努力降低风险,并在规定的时间期限内实施降低风险的措施
重大的	直至风险降低后才能开始工作
不容许的	只有当风险已经降低时,才能开始或继续工作

◈ 精选真题

1. [2021年真题]下列风险控制的方法中,属于第一类危险源控制的是( )。
A. 提高各类设施的可靠性 B. 限制能量和隔离危险物质
C. 设置安全监控系统 D. 加强员工的安全意识教育

2. [2020年真题]下列施工现场危险源中,属于第一类危险源的是( )。
A. 现场存放大量油漆 B. 工人焊接操作不规范
C. 油漆存放没有相应的防护措施 D. 焊接设备缺乏维护保养

3. [2017年真题]项目安全管理的第二类危险源控制中,最重要的工作是( )。
A. 改善施工作业环境 B. 建立安全生产监控体系
C. 制定应急救援体系 D. 加强员工的安全意识培训和教育

4. [2021年真题]施工现场的危险源中,属于第二类危险源的有( )。
A. 焊工焊接不规范 B. 洞口临边缺少防护
C. 机械设备缺乏维护保养 D. 现场管理措施缺失
E. 现场存放燃油

答案:1. B。2. A。3. D。4. ABCD。

[考点3] 安全隐患的处理

1. 安全隐患

安全隐患主要来自三个方面:人的不安全因素(个人心理、生理能力、行为等)、物的不安全状态(设备、环境缺陷等)、组织管理上的不安全因素(教育、技术、管理缺陷等)。

2. 安全事故隐患处理原则

原则	方法	实例
冗余安全度处理原则	采取多重防护措施	坑
单项隐患综合处理原则	在"人、机、料、法、环"采取措施	触电
事故直接隐患与间接隐患并治原则	治理"人、机、环"同时,也要治理安全管理措施	人、机、环境与安全
预防与减灾并重处理原则	减少发生事故的可能性或设法降低事故等级及对事故减灾做充分准备	预防、减灾
重点处理原则	对隐患的分析评价结果实行危险点分级治理	隐患分级
动态处理原则	及时发现,及时消除隐患	动态随机

3. 安全事故隐患的处理

(1) 当场指正,限期纠正,预防隐患发生。

(2) 做好记录,及时整改,消除安全隐患。

(3) 分析统计,查找原因,制定预防措施。

(4) 跟踪验证。

[提示] 预警信号等级的状态见下表。

预警等级	Ⅰ级预警	Ⅱ级预警	Ⅲ级预警	Ⅳ级预警
状态	安全状况特别严重	受到事故的严重威胁	处于事故的上升阶段	生产活动处于正常状态
颜色标识	红色	橙色	黄色	蓝色

精选真题

1. [2022 年真题] 工程项目实施过程中,施工单位为确保安全,在处理安全隐患时,设置了多道防线,体现了对安全隐患处理的( )。

A. 单项隐患综合处理原则 B. 冗余安全度处理原则
C. 防灾与减灾并重处理原则 D. 重点处理原则

2. [2021 年真题] 某施工项目部对工人进行安全用电操作教育,同时对现场的配电箱、用电电路进行防护改造,严禁非专业电工乱接乱拉电线。这体现了施工安全隐患处理原则中的( )。

A. 直接隐患与间接隐患并治原则 B. 重点处理原则
C. 单项隐患综合处理原则 D. 动态处理原则

3. [2020 年真题] 对于施工现场易塌方的基坑部位,既设防护栏杆和警示牌,又设置照明和夜间警示灯,此措施体现了安全隐患处理中的( )原则。

A. 单项隐患综合处理 B. 冗余安全度处理
C. 预防与减灾并重处理 D. 直接隐患与间接隐患并治

4. [2017 年真题] 施工安全隐患处理的单项隐患综合处理原则指的是( )。

A. 在处理安全隐患时应考虑设置多道防线

B. 人、机、料、法、环境任一环节的安全隐患,都要从五者安全匹配的角度考虑处理

C. 既对人机环境系统进行安全治理,又需治理安全管理措施

D. 既要减少突发事故的可能性,又要对事故减灾做充分准备

答案:1. B。

2. C。人、机、料、法、环境五者任一个环节产生安全事故隐患,都要从五者安全匹配的角度考虑,调整匹配的方法,提高匹配的可靠性。单项隐患综合处理原则:一件单项隐患问题的整改需综合(多角度)处理。人的隐患,既要治人也要治机具及生产环境等各环节。例如某工地发生触电事故,要进行人的安全用电操作教育,同时现场也要设置漏电开关,对配电箱、用电电路进行防护改造,还要严禁非专业电工乱接乱拉电线。

3. B。冗余安全度处理原则是指为确保安全,在处理安全隐患时应考虑设置多道防线,即使有一两道防线无效,还有冗余的防线可以控制事故隐患。

4. B。

专题 3　生产安全事故应急预案和事故处理

复习提示▷ 本专题重点讲解安全生产事故应急预案的构成与管理、安全事故的分类与处理。本专题内容考频较高,建议考生重点学习。

[考点 1]　生产安全事故应急预案制度

应急预案是对特定的潜在事件和紧急情况发生时所采取措施的计划安排,是应急响应的行动指南。

(一)编制应急预案的目的

(1)避免紧急情况发生时出现混乱。

(2)确保按照合理的响应流程采取适当的救援措施。

(3)预防和减少可能随之引发的职业健康安全和环境影响。

(二)应急预案体系的构成

类型	内容	时间
综合应急预案	综合性工作方案;本单位对生产安全事故的总体工作程序、措施和应急预案体系的总纲	每年至少组织一次演练
专项应急预案	具体的生产安全事故(如基坑开挖、脚手架拆除等事故);针对重要生产设施、重大危险源、重大活动等制订的应急预案	
现场处置方案	针对具体场所、装置或者设施制定的应急处置措施	每半年至少组织一次演练

生产规模小、危险因素少的生产经营单位,其综合应急预案和专项应急预案可以合并编写。

🌐 精选真题

1. [2020 年真题]施工生产安全事故应急预案体系由(　　)构成。

A. 综合应急预案、单项应急预案、重点应急预案

B. 企业应急预案、项目应急预案、人员应急预案

C. 综合应急预案、专项应急预案、现场处置方案

D. 企业应急预案、职能部门应急预案、项目应急预案

2. [2019 年真题]根据应急预案体系的构成,针对深基坑开挖编制的应急预案属于(　　)。

A. 专项应急预案　　　　　　　　　　B. 专项施工方案

C. 现场处置预案　　　　　　　　　　D. 危大工程预案

答案:1. C。2. A。

[考点 2] 施工安全事故应急预案的管理

(一)应急预案的评审

(1)参加应急预案评审的人员包括政府人员和应急方面管理专家。

(2)评审人员与所评审预案的施工单位有利害关系的,应当回避。

(二)应急预案的备案

(1)地方各级人民政府应急管理部门的应急预案,应当报同级人民政府备案;同时抄送上一级人民政府应急管理部门。

(2)地方各级人民政府其他负有安全生产监督管理职责的部门的应急预案,应当抄送同级人民政府应急管理部门,见下图。

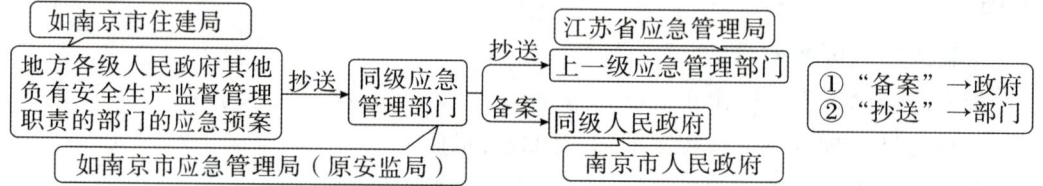

(三)应急预案应及时修订并归档的情形

(1)依据的法律、法规、规章、标准及上位预案中的有关规定发生重大变化的。

(2)应急指挥机构及其职责发生调整的。

(3)面临的事故风险发生重大变化的。

(4)重要应急资源发生重大变化的。

(5)预案中的其他重要信息发生变化的。

(6)在应急演练和事故应急救援中发现问题需要修订的。

(四)奖惩

受罚单位	过失	处罚部门	惩罚
施工单位	未按规定备案应急预案	县级以上安全生产监督管理部门	警告及罚款≤3万元
	1.未制定应急预案; 2.未采取预防措施,导致事故救援不力或者造成严重后果的		停产、停业整顿并依法给予行政处罚

[提示] 应急预案管理。评审(谁可参加,谁不可参加);备案(不同级别的应急预案备案地点不同);实施(不同应急预案演练的频率不同);监督管理(每年都监督)。

◆ 精选真题

1.[2021年真题]根据《生产安全事故应急预案管理办法》,施工单位应当制定本企业的应急预案演练计划,每年至少组织综合应急预案演练( )次。

A.2　　　　　B.1　　　　　C.3　　　　　D.4

2.[2017年真题]根据《生产安全事故应急预案管理办法》,施工单位对本企业的事故预防重点,每年至少组织现场处置方案演练( )次。

A.1　　　　　B.2　　　　　C.3　　　　　D.4

答案:1.B。2.B。

[考点 3]　职业健康安全事故分类和处理

(一)职业伤害事故的分类

1.按照安全事故伤害程度分类

根据《企业职工伤亡事故分类》(GB 6441—1986)的规定,安全事故按伤害程度分为三个等级。具体内容见下表。

事故分类	轻伤事故	重伤事故	死亡事故
伤害程度	1个≤损失工作日<105个	105个≤损失工作日≤6000个	损失工作日>6000个

2.按照人员伤亡或直接经济损失分类

分类	一般事故	较大事故	重大事故	特大事故
死亡(人)	$X<3$	$3 \leq X<10$	$10 \leq X<30$	$X \geq 30$
重伤(人)	$Y<10$	$10 \leq Y<50$	$50 \leq Y<100$	$Y \geq 100$
直接经济损失(万元)	$100<Z<1000$	$1000 \leq Z<5000$	$5000 \leq Z<10000$	$Z \geq 10000$

[提示]　生产安全事故等级的划分和质量事故等级的划分不同之处在于:生产安全事故的判断标准不仅包括重伤人数,还包括中毒人数(从重原则)。

(二)生产安全事故报告和调查处理的原则

根据法律规定,施工项目一旦发生安全事故,必须实施"四不放过"的原则:

(1)事故原因没有查清不放过;

(2)责任人员没有受到处理不放过;

(3)职工群众没有受到教育不放过;

(4)防范措施没有落实不放过。

[速记]　清理角落。

(三)生产安全事故报告的要求

1.施工单位事故报告要求

(1)生产安全事故发生后,当事人立即向施工单位负责人报告;施工单位负责人接到报告后,应当在1h内向事故发生地县级以上人民政府建设主管部门和有关部门报告。

(2)实行施工总承包的建设工程,由总承包单位负责上报事故。

(3)情况紧急时,事故现场有关人员可以直接向事故发生地县级以上人民政府建设主管部门和有关部门报告。

[提示] 各行业的建筑施工安全事故,都应向建设行政主管部门和行业主管部门报告。

2. 建设主管部门事故报告要求

(1)较大事故、重大事故、特别重大事故逐级上报至国务院建设主管部门。

(2)一般事故逐级上报至省、自治区、直辖市人民政府建设主管部门。

(3)建设主管部门依照规定上报事故情况时,应当同时报告本级人民政府。国务院建设主管部门接到重大事故和特别重大事故报告后,应当立即报国务院。

(4)必要时,建设主管部门可以越级上报事故情况。

(5)建设主管部门逐级上报事故情况时,每级上报的时间不得超过2h,见下图。

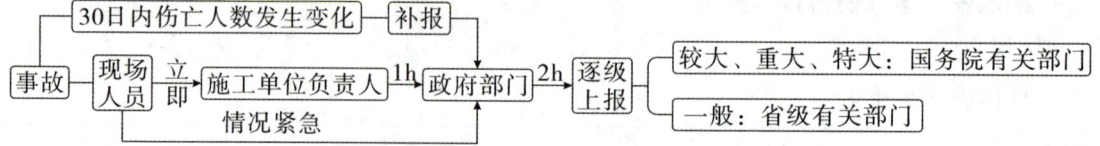

[提示] (1)民报官:1h。官报官:2h。

(2)安全生产监督管理部门事故报告要求流程如下图所示。

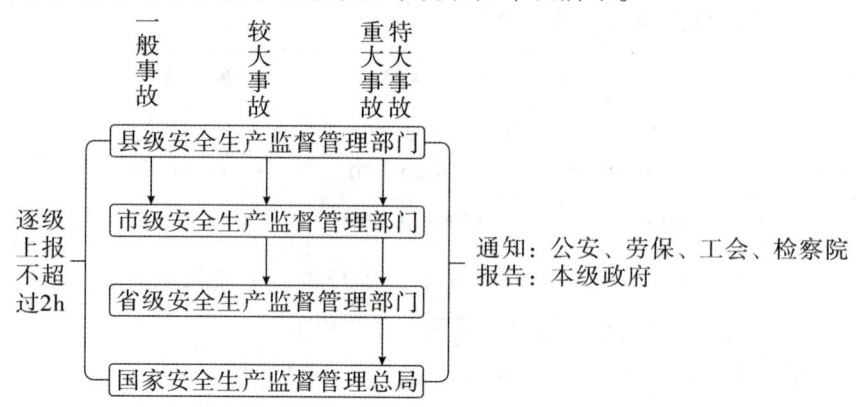

(四)生产安全事故报告与事故调查报告

项目	事故报告(大概)	事故调查报告(详细、肯定)
报告者	事故发生单位	事故调查组
报告时限	1h内(时间紧)	60日+60日(时间充裕)
报告内容	1.事故发生的时间、地点和工程项目等; 2.事故的简要经过; 3.事故已经或可能造成的伤亡人数; 4.事故造成的初步估计的直接经济损失; 5.事故的初步原因; 6.事故发生后采取的措施及控制情况; 7.事故报告单位或报告人员	1.事故发生单位概况; 2.事故发生经过和事故救援情况; 3.事故造成的人员伤亡和直接经济损失; 4.事故发生的原因和事故性质; 5.事故责任的认定和对责任者的处理建议; 6.事故防范和整改措施

事故报告后出现新情况,以及事故发生之日起30日内伤亡人数发生变化的,应当及时补报。

(五)施工单位的事故处理

(1)事故现场处理。事故处理是落实"四不放过"原则的核心环节。

(2)事故登记。施工现场要建立安全事故登记表,作为安全事故档案。

(3)事故分析记录。对发生事故及未遂事故按"四不放过"的原则组织分析。

(4)事故上报。坚持安全事故月报制度,若当月无事故也要报空表。

(六)建设主管部门的事故处理

(1)处罚权限不属本级建设主管部门的,应当在收到事故调查报告批复后15个工作日内,转送有权限的建设主管部门。

(2)对因降低安全生产条件导致事故发生的,建设主管部门应当依照有关规定给予处罚,见下表。

受罚者	处罚
施工单位	暂扣或吊销安全生产许可证
负有责任的相关单位	罚款、停业整顿、降低资质等级或吊销资质证书
负有责任的注册执业资格人员	罚款、停止执业或吊销其注册执业资格证书

(七)生产安全事故法律责任

有关人民政府或者有关部门故意拖延或者拒绝落实经批复的对事故责任人的处理意见的,由监察机关对有关责任人员依法给予处分。

行为	性质	惩罚
1.不立即组织事故抢救; 2.在事故调查处理期间擅离职守; 3.迟报或漏报事故	客观、失职行为	负责人:上一年年收入40%~80%
1.谎报或瞒报事故; 2.伪造或故意破坏事故现场; 3.转移、隐匿资金、财产,或者销毁有关证据和资料; 4.拒绝接受调查或拒绝提供有关情况和资料; 5.在事故调查中作伪证或指使他人作伪证; 6.事故发生后逃匿	主观、故意行为	负责人:上一年年收入60%~100%; 单位:100万~500万元

🌐 精选真题

1.[2018年真题]根据《生产安全事故报告和调查处理条例》,下列建设工程施工生产安全事故中,属于重大事故的是( )。

A.某基坑发生透水事件,造成直接经济损失5000万元,没有人员伤亡

B.某拆除工程安全事故,造成直接经济损失1000万元,45人重伤

C. 某建设工程脚手架倒塌,造成直接经济损失 960 万元,8 人重伤

D. 某建设工程提前拆模导致结构坍塌,造成 35 人死亡,直接经济损失 4500 万元

2. [2021 年真题]根据《生产安全事故报告和调查处理条例》,对事故单位处 100 万元以上 500 万元以下罚款的情形有(　　)。

　　A. 谎报或者瞒报事故　　　　　　　　B. 迟报或者瞒报事故

　　C. 事故调查或者处理期间擅离职守　　D. 伪造事故现场

　　E. 事故发生后逃匿

3. [2021 年真题]下列违法行为中,对施工生产安全事故发生单位主要负责人处上一年年收入 40%～80%罚款的情形有(　　)。

　　A. 不立即组织事故抢救　　　　　　　B. 迟报或者漏报事故

　　C. 谎报或者瞒报事故　　　　　　　　D. 事故调查处理期间擅离职守

　　E. 故意破坏事故现场

4. [2019 年真题]关于生产安全事故报告和调查处理四不放过原则的说法,正确的有(　　)。

　　A. 事故原因未查清不放过　　　　　　B. 事故责任人员未受到处理不放过

　　C. 防范措施没有落实不放过　　　　　D. 职工群众未受到教育不放过

　　E. 事故未及时报告不放过

答案:1. A。重大事故是指造成 10 人以上 30 人以下死亡,或者 50 人以上 100 人以下重伤,或者 5000 万元以上 1 亿元以下直接经济损失的事故。本等级划分所称的"以上"包括本数,所称的"以下"不包括本数。

2. ADE。3. ABD。4. ABCD。

专题 4　施工现场文明施工和环境保护的要求

复习提示▷本专题重点讲解施工现场文明施工与环境保护要求,考频较高,实践性较强。建议考生学习这部分内容时,将理论与实践相结合。

[考点 1]　施工现场文明施工的措施

(一)文明施工的组织措施

(1)建立管理组织。确立项目经理为现场文明施工的第一责任人。

(2)健全管理制度。建立各级文明施工岗位责任制,建立检查制度,实行自检、互检、交接检制度,建立奖惩制度,开展立功竞赛,加强教育培训。

[提示]　安全生产的第一负责人是企业的法定代表人。

(二)文明施工的管理措施

文明施工管理措施	主要内容
现场围挡设计	1. 市区主要路段和市容景观路段的工地设置围挡的高度≥2.5m； 2. 其他工地的围挡高度≥1.8m
现场工程标志牌设计	"五牌一图"包括工程概况牌、安全生产牌、消防保卫牌、管理人员名单及监督电话牌、文明施工牌和施工现场平面图
临时设施布置	1. 集体宿舍与作业区隔离； 2. 人均床铺面积≥2m²
成品、半成品、原材料堆放	1. 专人管理； 2. 严格按照施工组织设计中的平面布置图划定的位置堆放
现场场地和道路	1. 主要场地应硬化； 2. 不允许有积水存在
现场卫生管理	1. 明确施工现场各区域的卫生负责人； 2. 食堂必须有卫生许可证； 3. 炊事员和茶水工需持有效健康证明和上岗证； 4. 建筑垃圾必须集中堆放并及时清运
文明施工教育	现场施工人员均佩戴胸卡，按工种统一编号管理

[速记]"五牌"：公安保卫人民。

🌐 精选真题

1. [2021年真题] 施工现场文明施工管理的第一责任人是( )。
   A. 项目经理 B. 建设单位负责人
   C. 施工单位负责人 D. 项目专职安全员

2. [2021年真题] 关于施工现场文明施工措施的说法，正确的是( )。
   A. 市区主要路段设置高度不低于2m的封闭围挡
   B. 现场施工人员均佩戴胸卡，按工种统一编号管理
   C. 项目经理任命专职安全员作为现场文明施工第一责任人
   D. 建筑垃圾和生活垃圾集中一起堆放，并及时清运

3. [2020年真题] 下列施工现场文明施工措施中，属于组织措施的是( )。
   A. 现场按规定设置标志牌 B. 结构外脚手架设置安全网
   C. 建立各级文明施工岗位责任制 D. 工地设置符合规定的围挡

4. [2018年真题] 根据建设工程文明工地标准，施工现场必须设置五牌一图，其中一图是指( )。
   A. 施工进度横道图 B. 大型机械布置位置图
   C. 施工现场交通组织图 D. 施工现场平面布置图

答案:1. A。

2. B。选项 A 错误,市区主要路段设置高度不低于 2.5m 的封闭围挡。选项 C 错误,应确立项目经理为现场文明施工的第一责任人。选项 D 错误,建筑垃圾和生活垃圾不能集中一起堆放。

3. C。4. D。

[考点 2] 施工现场环境保护

(一)环境保护的原则

(1)经济建设与环境保护协调发展的原则。

(2)预防为主、防治结合、综合治理的原则。

(3)依靠群众保护环境的原则。

(4)环境经济责任原则,即污染者付费的原则。

(二)环境保护的要求

(1)工程施工前,应进行现场环境调查。

(2)工程的施工组织设计中应有防治污染环境的措施,并在施工作业中认真组织实施。

(3)施工现场应建立环境保护管理体系,层层落实,责任到人,并保证有效运行。

(4)对施工现场防治扬尘、噪声、水污染及环境保护管理工作进行检查。

(5)定期对职工进行环保法规知识的培训考核。

(三)环境保护的措施

1. 组织措施

(1)建立施工现场环境管理体系,落实项目经理责任制。

(2)加强施工现场环境的综合治理。

2. 技术措施

(1)妥善处理泥浆水,未经处理不得直接排入城市排水设施和河流。

(2)除设有符合规定的装置外,不得燃烧会产生有毒有害烟尘和恶臭气体的物质。

(3)使用密封式的圆筒或者采取其他措施处理高空废弃物。

(4)采取有效措施控制施工过程中的扬尘。

(5)禁止将有毒有害废弃物用作土方回填。

(6)对产生噪声、振动的施工机械,应采取有效控制措施,减轻噪声扰民。

[提示] 运用装配式建筑进行环境保护。

◈ 精选真题

1.[2021 年真题]根据《建设工程施工现场环境与卫生标准》(JGJ 146—2013),下列施工单位采取的防止环境污染技术措施中,正确的是(   )。

A. 施工现场的主要道路进行硬化处理

B. 施工污水有组织地直接排入市政污水管网

C. 采取防火措施后在现场焚烧包装废弃物

D. 废弃的降水井及时用建筑废弃物回填

2. [2020年真题] 下列施工现场的环境保护措施中,正确的是(　　)。

A. 使用密封的圆筒处理高空废弃物　　B. 在施工现场围挡内焚烧沥青

C. 将有害废弃物作深层土方回填　　D. 将泥浆水直接有组织排入城市排水设施

3. [2022年真题] 施工现场环境保护的要求包括(　　)。

A. 施工前应进行现场环境调查

B. 施工组织设计中应有防治扬尘和噪音等有效措施

C. 施工现场应建立环境保护管理体系

D. 健全施工组织机构,明确岗位权责分工

E. 定期对职工进行环保法规知识的培训和考核

答案:1. A。选项B错误,妥善处理泥浆水,未经处理不得直接排入城市排水设施和河流。选项C错误,除设有符合规定的装置外,不得燃烧会产生有毒有害烟尘和恶臭气体的物质。选项D错误,禁止将有毒有害废弃物用作土方回填。

2. A。3. ABCE。

[考点3]　施工现场环境保护的措施

(一)防治大气污染

(1)施工现场的主要道路必须进行硬化处理。

(2)土方应集中堆放,裸露场地采取覆盖、固化或绿化等措施。

(3)拆除建筑物、构筑物时,应采用洒水、隔离等措施。

(4)渣土和施工垃圾运输时,施工现场出入口处应采取保证车辆清洁的措施。

(5)对水泥和其他易飞扬的细粒散状材料应采用入库密闭存放或覆盖措施。

(6)施工现场作业场所内的建筑垃圾,必须采用相应容器,严禁凌空抛掷。

(7)施工现场严禁焚烧各类废弃物。

(二)防治水污染

(1)施工现场应设置排水沟及沉淀池。现场废水严禁直接排入市政污水管网或河流。

(2)现场存放的油料、化学溶剂等应设有专门的库房。地面应防渗漏处理。

(3)施工现场100人以上的临时食堂应设置隔油池,并应及时清理。

(4)厕所的化粪池应做抗渗处理。

(5)食堂、盥洗室、淋浴间的下水管线应设置过滤网,并应与市政污水管线连接。

(三)防治施工噪声污染

(1)建筑施工场界环境噪声排放限值为昼间不超过70dB(A)、夜间不超过55dB(A)。

(2)夜间噪声最大声级超过限值的幅度不得高于15dB(A)。

(3)在人口密集区一般避开晚10时到次日早6时的作业。

(4)施工现场噪声的控制技术可从声源、传播途径、接收者防护等方面考虑,具体措施见下表。

控制技术	措施	内容
声源	降低噪声	1.选用低噪声设备和工艺代替高噪声设备和工艺; 2.在声源处安装消声器
	转移声源	加工成品、半成品的作业尽量放在工厂车间生产
传播途径	吸声	利用吸声材料或吸声结构形成的共振结构吸收声能
	隔声	应用隔声结构,阻止噪声向空间传播,将接收者与噪声声源分隔
	消声	利用消声器阻止传播
	减振降噪	对来自振动引起的噪声,通过降低机械振动减少噪声
	严格控制人为噪声	进入施工现场不得高声叫喊
接收者防护	使用防护用品	减少相关人员在噪声环境中的暴露时间

(四)防治施工固体废弃物污染

生产者	固体废物	措施
单位和个人	产生	应防止或者减少固体废物对环境的污染
	收集、贮存、运输、利用、处置	必须采取防扬散、防流失、防渗漏或者其他防止污染环境的措施
工程施工单位	清运	按照环境卫生行政主管部门的规定进行利用或者处置

(五)防治施工光污染

(1)夜间室外照明灯加设灯罩,透光方向集中在施工范围。

(2)电焊作业采取遮挡措施,避免电焊弧光外泄。

🌐 精选真题

1.[2022年真题]下列施工现场防治水污染的做法中,正确的是( )。

A.乙炔发生罐产生的污水,用专用容器集中存放,然后倒入沉淀池处理

B.将有毒有害废弃物作土方回填,避免污染水源

C.化学药品采用封闭容器,集中露天存放

D.100人以上的临时食堂,污水经排水沟直接排入城市污水管

2.[2021年真题]施工现场使用的水泥、白灰、珍珠岩等易飞扬的细颗粒散体材料,最适宜的存放方式是( )。

A.表面临时固化　　　　　　　　B.入库密封

C.搭设草帘屏障　　　　　　　　D.用密目式安全网遮盖

3.[2019年真题]下列施工现场环境保护措施中,属于大气污染防治处理措施的是( )。

A.工地临时厕所、化粪池采取防渗漏措施

B. 易扬尘处采用密目式安全网封闭

C. 禁止将有毒、有害废弃物用于土方回填

D. 机械设备安装消声器

4. [2018年真题]关于建设工程施工现场环境污染处理措施的说法,正确的是(   )。

A. 所有固体废弃物必须集中储存且有醒目标识

B. 存放化学溶剂的库房地面和高250mm墙面必须进行防渗处理

C. 施工现场搅拌站的污水可经排水沟直接排入城市污水管网

D. 现场气焊用的乙炔发生罐产生的污水应倾倒在基坑中

答案:1. A。选项B错误,禁止将有毒有害废弃物作土方回填,避免污染水源。选项C错误,现场存放的油料、化学溶剂等应设有专门的库房。库房应进行防渗漏处理。选项D错误,施工现场100人以上的临时食堂应设置隔油池,并应及时清理。

2. B。

3. B。选项AC属于水污染处理措施。选项D属于噪声污染的处理措施。

4. B。选项A错误,对有可能造成二次污染的固体废弃物必须单独贮存、设置安全防范措施且有醒目标识。选项CD错误,施工现场应设置排水沟和沉淀池。现场废水严禁直接排入市政污水管网和河流。

强化练习

一、单项选择题

1. 危险源识别的方法之一是安全检查表,下列说法错误的有(   )。

A. 安全检查表实际上就是实施安全检查和诊断项目的明细表

B. 安全检查表具体有头脑风暴法和德尔菲法

C. 安全检查表的缺点是只能作出定性评价

D. 安全检查表的优点是简单易懂、容易掌握,可以事先组织专家编制检查项目,使安全检查做到系统化、完整化

2. 《环境管理体系 要求及使用指南》(GB/T 24001—2016)由(   )四大要素构成。

A. 策划、支持与运行、绩效评价、改进

B. 范围、环境方针、实施与运行、检查与纠正措施

C. 环境方针、策划、实施与运行、检查与纠正措施

D. 术语和定义、实施与运行、检查与纠正措施、管理评审

3. 下列建设工程生产安全事故应急预案的具体内容中,属于现场处置方案的是(   )。

A. 信息发布　　B. 应急演练

C. 事故征兆　　D. 经费保障

4. 下列关于施工生产安全事故的处理的说法中,错误的是(   )。

A. 施工现场要建立安全事故登记表,作为安全事故档案

B. 事故处理是落实"四不放过"原则的核心环节

C. 事故发生后,事故发生单位应严格保护事故现场,做好标识,排除险情

D. 应坚持安全事故月报制度,如当月无事故则可以不报

5. 职业健康安全管理体系建立的主要工作有：①制定方针、目标、指标和管理方案；②初始状态评审；③文件的审查、审批和发布；④体系文件编写；⑤管理体系策划与设计等。正确的工作步骤顺序是（　　）。

　　A. ①→②→⑤→④→③

　　B. ②→①→④→③→⑤

　　C. ②→①→⑤→④→③

　　D. ①→⑤→②→④→③

6. "三同时"制度是指新建、改建、扩建工程的安全生产设施必须与主体工程（　　）。

　　A. 同时设计、同时规划、同时施工

　　B. 同时设计、同时施工、同时验收

　　C. 同时设计、同时施工、同时投入生产和使用

　　D. 同时报建、同时施工、同时投入生产和使用

7. 危险化学品特种作业人员要求（　　）文化程度。

　　A. 初中及以上　　B. 高中及以上

　　C. 大专及以上　　D. 本科及以上

8. 对建设工程来说，新员工上岗前的三级安全教育具体指（　　）三级。

　　A. 公司、项目、班组

　　B. 企业、工程处、施工队

　　C. 企业、公司、施工队

　　D. 工区、施工队、班组

9. 根据有关规定，当组织内部员工离岗（　　）以上重新上岗的情况，企业必须进行相应的安全技术培训和教育，以使其掌握现岗位安全生产特点和要求。

　　A. 3个月　　B. 6个月

　　C. 1年　　D. 2年

10. 在电梯洞口处既要设置防护栏杆，又要设置安全警示标志，这种方式属于施工安全隐患处理原则中的（　　）。

　　A. 单项隐患综合处理原则

　　B. 直接隐患与间接隐患并治原则

　　C. 预防与减灾并重处理原则

　　D. 冗余安全度处理原则

11. 施工安全隐患处理的直接隐患与间接隐患并治原则指的是（　　）。

　　A. 人、机、料、法、环任意环节的安全隐患，都要从单项隐患综合处理五者匹配的角度考虑处理

　　B. 在处理安全隐患时应考虑设置多道防线

　　C. 既对人机环境系统进行安全治理，又需治理安全管理措施

　　D. 既要减少突发事故的可能性，又要对事故减灾做充分准备

12. 根据《生产安全事故报告和调查处理条例》，下列安全事故中，属于一般事故的是（　　）。

　　A. 10人死亡，3000万元直接经济损失

　　B. 3人死亡，4800万元直接经济损失

　　C. 4人死亡，6000万元直接经济损失

　　D. 2人死亡，980万元直接经济损失

13. 施工企业的（　　）是安全生产的第一负责人，（　　）是施工项目安全生产的主要负责人。

　　A. 技术负责人；项目技术负责人

　　B. 技术负责人；项目经理

　　C. 法定代表人；项目技术负责人

　　D. 法定代表人；项目经理

14. 在空气压缩机的进出风管适当位置安装消声器的做法，属于施工噪声控制技术中的（　　）。

　　A. 声源控制　　B. 减振降噪控制

　　C. 传播途径控制　　D. 接收者控制

15. 某施工企业瞒报生产安全事故，建设行政主管部门应依法对其处以（　　）元的

罚款。

A. 10万~30万　　B. 30万~50万
C. 50万~100万　　D. 100万~500万

16. 下列施工现场文明施工的做法中,错误的是( )。

A. 施工现场实行封闭式管理
B. 施工现场主要场地硬化处理
C. 沿工地四周连续设置高度1.6m的围挡
D. 集体宿舍与作业区隔离,不能将部分材料堆放在宿舍区

17. 关于特种作业人员应具备条件的说法,正确的是( )。

A. 具有初中及以上文化程度
B. 必须为男性
C. 连续从事特种工作10年以上
D. 年满16周岁且不超过国家法定退休年龄

18. 施工过程中发现问题及时处理,是施工安全隐患处理原则中( )原则的体现。

A. 动态处理　　B. 重点处理
C. 预防与减灾并重 D. 冗余安全度处理

19. 下列关于生产安全事故应急预案的评审和备案的说法,错误的是( )。

A. 地方各级安全生产监督管理部门应当组织有关专家对本部门编制的应急预案进行审定;必要时可召开听证会,听取社会方面的意见
B. 参加应急预案评审的人员包括政府人员和应急方面管理专家
C. 评审人员与所评审预案的施工单位有利害关系的,应当回避
D. 地方各级人民政府应急管理部门的应急预案,应当报最高级人民政府和安全生产监督管理部门备案

20. 下列关于安全事故和危险源的说法中,错误的是( )。

A. 在安全事故的发生发展过程中,第一类危险源和第二类危险源相互独立、互不干扰
B. 第一类危险源是安全事故的主体,决定安全事故的严重程度
C. 第二类危险源的出现是第一类危险源导致安全事故的必要条件
D. 第二类危险源出现的难易,决定安全事故发生的可能性大小

21. 施工职业健康安全管理体系的纲领性文件是( )。

A. 作业文件　　B. 管理手册
C. 程序文件　　D. 监测活动准则

22. 关于职业健康安全与环境管理体系内部审核的说法,正确的是( )。

A. 内部审核是管理体系自我保证和自我监督的一种机制
B. 内部审核是对相关的法律的执行情况进行评价
C. 内部审核是组织的最高管理者对管理体系的系统评价
D. 内部审核是管理体系接受政府监督的一种机制

23. 某建筑工程建筑面积为3万m^2,按照安全生产责任制度,应配备的专职安全人员的数量为( )名。

A. 1　　　　　　B. 1~2
C. 2~3　　　　　D. 3~4

24. 特种作业人员离开特种作业岗位( )后,应当重新进行培训,经培训合格后方可上岗作业。

A. 1年　　　　　B. 6个月
C. 3个月　　　　D. 30日

25. 根据《建设工程安全生产管理条例》,施工单位应当自施工起重机械架设设施验收合

格之日起最多不超过( )日内,向建设行政主管部门或者其他有关部门登记。
A. 40   B. 30
C. 50   D. 60

26. 某实施施工总承包的建设工程,分包工程发生生产安全事故,应由( )负责上报事故。
A. 分包单位   B. 建设单位
C. 总承包单位 D. 监理单位

27. 根据《生产安全事故报告和调查处理条例》的相关规定,施工单位对事故的处理应采取的程序是( )。
A. 事故上报、事故分析记录、事故现场处理、事故登记
B. 事故现场处理、事故分析记录、事故上报、事故登记
C. 事故现场处理、事故登记、事故分析记录、事故上报
D. 事故上报、事故现场处理、事故登记、事故分析记录

28. 根据安全事故应急预案的体系构成,深基坑开挖施工的应急预案属于( )。
A. 专项施工方案 B. 现场处置方案
C. 专项应急预案 D. 危大工程预案

29. 施工现场的临时食堂,用餐人数在( )以上,污水排放时可设置简易有效的隔油池,定期掏油、清理杂物,防止污染水体。
A. 50人   B. 70人
C. 90人   D. 100人

30. 在人口稠密区进行强噪声施工作业时,按规定需避开的时段为( )。
A. 晚10时到次日早7时
B. 晚11时到次日早6时
C. 晚10时到次日早6时
D. 晚11时到次日早7时

31. 下列施工现场文明施工的措施中,符合现场卫生管理要求的是( )。
A. 集体宿舍与作业区隔离
B. 工地四周设置连续、封闭的砖砌围墙
C. 食堂禁止使用塑料制品做熟食容器
D. 施工现场不允许有积水存在

32. 下列施工现场超噪声值的声源控制措施中,属于转移声源措施的是( )。
A. 用电动空压机代替柴油机
B. 在工厂车间生产制作门窗
C. 在鼓风机进出风管处设置阻性消声器
D. 装卸材料轻拿轻放

33. 根据不同风险水平的风险控制措施计划表,对于"中度的"风险,宜采取的措施是( )。
A. 直至风险降低后才能开始工作,当风险涉及正在进行中的工作时,应采取应急计划
B. 考虑投资效果更佳的解决方案或不增加额外成本的改进措施
C. 只有当风险已经降低到"可容许的"水平时,才能开始或继续工作
D. 应努力降低风险,并在规定的时间期限内实施降低风险的措施

34. 建筑施工企业可以自主决定是否投保的险种是( )。
A. 基本医疗保险   B. 工伤保险
C. 失业保险   D. 意外伤害保险

35. 生产规模小、危险因素少的施工单位,其生产安全事故应急预案体系可以( )。
A. 只编写综合应急预案
B. 将综合应急预案与专项应急预案合并编写
C. 只编写现场处置方案

D. 将专项应急预案与现场处置方案合并编写

36. 郑州某建筑工程基坑开挖支护施工中，发生千年一遇的暴雨，产生基坑坍塌事故，造成10人重伤、3人死亡。该事故属于( )。
   A. 较大事故   B. 死亡事故
   C. 重大事故   D. 重伤事故

37. 下列施工现场环境保护措施中，属于水污染防治处理措施的是( )。
   A. 清理高层建筑物施工垃圾采用定制带盖铁桶吊运
   B. 禁止将有毒、有害废弃物用于土方回填
   C. 禁止施工现场焚烧沥青
   D. 电焊作业采取遮挡措施，避免电焊弧光外泄

38. 施工企业职业健康安全和环境管理体系的管理评审是( )。
   A. 管理体系接受政府监督的一种体制
   B. 管理体系自我保证和自我监督的一种机制
   C. 企业最高管理者对管理体系的系统评价
   D. 对企业执行相关法律情况的评价

39. 根据《环境管理体系 要求及使用指南》(GB/T 24001—2016)，PDCA循环中"C"环节指的是( )。
   A. 策划   B. 支持和运行
   C. 改进   D. 绩效评价

40. 根据《职业健康安全管理体系 要求及使用指南》(GB/T 45001—2020)的总体结构，属于改进要求的内容是( )。
   A. 不符合和纠正措施
   B. 文件化信息
   C. 绩效测量和监视

D. 应急准备和响应

41. 根据《安全生产许可证条例》，施工企业安全生产许可证( )。
   A. 有效期为6年
   B. 有效期届满时经同意可以不再审查
   C. 要求企业获得职业健康安全管理体系认证
   D. 应在届满后3个月内办理延期手续

42. 建设工程项目环境管理的目的是( )，使社会的经济发展与人类的生存环境相协调。
   A. 保护和改善施工现场的环境，并注意对资源的节约和避免资源的浪费
   B. 保护工程项目周边环境
   C. 保护生态环境
   D. 控制作业现场的各种粉尘、废水、废气、固体废弃物以及噪声、振动对环境的污染和危害

43. 采用安全事故发生的可能性与事故后果的严重程度之乘积来衡量安全风险的大小时，如果安全事故发生的可能性极小，而事故的后果为严重伤害，则该风险应被视为( )。
   A. 重大风险   B. 中度风险
   C. 可容许风险   D. 不容许风险

44. 根据《企业职工伤亡事故分类》(GB 6441—1986)，轻伤是指损失工作日不超过( )个工作日的失能伤害。
   A. 75   B. 85
   C. 95   D. 105

45. 建设主管部门按照现行法律法规的规定，对因降低安全生产条件导致事故发生的施工单位，可以给予的处罚方式是( )。
   A. 吊销安全生产许可证
   B. 罚款

C. 停业整顿

D. 降低资质等级

46.《职业健康安全管理体系 要求及使用指南》(GB/T 45001—2020)和《环境管理体系 要求及使用指南》(GB/T 24001—2016)两个管理体系的运行模式(　　)。

A. 完全相反　　B. 大部分不同

C. 大部分相同　　D. 完全相同

47.《环境管理体系 要求及使用指南》(GB/T 24001—2016)中的"环境"是指(　　)。

A. 组织运行活动的外部存在

B. 各种天然的和经过人工改造的自然因素的总体

C. 周边大气、阳光和水分的总称

D. 废水、废气、废渣的存在和分布情况

二、多项选择题

1. 企业员工的安全教育的形式主要包括(　　)。

A. 新员工上岗前的三级安全教育

B. 改变工艺和变换岗位安全教育

C. 经常性安全教育

D. 事故现场安全教育

E. 大型、特大型事故安全教育

2. 下列关于施工生产安全事故法律责任的说法,正确的有(　　)。

A. 单位主要负责人在事故调查处理期间擅离职守的,处上一年年收入 40% ~ 80% 的罚款

B. 阻碍、干涉事故调查工作的,对事故发生单位处 100 万元以上 500 万元以下的罚款

C. 迟报或者漏报事故,事故发生单位主要负责人构成犯罪,依法追究行政责任

D. 不立即组织事故抢救的单位主要负责人,属于国家工作人员的,依法给予处分

E. 谎报或者瞒报事故的单位主要负责人,处其上一年年收入 60% ~ 100% 的罚款

3. 关于特种作业人员的安全教育的说法中,正确的有(　　)。

A. 特种作业人员上岗作业前,必须进行专门的安全技术和操作技能的培训教育

B. 特种作业人员培训后,经考核合格方可取得操作证,并准许独立作业

C. 取得操作证的特种作业人员,必须定期进行复审。特种作业操作证每 3 年复审 1 次

D. 特种作业操作证的复审时间可以最多延长至每 5 年 1 次

E. 特种作业操作证的复审时间可以最多延长至每 6 年 1 次

4. 施工现场环境保护的原则包括(　　)。

A. 经济建设与环境保护协调发展的原则

B. 预防为主、防治结合、综合治理的原则

C. 依靠群众保护环境的原则

D. 环境经济责任原则,即污染者付费的原则

E. 先污染后治理的原则

5.《职业健康安全管理体系 要求及使用指南》(GB/T 45001—2020)的总体结构中的"支持"项,其组成部分有(　　)。

A. 资源　　B. 能力

C. 意识　　D. 信息交流

E. 文件化信息

6. 根据《生产安全事故报告和调查处理条例》相关规定的要求,事故报告的内容包括(　　)。

A. 事故的简要经过

B. 因事故造成的经初步估计的经济损失

C. 事故的详细经过

D. 事故发生的时间、地点

E. 事故报告单位或报告人员

7. 施工项目一旦发生安全事故,必须实施"四不放过"的原则,包括(　　)。
   A. 事故原因没有查清不放过
   B. 事故损失未挽回不放过
   C. 责任人员没有受到处理不放过
   D. 职工群众没有受到教育不放过
   E. 防范措施没有落实不放过

8. 施工现场文明施工要求工地按照相关文件规定的尺寸和规格制作的"五牌一图"包括(　　)等。
   A. 环境保护牌　　B. 安全生产牌
   C. 工程概况牌　　D. 组织结构图
   E. 消防保卫(防火责任)牌

9. 编制生产安全事故应急预案的目的有(　　)。
   A. 避免紧急情况发生时出现混乱
   B. 满足《职业健康安全管理体系》论证的要求
   C. 确保按照合理的响应流程采取适当的救援措施
   D. 预防和减少可能随之引发的职业健康安全和环境影响
   E. 确保建设主管部门尽快开展调查处理

10. 下列关于建设工程生产安全事故报告的说法,正确的有(　　)。
    A. 施工现场最先发现事故的人员应立即用最快的传递手段向施工单位负责人报告
    B. 建设单位负责人接到报告后应当在1h内上报事故情况
    C. 国务院建设主管部门接到重大事故和特别重大事故的报告后,应当立即报告国务院
    D. 较大事故应逐级上报至省级建设行政主管部门
    E. 实行施工总承包的建设工程,由总承包单位负责上报事故

11. 下列施工现场环境污染的处理措施中,正确的有(　　)。
    A. 固体废弃物必须单独储存
    B. 电气焊必须在工作面设置光屏障
    C. 存放油料库的地面和高250mm墙面必须进行防渗处理
    D. 在人口密集区进行较强噪声施工时,一般避开晚12:00至次日早6:00时段
    E. 对环境的污染不能控制在规定范围内的,必须昼夜连续施工时,要尽量采取降低噪声措施

12. 为防治施工环境污染,正确的做法有(　　)。
    A. 尽量选用低噪声或备有消声降噪设备的机械
    B. 拆除旧建筑物前,适当洒水
    C. 施工现场进口处应设置车辆冲洗设施,并应对驶入的车辆进行清洗
    D. 对土方的运输,采取封盖措施
    E. 建筑物内垃圾应采用容器或搭设专用封闭式垃圾道的方式清运,严禁凌空抛掷

13. 为控制施工现场作业活动对环境的污染和危害,施工单位应当采取的正确措施有(　　)。
    A. 施工现场的主要道路要进行硬化处理
    B. 施工现场土方作业应采取防止扬尘措施,主要道路应定期清扫、洒水
    C. 施工现场严禁焚烧各类废弃物
    D. 当环境控制质量指数达到重度及以上的污染时,施工现场应增加洒水频次,加强覆盖措施,减少易造成大气污染的施工作业
    E. 废弃的降水井应及时回填,并应封闭井

口,防止污染地下水

14. 在建设工程项目的施工生产活动中,施工职业健康安全管理的目的是( )。
   A. 保护产品生产者的健康与安全
   B. 彻底消除人身伤亡和损失事故
   C. 通过对生产要素的控制实现安全控制
   D. 控制人的不安全行为和状态
   E. 防止和减少生产安全事故

15. ( )是企业通过职工健康安全管理体系的运行,实行事故控制的开端。
   A. 危险源识别   B. 风险评价
   C. 生命周期评价 D. 风险控制策划
   E. 协调与沟通

16. 下列有关生产安全事故应急预案评审的说法中,正确的有( )。
   A. 参加应急预案评审的人员应当包括应急预案涉及的政府部门工作人员
   B. 参加应急预案评审的人员应当包括有关安全生产及应急管理方面的专家
   C. 评审人员与所评审预案的施工单位有利害关系的,应当回避
   D. 评审由地方各级城乡建设管理部门负责组织
   E. 应急预案评审必须召开听证会

17. 企业进行生产活动时,必须编制安全措施计划,安全措施计划主要包括( )。
   A. 安全技术措施
   B. 职业卫生措施
   C. 辅助用房及措施
   D. 安全宣传教育措施
   E. 专项施工方案措施

18. 施工单位办理施工起重机械使用登记时,须提交的有关资料包括( )。
   A. 制造质量证明书
   B. 使用说明书、安装证明

   C. 监督检验证书
   D. 施工组织设计
   E. 施工起重机械的管理制度和措施

19. 根据《建设工程安全生产管理条例》,对达到一定规模的危险性较大的分部分项工程,正确的安全管理做法有( )。
   A. 所有专项施工方案均应组织专家进行论证、审查
   B. 施工单位应当编制专项施工方案,并附具安全验算结果
   C. 专项施工方案应由项目经理审批
   D. 专项施工方案经总监理工程师签字后即可实施
   E. 专项施工方案由专职安全生产管理人员进行现场监督

20. 施工安全隐患一般包括( )。
   A. 物的不安全状态
   B. 突发事件处置预案的可行性
   C. 不可抗力发生的可能性
   D. 管理上的不安全因素
   E. 人的不安全行为

21. 在采用安全检查表(SCL)法辨识危险源时,安全检查表应包括( )等内容。
   A. 分类项目   B. 检查目标
   C. 检查内容及要求 D. 检查等级
   E. 检查以后处理意见

22. 施工单位生产安全事故应急预案应当进行及时修订的情形有( )。
   A. 项目建设单位的组织机构发生调整
   B. 应急指挥机构及其职责发生调整
   C. 面临的事故风险发生重大变化
   D. 预案中有关规定发生变化
   E. 重要应急救援资源发生重大变化

23. 根据《企业职工伤亡事故分类》(GB 6441—1986)规定,安全事故按伤害程度

分为( )。
A. 轻伤 B. 重伤
C. 死亡 D. 群死群伤
E. 致残

24. 根据《环境管理体系 要求及使用指南》(GB/T 24001—2016),领导作用包括的内容有( )。
A. 领导作用与承诺
B. 环境目标
C. 环境方针
D. 组织的角色、职责和权限
E. 实现环境目标的措施的策划

25. 建立职业健康安全管理体系并持续改进职业健康安全管理工作,应坚持( )的方针。
A. 控制成本,确保安全
B. 安全第一、预防为主
C. 质量与安全并重
D. 以人为本,预防为主
E. 防治结合

26. 根据《建设工程安全生产管理条例》,下列建设工程活动中,属于特种作业人员的有( )。
A. 起重信号工
B. 爆破作业人员
C. 卫生洁具安装作业人员
D. 垂直运输机械作业人员
E. 建筑外墙抹灰作业人员

27. 安全检查的重点是检查( )。
A. 三违
B. 管理制度的建立情况
C. 安全责任制的落实
D. 伤亡事故处理情况
E. 整改情况

28. 第一类危险源危险性的大小主要取决于( )。
A. 能量或危险物质的量
B. 能量或危险物质意外释放的强度
C. 设备故障或缺陷
D. 人为失误
E. 意外释放的能量或危险物质的影响范围

29. 第二类危险源的风险控制中,最重要的工作有( )。
A. 加强员工的安全意识培训和教育
B. 设置安全监控系统
C. 改善作业环境
D. 制定应急救援体系
E. 克服不良的操作习惯

30. 对下列达到一定规模的危险性较大的分部分项工程应编制专项施工方案的有( )。
A. 基坑支护与降水工程
B. 土方回填工程
C. 模板工程
D. 起重吊装工程
E. 拆除、爆破工程

31. 下列关于安全生产责任制度的说法,正确的有( )。
A. 总承包单位对施工现场的安全生产负总责
B. 安全生产责任制度是所有安全生产管理制度的核心
C. 安全生产责任制度是最基本的安全生产管理制度
D. 业主指定的分包单位对施工现场的安全生产直接向业主负责
E. 施工现场一般按施工人数的多少配备专职安全人员

32. 下列关于安全生产责任的说法中,正确的有( )。

A. 实行总承包的由总承包单位负责,分包单位向总包单位负责
B. 实行总承包的由分包单位负责,总包单位承担连带责任
C. 分包单位要服从总包单位对施工现场的安全管理
D. 分包单位要在其分包范围内建立施工现场安全生产管理制度,并组织实施
E. 实行总承包的由分包单位负责,总包单位不承担责任

参考答案及解析

一、单项选择题

1. B [解析] 专家调查法是通过向有经验的专家咨询、调查、识别、分析和评价危险源的一类方法,其优点是简便、易行,缺点是受专家的知识、经验和占有资料的限制,可能出现遗漏。常用的有头脑风暴法和德尔菲(Delphi)法。故选B。

2. A [解析]《环境管理体系 要求及使用指南》(GB/T 24001—2016)由"策划—支持和运行—绩效评价—改进"四大要素构成。故选A。

3. B [解析] 现场处置方案应根据风险评估及危险性控制措施逐一编制,做到事故相关人员应知应会,熟练掌握,并通过应急演练,做到迅速反应、正确处置。故选B。

4. D [解析] 坚持安全事故月报制度,若当月无事故也要报空表。故选D。

5. C [解析] 职业健康安全管理体系的建立应当遵循以下步骤:①领导决策;②成立工作组;③人员培训;④初始状态评审;⑤制定方针、目标、指标和管理方案;⑥管理体系策划与设计;⑦体系文件的编写;⑧文件的审查、审批和发布。故选C。

6. C [解析] 生产经营单位新建、改建、扩建工程项目的安全设施,必须与主体工程同时设计、同时施工、同时投入生产和使用。故选C。

7. B [解析] 危险化学品特种作业人员应当具备高中或相当于高中及以上文化程度。故选B。

8. A [解析] 新员工上岗前的三级安全教育,通常是指进厂、进车间、进班组三级。对建设工程来说,具体指企业(公司)、项目(或工区、工程处、施工队)、班组三级。故选A。

9. C [解析] 根据改变工艺和变换岗位时的安全教育规定,当组织内部员工发生从一个岗位调到另外一个岗位,或从某工种改变为另一工种,或因放长假离岗一年以上重新上岗的情况,企业必须进行相应的安全技术培训和教育,以使其掌握现岗位安全生产特点和要求。故选C。

10. D [解析] 冗余安全度处理原则是为确保安全,在处理安全隐患时应考虑设置多道防线,即使有一两道防线无效,还有冗余的防线可以控制事故隐患。例如:道路上有一个坑,既要设防护栏及警示牌,又要设照明及夜间警示红灯。故选D。

11. C [解析] 直接隐患与间接隐患并治原则是治理人、机、环同时,也要治理安全管理措施。选项A属于单项隐患综合处理原则。选项B属于冗余安全度处理原则。选项D属于预防与减灾并重处理原则。故选C。

12. D [解析]一般事故是指造成3人以下死亡,或者10人以下重伤,或者100万元以上1000万元以下直接经济损失的事故。故选D。

13. D [解析]安全生产的第一负责人是企业的法定代表人。项目经理为施工项目生产的主要负责人及现场文明施工的第一负责人。故选D。

14. A [解析]施工现场噪声的控制技术可从声源、传播途径、接收者防护等方面考虑,其中选用低噪声设备和工艺代替高噪声设备和工艺;在声源处安装消声器;加工成品、半成品的作业尽量放在工厂车间生产属于声源控制。故选A。

15. D [解析]事故发生单位及其有关人员有下列行为之一的,对事故发生单位处100万元以上500万元以下的罚款;对主要负责人、直接负责的主管人员和其他直接责任人员处上一年年收入60%~100%的罚款;属于国家工作人员的,并依法给予处分;构成违反治安管理行为的,由公安机关依法给予治安管理处罚;构成犯罪的,依法追究刑事责任。①谎报或者瞒报事故;②伪造或者故意破坏事故现场;③转移、隐匿资金、财产,或者销毁有关证据、资料;④拒绝接受调查或者拒绝提供有关情况和资料;⑤在事故调查中作伪证或者指使他人作伪证;⑥事故发生后逃匿。故选D。

16. C [解析]市区主要路段和市容景观路段的工地设置围挡高度不低于2.5m,其他工地的围挡高度不低于1.8m。故选C。

17. A [解析]特种作业人员应具备的条件:①年满18周岁,且不超过国家法定退休年龄;②经社区或者县级以上医疗机构体检健康合格;③具有初中及以上文化程度;④具备必要的安全技术知识与技能。危险化学品特种作业人员应当具备高中或者相当于高中及以上文化程度。故选A。

18. A [解析]动态处理就是对生产过程进行动态随机安全化治理,生产过程中发现问题及时治理,既可以及时消除隐患,又可以避免小的隐患发展成大的隐患。故选A。

19. D [解析]地方各级人民政府应急管理部门的应急预案,应当报同级人民政府备案,同时抄送上一级人民政府应急管理部门。故选D。

20. A [解析]在事故的发生和发展过程中,两类危险源相互依存,相辅相成。第一类危险源是事故的主体,决定事故的严重程度;第二类危险源出现的难易,决定事故发生可能性的大小。故选A。

21. B [解析]管理手册是管理体系的纲领性文件。故选B。

22. A [解析]内部审核是施工企业对其自身的管理体系进行的审核,是管理体系自我保证和自我监督的一种机制。故选A。

23. C [解析]建筑面积1万m²以下的工地至少有一名专职人员,1万~5万m²的工地设2~3名专职人员;5万m²以上的大型工地,按不同专业组成安全管理组进行安全监督检查。故选C。

24. B [解析]离开特种作业岗位达6个月以上的特种作业人员,应当重新进行实际操作考核,经确认合格后方可上岗作业。故选B。

25. B [解析]施工单位应当自施工起重机械和整体提升脚手架、模板等自升式架设设施验收合格之日起30日内,向建设行政主管部门登记。故选B。

26. C [解析]实行施工总承包的建设工程,由总承包单位负责上报事故。故选C。

27. C ［解析］施工单位的事故处理程序是事故现场处理、事故登记、事故分析记录、事故上报。故选C。

28. C ［解析］专项应急预案是针对具体的事故类别（如基坑开挖、脚手架拆除等事故）、针对重要生产设施、重大危险源、重大活动等制订的应急预案。故选C。

29. D ［解析］施工现场100人以上的临时食堂，污水排放时可设置简易有效的隔油池，并及时清理。故选D。

30. C ［解析］在人口密集区进行较强噪声施工时，一般避开晚10时到次日早6时的作业。故选C。

31. C ［解析］现场卫生管理包括：①明确施工现场各区域的卫生负责人；②食堂必须有卫生许可证；③炊事员和茶水工需持有效健康证明和上岗证；④建筑垃圾必须集中堆放并及时清运。选项A属于临时布置要求。选项B属于现场围挡设计要求。选项D属于现场场地和道路要求。故选C。

32. B ［解析］加工成品、半成品的作业放在工厂车间生产属于转移声源措施。选项AC属于降低噪声的措施。选项D属于从传播途径控制噪声。故选B。

33. D ［解析］根据不同风险水平的风险控制措施计划中，中度的风险，需要努力降低风险，并在规定的时间期限内实施降低风险的措施。故选D。

34. D ［解析］建筑施工企业应当依法为职工参加工伤保险，缴纳工伤保险费。鼓励企业为从事危险作业的职工办理意外伤害保险，支付保险费。故选D。

35. B ［解析］生产规模小、危险因素少的施工单位，综合应急预案和专项应急预案可

合并编写。故选B。

36. A ［解析］较大事故，是指造成3人以上10人以下死亡，或者10人以上50人以下重伤，或者1000万元以上5000万元以下直接经济损失的事故。该等级划分所称的"以上"包括本数，所称的"以下"不包括本数。故选A。

37. B ［解析］选项AC属于大气污染防治，选项D属于光污染防治。故选B。

38. C ［解析］管理评审是由施工企业组织的最高管理者对管理体系的系统评价，判断企业的管理体系面对内部情况的变化和外部环境是否充分适应有效，由此决定是否对管理体系做出调整。

39. D ［解析］PDCA分别为策划、支持和运行、绩效评价以及改进。故选D。

40. A ［解析］改进包括：总则；事件、不符合和纠正措施；持续改进。选项B属于支持。选项C属于绩效评价。选项D属于运行。故选A。

41. B ［解析］施工企业在安全生产许可证有效期内，严格遵守有关安全生产的法律法规，未发生死亡事故的，安全生产许可证期满时，经原安全生产许可证颁发管理机关同意，不再审查，安全生产许可证有效期延期3年。故选B。

42. A ［解析］对环境管理的目的是保护和改善施工现场环境。故选A。

43. B ［解析］根据风险等级评价方法，危险发生的可能性分为三级，危险发生后可能产生的后果严重程度也分为三级，然后二者相乘可以得到五种等级的风险，当安全事故发生的可能性极小，而事故的后果为严重伤害时，风险等级应为Ⅲ级，则该风险应视为中度风险。故选B。

44. D [解析]轻伤,指损失1个工作日至105个工作日的失能伤害。故选D。

45. A [解析]建设主管部门应当依照有关法律法规的规定,对因降低安全生产条件导致事故发生的,施工单位暂扣或吊销安全生产许可证;负有责任的相关单位罚款、停业整顿、降低资质等级或吊销资质证书;负有责任的注册执业资格人员罚款、停止执业或吊销其注册执业资格证书。故选A。

46. D [解析]环境管理体系同职业健康安全管理体系一致,采用PDCA动态循环原理。故选D。

47. A [解析]环境是指组织运行活动的外部存在,包括空气、水、土地、自然资源、植物、动物、人,以及它(他)们之间的相互关系。故选A。

二、多项选择题

1. ABC [解析]企业员工的安全教育的形式主要包括:①新员工上岗前的三级安全教育;②改变工艺和变换岗位安全教育;③经常性安全教育。故选ABC。

2. ADE [解析]选项B错误,阻碍、干涉事故调查工作的,对直接负责的主管人员和其他直接责任人员依法给予处分。选项C错误,迟报或者漏报事故,事故发生单位主要负责人构成犯罪的,依法追究刑事责任。故选ADE。

3. ABCE [解析]有效期内连续从事本工种10年以上,经同意,复审时间可以延长至每6年1次。故选ABCE。

4. ABCD [解析]施工现场环境保护的原则包括:①经济建设与环境保护协调发展的原则;②预防为主、防治结合、综合治理的原则;③依靠群众保护环境的原则;④环境经济责任原则,即污染者付费的原则。故选ABCD。

5. ABCE [解析]《职业健康安全管理体系 要求及使用指南》(GB/T 45001—2020)的总体结构及内容中"支持"项有资源、能力、意识、沟通、文件化信息。故选ABCE。

6. ADE [解析]事故报告的内容:①事故发生的时间、地点和工程项目等;②事故的简要经过;③事故已经或可能造成的伤亡人数;④事故造成的初步估计的直接经济损失;⑤事故的初步原因;⑥事故发生后采取的措施及控制情况;⑦事故报告单位或报告人员。故选ADE。

7. ACDE [解析]"四不放过"的原则包括:①事故原因没有查清不放过;②责任人员没有受到处理不放过;③职工群众没有受到教育不放过;④防范措施没有落实不放过。故选ACDE。

8. BCE [解析]施工现场设置的"五牌一图"即工程概况牌、管理人员名单及监督电话牌、消防保卫牌、安全生产牌、文明施工牌和施工现场总平面图。故选BCE。

9. ACD [解析]编制应急预案的目的是避免紧急情况发生时出现混乱、确保按照合理的响应流程采取适当的救援措施、预防和减少可能随之引发的职业健康安全和环境影响。故选ACD。

10. ACE [解析]选项B错误,施工单位负责人接到报告后应当在1h内向事故发生地县级以上人民政府建设主管部门和有关部门报告。选项D错误,较大事故、重大事故、特别重大事故逐级上报至国务院建设主管部门。故选ACE。

11. CE [解析]选项A错误,对有可能造成二次污染的固体废弃物必须单独储存。选项B错误,电焊作业采取遮挡措施,或透光方向集中在施工范围。选项D错误,在人口密集区进行较强噪声施工时,须严格控制作业时间,一般避开晚 10:00 到次日早 6:00 的作业。故选 CE。

12. ABDE [解析] 施工现场出口处应设置车辆冲洗设施,并应对驶出的车辆进行清洗。故选 ABDE。

13. ABCE [解析] 当环境控制质量指数达到中度及以上的污染时,施工现场应增加洒水频次,加强覆盖措施,减少易造成大气污染的施工作业。故选 ABCE。

14. AE [解析] 对于建设工程项目,施工职业健康安全管理的目的是防止和减少生产安全事故、保护产品生产者的健康、保障人民群众的生命和财产免受损失;控制影响工作场所内员工、临时工作人员、合同方人员、访问者和其他有关部门人员健康和安全的条件和因素;考虑和避免因管理不当对员工健康和安全造成的危害。故选 AE。

15. ABD [解析] 危险源识别、风险评价和风险控制策划,是企业通过职业健康安全管理体系的运行,实行事故控制的开端。故选 ABD。

16. ABC [解析] 选项 D 错误,地方各级安全生产监督管理部门应当组织有关专家对本部门编制的应急预案进行审定。选项 E 错误,必要时,可以召开听证会,听取社会有关方面的意见。故选 ABC。

17. ABCD [解析] 安全技术措施计划的范围包括安全技术措施、职业卫生措施、辅助用房及措施、安全宣传教育措施。故选 ABCD。

18. ABCE [解析] 进行登记应当提交的施工起重机械有关资料应包括:①生产方面的资料,如制造质量证明书、安装证明、使用说明书、设计文件、监督检验证书等;②使用的有关情况资料,如施工单位对这些机械和设施的管理制度和措施、使用情况、作业人员的情况等。故选 ABCE。

19. BE [解析] 选项 A 错误,并不是所有的专项施工方案都需组织专家进行论证、审查。选项 CD 错误,专项施工方案经施工单位技术负责人、总监理工程师签字后实施。故选 BE。

20. ADE [解析] 安全隐患主要来自三方面:人的不安全因素(心理、生理、能力、行为)、物的不安全状态(设备、环境缺陷等)、组织管理上的不安全因素(教育、技术、管理缺陷等)。故选 ADE。

21. ACE [解析] 安全检查表实际上是实施安全检查和诊断项目的明细表。运用已编制好的安全检查表,进行系统的安全检查,辨识工程项目存在的危险源。检查表的内容一般包括分类项目、检查内容及要求、检查以后处理意见等。故选 ACE。

22. BCE [解析] 有下列情形之一的,应急预案应当及时修订并归档:①依据的法律、法规、规章、标准及上位预案中的有关规定发生重大变化的;②应急指挥机构及其职责发生调整的;③面临的事故风险发生重大变化的;④重要应急资源发生重大变化的;⑤预案中的其他重要信息发生变化的;⑥在应急演练和事故应急救援中发现问题需要修订的;⑦编制单位认为应当修订的其他情况。故选 BCE。

23. ABC [解析] 根据《企业职工伤亡事故分类》(GB 6441—1986)的规定,安全事故按伤害程度分类为:①轻伤,指损失 1 个工作日至 105 个工作日的失能伤害;②重伤,指损失工作日大于等于 105 个工作日不超过 6000 个工作日的失能伤害;③死亡,指损失工作日超过 6000 个工作日的失能伤害。

故选ABC。

24. ACD [解析] 环境管理体系中,领导作用包括领导作用与承诺,环境方针,组织的角色、职责和权限。故选ACD。

25. BE [解析] 职业健康安全管理的基本要求中坚持安全第一、预防为主和防治结合的方针,建立职业健康安全管理体系并持续改进职业健康安全管理工作。故选BE。

26. ABD [解析] 依据《建设工程安全生产管理条例》的规定,垂直运输机械作业人员、安装拆卸工、爆破作业人员、起重信号工、登高架设作业人员等特种作业人员,必须按照国家有关规定经过专门的安全作业培训,经考核并取得特种作业操作证,并准许独立作业。故选ABD。

27. AC [解析] 安全检查的内容包括:查思想、查制度等。检查的重点是检查"三违"和安全责任制的落实。故选AC。

28. ABE [解析] 可能发生意外释放的能量(能源或能量载体)或危险物质被称作第一类危险源。造成约束、限制能量和危险物质措施失控的各种不安全因素被称作第二类危险源。第一类危险源是事故的主体,决定事故的严重程度,第二类危险源出现的难易决定事故发生可能性的大小。故选ABE。

29. AE [解析] 第二类危险源的控制最重要的是加强员工的安全意识培训和教育,克服不良的操作习惯,严格按章程办事,并帮助其在生产过程中保持良好的生理和心理状态。故选AE。

30. ACDE [解析] 达到一定规模的危险性较大的分部分项工程应编制专项施工方案的有:①基坑支护与降水工程;②土方开挖工程;③模板工程;④起重吊装工程;⑤脚手架工程;⑥拆除、爆破工程。故选ACDE。

31. ABC [解析] 选项D错误,业主指定的分包单位对施工现场的安全生产向总包单位负责。选项E错误,施工现场应按工程项目大小配备专(兼)职安全人员。故选ABC。

32. ACD [解析] 在安全生产责任制度中,明确了总分包的安全生产责任:实行总承包的由总承包单位负责,分包单位向总包单位负责,服从总包单位对施工现场的安全管理,分包单位在其分包范围内建立施工现场安全生产管理制度,并组织实施。故选ACD。

第 6 章　施工合同管理

考情分析

合同管理是"三管"之一，重点章节，与实务、法规均有交叉，也是实务的必考内容。本章主要阐述施工发承包模式及施工合同相关内容。在近 4 年考试中年均考 23 分。建议考生在学习时建立学习思路，采取对比记忆等方法进行学习。

扫码领取本章视频课程

近 4 年考试真题分值统计表　　　　　　　　　　（单位：分）

序号	专题名	2022		2021(2)		2021(1)		2020		2019	
		单选	多选	单选	多选	单选	多选	单选	多选	单选	多选
1	施工发承包模式	1	2	2	2	2	2	2	2	2	2
2	施工合同与物资采购合同	3	4	3	6	3	6	4	2	4	2
3	施工合同计价方式	3	2	2	2	2	2	2	2	3	2
4	施工合同执行过程的管理	1	2	1	2	1	2	1	2	2	2
5	施工合同的索赔	2	—	2	—	2	—	2	2	2	2
6	建设工程施工合同风险管理、工程保险和工程担保	2	—	2	—	2	—	2	—	2	—
	合计	12	10	12	12	12	12	13	10	15	10

思维导图

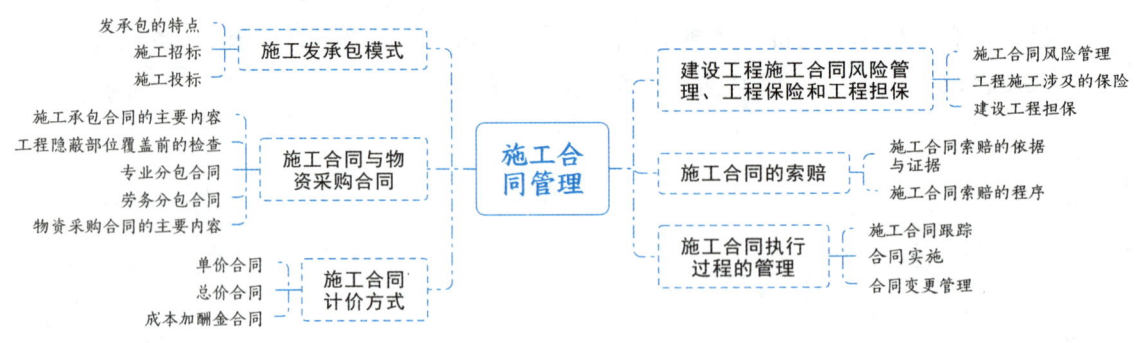

核心考点

专题 1　施工发承包模式

复习提示▷ 本专题重点讲解施工总承包模式与施工总承包管理模式的区别、施工招标投标等内容。专题记忆量大，知识点容易混淆，因此考生应采取对比记忆等方法进行学习。

第6章 施工合同管理

[考点 1] 发承包的特点

(一)施工发承包的类型(见下表)

类型	平行发承包模式	施工总承包模式 (业主是甩手掌柜)	施工总承包管理模式 (业主有帮手)
合同结构	业主分别与多个施工单位签合同	委托施工单位为总包,承担执行和组织总责任(既施工又管理)	委托总承包管理一般负责施工组织和管理(不施工只管理)
程序	图纸不必完整	图纸完整	图纸不必完整
具体程序	1. 部分施工图设计完成; 2. 部分施工招标投标; 3. 施工; 4. 完工验收	1. 施工图设计完成; 2. 施工总承包的招标投标; 3. 施工; 4. 竣工验收	招投标可以提前到项目尚处于设计阶段进行
费用控制	早期控制不力	有利(报价有据)	投资控制不利
进度控制	缩短	长,最大缺点	缩短
质量控制	有利质量控制 (他人控制)	对总包依赖	有利质量控制 (他人控制)
合同管理	量大	量小	量大
组织协调	量大、对业主不利	量小、对业主有利	量小、基本出发点
适用	规模大、时间紧、业主经验丰富、管理能力强	工期要求不严,容易选择总包,往往总包价高	工程规模大,业主经验少、管理能力不强,工期要求紧迫

一般情况下,施工总承包管理单位不参与具体工程的施工,但可以通过竞标获得机会。施工发承包的模式如下图所示。

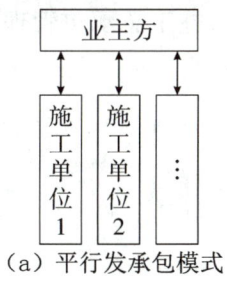

(a)平行发承包模式

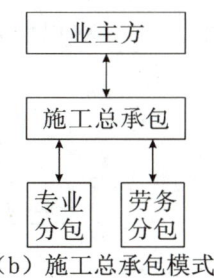

(b)施工总承包模式

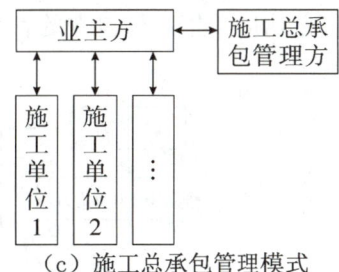

(c)施工总承包管理模式

(二)施工总承包模式与施工总承包管理模式对比

比较项目	施工总承包模式	施工总承包管理模式
工作开展程序	依赖完整图纸	不依赖完整图纸
分包单位的选择和认可	总包选择,业主认可	业主选择,总管单位认可
合同关系	总包与分包单位签	业主与分包单位签(常见);总管与分包单位签

(续表)

比较项目	施工总承包模式	施工总承包管理模式
对分包单位付款	总包支付	总管单位支付;业主支付
合同价格	一次确定	分阶段确定

[注意] 表中的总管指施工总承包管理单位;总包指施工总承包单位。

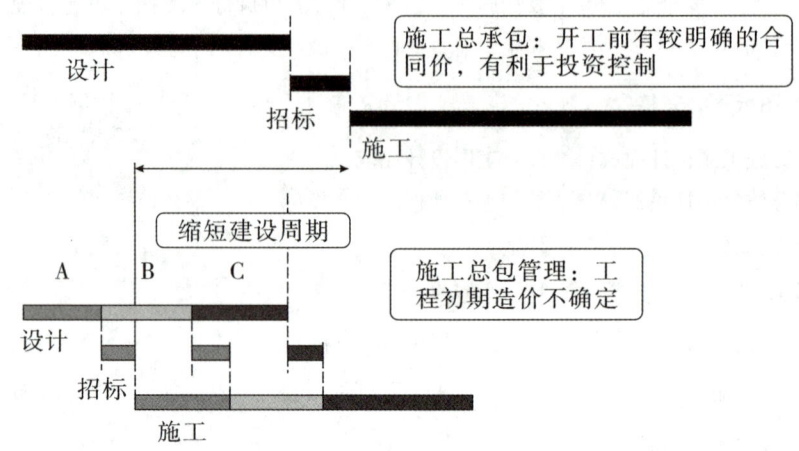

(三) 施工总承包管理模式的优点

(1) 合同总额的确定较有依据。

(2) 对业主方节约投资有利。

(3) 施工总承包管理单位不赚总包与分包之间的差价。

(4) 业主对分包单位的选择具有控制权。

(5) 缩短建设周期,有利于进度控制。

施工总承包与施工总承包管理均是对分包方进行现场管理的第一责任人,对工期目标和质量目标负责。在施工总承包模式下,无论分包方是施工总承包方确定的还是业主指定的,施工总承包方均应承担对分包方的管理责任。施工总承包模式见左图,施工总承包管理模式见右图。

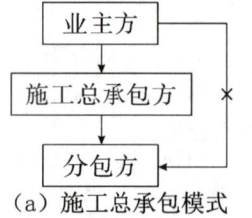
(a) 施工总承包模式

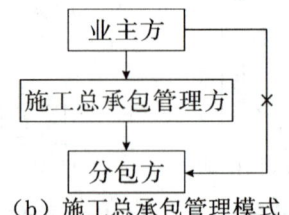
(b) 施工总承包管理模式

(四) 业主在各发承包模式下的利弊

模式	投资控制	节约投资	进度控制	质量控制	合同管理	组织协调
平行发承包	投资早期控制不利	降低工程造价有利	缩短建设周期有利	他控原则有利	工作量大不利	工作量大不利

(续表)

模式	投资控制	节约投资	进度控制	质量控制	合同管理	组织协调
施工总承包	造价早期控制有利	不利	建设周期较长不利	依赖总包不利	有利	有利
施工总承包管理	不利	降低工程造价有利	缩短建设周期有利	他控原则有利	工作量大不利	有利

[提示] （1）合同多，对业主方而言投资控制和合同管理都是不利的。

（2）施工总承包单位进行分包的条件：

①分包方具有相应的分包资质。

②分包工程经业主同意。

③承包人不得将工程主体、关键性工作分包给第三人，不得将工程项目进行肢解分包。即"三非"，包括非主体、非关键、非肢解。

精选真题

1. [2021年真题]关于施工总承包管理模式特点的说法，正确的是（　　）。

A. 总承包管理单位的招标依赖于完整的施工图

B. 业主负责项目总进度计划的编制、控制和协调

C. 业主负责所有分包合同交界面的定义

D. 各分包单位的各种款项必须通过总承包管理单位支付

2. [2021年真题]施工总承包管理模式中，对分包方承担组织和管理责任的是（　　）。

A. 业主方　　　　　　　　　　B. 工程监理方

C. 施工总承包管理方　　　　　D. 分包方

3. [2021年真题]发包方将建设工程项目合理划分标段后，将各标段分别发包给不同的施工单位，并与之签订施工承包合同，此发承包模式属于（　　）。

A. 施工总承包　　　　　　　　B. 平行发承包

C. 施工总承包管理　　　　　　D. 设计施工总承包

4. [2020年真题]施工总承包管理模式与施工总承包模式相同的方面有（　　）。

A. 工作开展顺序　　　　　　　B. 合同关系

C. 总包单位承担的责任和义务　D. 对分包单位的管理和服务

E. 合同计价方式

答案：1. B。选项A错误，总管模式的招标不依赖完整的施工图。选项C错误，各分包合同交界面的定义由施工总承包管理单位负责，减轻了业主方的工作量。选项D错误，款项可由总管单位支付，也可由业主直接支付。

2. C。由施工总承包管理单位负责对所有分包单位的管理及组织协调，大大减轻了业主的工作。这是施工总承包管理模式的基本出发点。

3. B。施工平行发承包又称为分别发承包,是指发包方将其施工任务分别发包给不同的施工单位,各个施工单位分别与发包方签订施工承包合同。

4. CD。

[考点2] 施工招标

1. 招标投标项目的确定

(1)大型基础设施、公用事业等关系社会公共利益、公众安全的项目。

(2)全部或者部分使用国有资金投资或者国家融资的项目。

(3)使用国际组织或者外国政府资金的项目。

2. 招标方式的确定

分类	内容
公开招标 (无限竞争性招标)	1.优点:选择范围大、报价合理、工期较短、技术可靠、资信良好。 2.缺点:工作量比较大、耗时长、费用高、资格预审把关不严导致鱼目混珠
邀请招标 (有限竞争性招标)	有下列情形之一的,经批准可以进行邀请招标: 1.项目技术复杂或有特殊要求,潜在投标人少。 2.受自然地域环境限制的。 3.涉及国家安全、国家秘密或者抢险救灾,不宜公开招标的。 4.拟公开招标的费用与项目的价值相比,不值得的。 5.法律、法规规定不宜公开招标的
自行招标	招标人应当具有编制招标文件和组织评标的能力
委托招标	招标人必须委托具备相应资质的招标代理机构代为办理招标事宜

(1)招标人采用邀请招标,向三个以上具备承担招标项目的法人或者其他组织发出投标邀请书。

(2)招标代理机构资格分甲、乙两级,可以跨省、自治区、直辖市承担招标代理业务。

[提示] 招标方式的确定。竞争=公开,有限=邀请。

3. 招标信息的发布与修正

(1)招标信息的发布。

①工程招标公告应在国家指定的媒介上发表,保证信息发布的范围、及时与准确;

②招标人或其委托的招标代理机构应当保证工程招标公告内容的真实、准确和完整;

③拟发布的招标公告由招标人或其委托的招标代理机构的主要负责人签名、盖公章;

④可以同步在其他媒介公开,并确保内容一致;

⑤招标文件或资格预审文件出售时间不得少于5个工作日;

⑥招标文件或者资格预审文件的收费不得以营利为目的。

(2)招标信息的修正。

①时限:投标文件截止时间至少15日(非15个工作日)前发出。

②形式：书面形式。

③全面：通知所有招标文件收受人。

[提示] 澄清或者修改的内容应为招标文件的有效组成部分。

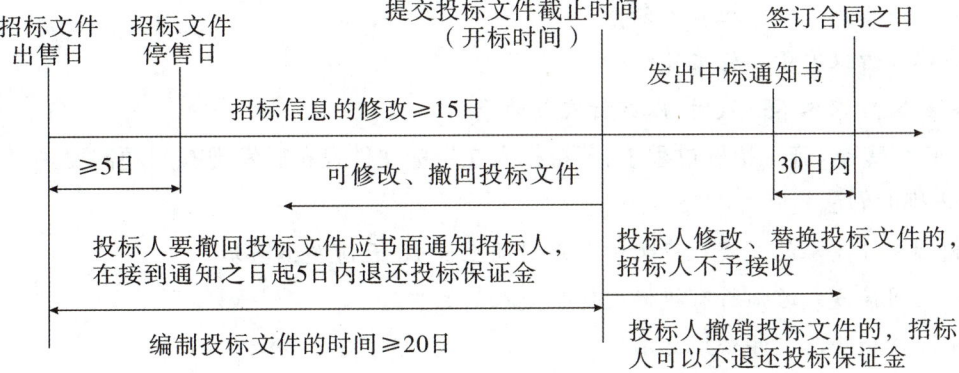

4.资格预审

(1)由业主自行或委托咨询公司编制资格预审文件。

(2)在国内有关媒介上发布资格预审公告,邀请有意参加单位申请资格审查。

(3)在指定的时间、地点出售资格预审文件,并公布资格预审文件答疑时间。

(4)投标意向者将疑问以书面形式提交业主,业主以书面形式回答。同时通知所有购买资格预审文件的投标意向者。

(5)投标意向者在规定的截止日期之前完成填报,报送文件在截止之后不能再进行修改。

(6)业主组织资格预审评审委员通知通过预审的投标人以及招标文件出售的时间、地点。

5.标前会议

(1)标前会议也被称为投标预备会或招标文件交底会,是招标人按投标须知规定的时间和地点召开的会议。

(2)招标人应将会议纪要以书面形式发给每一个投标人,但问题的答复不需说明来源。

(3)补充文件(如会议纪要)与招标文件内容不一致,以补充文件为准。

6.评标的程序

项目	内容	举例
初步评审	符合性审查：投标书是否实质上响应招标文件要求,不响应则不进行下一阶段	投标资格审查、投标文件完整性审查、投标担保的有效性、与招标文件是否有显著的差异和保留等
	报价计算正确性审查：若有误一般应由投标人代表签字确认修改	1.大小写不一致的以大写为准。 2.单价×数量≠投标总价,以单价为准。 3.标书正本和副本不一致的,则以正本为准
详细评审	详细评审是评标的核心,是对标书进行实质性审查	1.技术评审：对投标书的技术方案等进行分析。 2.商务评审：对投标书的报价高低等进行评审
评标方法	评议法、综合评分法或评标价法,根据不同的招标内容选择相应的方法	评标委员会推荐的中标候选人应当限定在1~3人,并标明排列顺序

🌐 精选真题

1. [2021 年真题]关于标前会议的说法,正确的是( )。
   A. 与招标文件内容不一致时,以补充文件为准
   B. 不能作为招标文件的组成部分
   C. 其法律效力仅次于招标文件
   D. 与招标文件内容不一致时,以招标文件为准

2. [2020 年真题]施工招标过程中,若招标人在招标文件发布后发现有问题需要进一步澄清和修改,正确的做法是( )。
   A. 在招标文件要求的提交投标文件截止时间至少 10 天前发出通知
   B. 可以用间接方式通知所有招标文件收受人
   C. 所有澄清和修改文件必须公示
   D. 所有澄清文件必须以书面形式进行

3. [2021 年真题]关于工程招标信息发布的说法,正确的有( )。
   A. 依法必须招标项目的招标信息只能发布在项目所在地市级电子招标公共服务平台
   B. 招标人或招标代理机构应保证招标公告内容的真实、准确和完整
   C. 必须招标项目的招标信息,在其他媒体转载时不需注明信息来源
   D. 发布的招标信息应当由招标人或招标代理机构盖章,并由主要负责人签名
   E. 招标信息的修改或澄清的时限为招标文件要求提交招标文件截止时间的 5 日前

4. [2019 年真题]关于建设工程施工招标标前会议的说法,正确的有( )。
   A. 标前会议是招标人按投标须知在规定的时间地点召开的会议
   B. 招标人对问题的答复函件须注明问题来源
   C. 招标人可根据实际情况在标前会议上确定延长投标截止时间
   D. 标前会议纪要与招标文件内容不一致时,应以招标文件为准
   E. 标前会议结束后,招标人应将会议纪要用书面通知形式发给每个投标人

答案:1. A。2. D。

3. BD。选项 A 错误,依法必须招标项目的招标公告和公示信息应当在"中国招标投标公共服务平台"或者项目所在地省级电子招标投标公共服务平台发布。选项 C 错误,其他媒介可以依法全文转载依法必须招标项目的招标公告和公示信息,但不得改变其内容,同时必须注明信息来源。选项 E 错误,招标人对已发出的招标文件进行必要的澄清或者修改,应当在招标文件要求提交投标文件截止时间至少 15 日前发出。

4. ACE。

[考点 3] 施工投标

投标过程是指从填写资格预审表开始到正式投标文件送交业主为止所进行的全部工作,见下图。这一阶段工作量很大、时间紧。

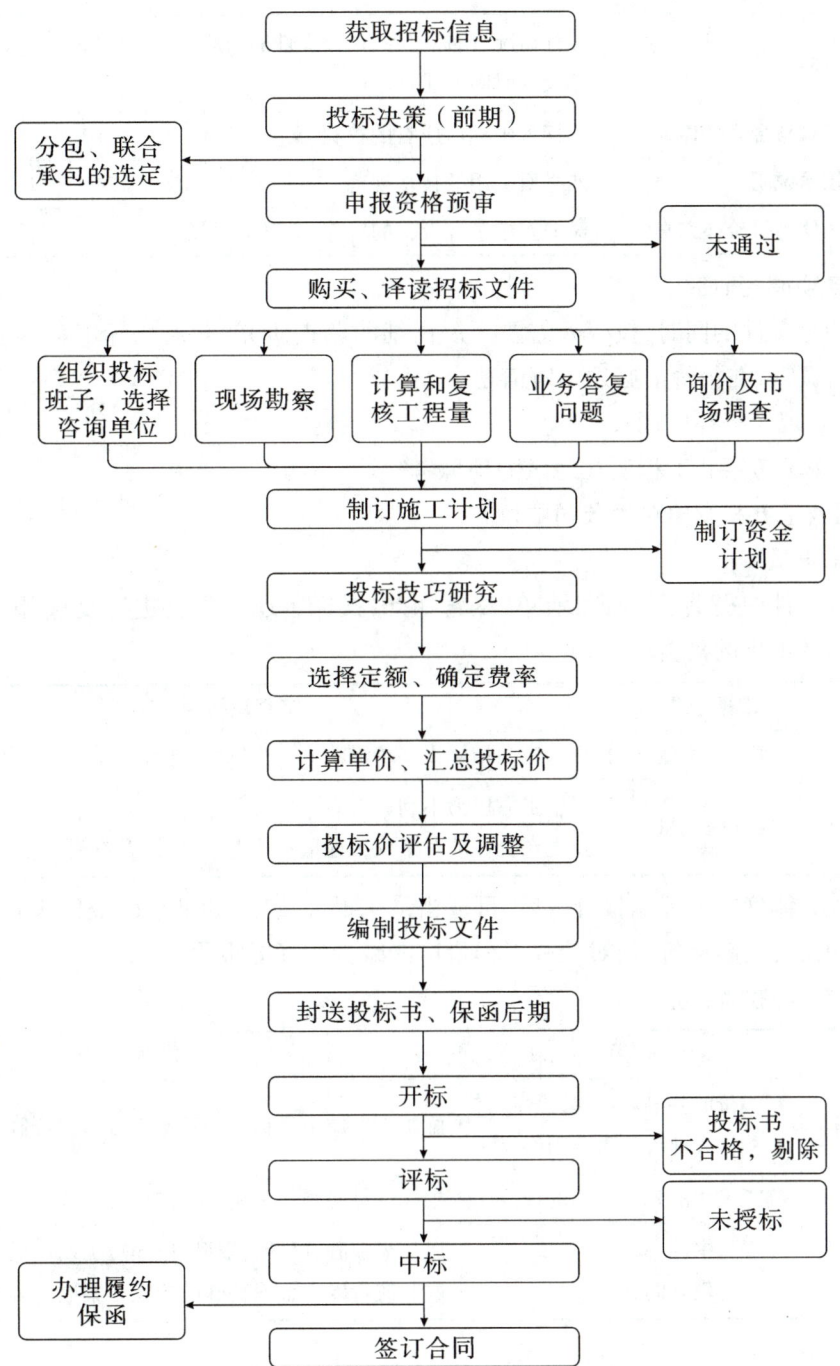

1. 研究招标文件

研究招标文件的重点应放在投标者须知、合同条款、设计图样、工厂范围及工程量表上，还要研究技术规范要求，看是否有特殊的要求，见下表。

投标人须知	工程概况、招标内容、招标文件的组成、投标文件的组成、报价原则、招标投标时间安排
投标书附录与合同条件	投标人中标后应有的权利、义务和责任
技术说明	熟悉所采用的技术规范
永久性工程之外的报价补充文件	对旧有建筑和设施的拆除、会议费用等

2. 进行各项调查研究

在研究招标文件的同时,投标人需要开展详细的调查研究,即对招标工程的自然、经济和社会条件进行调查,在报价前必须了解清楚。

(1) 市场宏观经济环境调查。
(2) 工程现场考察和工程所在地区的环境考察。
(3) 工程业主方和竞争对手公司的调查。

3. 复核工程量

有的招标文件中提供了工程量清单,尽管如此,投标者还是需要进行复核,因为这直接影响投标报价以及中标的机会。

合同	结算方式	工程量错误
单价合同	实测工程量	投标人应向招标人要求澄清
总价固定合同	实际完成量	1. 对施工方极为不利; 2. 业主在投标前对争议工程量不予更正,投标者不利

当投标人大体确定工程总报价以后,可适当采用报价技巧(如不平衡报价法),对某些工程量可能增加的项目提高报价,而对某些工程量可能减少的降低报价。

4. 施工方案与投标要点

项目	作用	内容
选择施工方案	1. 报价的基础和前提; 2. 招标人评价的重要因素	施工方案应由投标人的技术负责人主持制订
投标计算	施工发生的各种费用的计算	投标计算必须与采用的合同计价形式相协调
确定投标策略	1. 提高中标率; 2. 获得较高的利润	以信誉取胜、以低价取胜、以缩短工期取胜、以改进设计取胜或者以现金或特殊的施工方案取胜等

5. 正式投标

在投标时需要注意以下四方面内容。

(1) 投标的截止日期。超过投标截止日期就会被视为无效投标,招标人可以拒收。
(2) 投标文件的完备性。
① 投标文件未对招标文件提出的实质性要求和条件做出响应;
② 投标不完备或投标没有达到招标人的要求;
③ 在招标范围以外提出新的要求。

以上被视为招标文件的否定,不会被招标人所接受。

(3)标书的标准。

①基本内容是签章、密封,否则投标是无效的;

②投标时需要盖有投标企业公章以及企业法人的名章(或签字);

③项目所在地与企业较远,由当地项目经理组织投标,提交企业法人授权委托书。

(4)投标的担保。通常投标需要提交投标担保。

🌐 精选真题

1. [2021年真题] 关于投标人正式投标时投标文件和程序要求的说法,正确的是( )。

A. 提交投标保证金的最后期限为招标人规定的投标截止日

B. 标书的提交可按投标人的内部控制标准

C. 投标的担保截止日为提交标书最后的期限

D. 投标文件应对招标文件提出的实质性要求和条件做出响应

2. [2018年真题] 某建设工程采用固定总价方式招标,业主在招标投标过程中对某项争议工程量不予更正,投标单位正确的应对策略是( )。

A. 修改工程量后进行报价

B. 按业主要求工程量修改单价后报价

C. 采用不平衡报价法提高该项工程报价

D. 投标时注明工程量表存在错误,应按实结算

3. [2022年真题] 阅读招标文件"投标人须知"时,投标人应重点关注的信息有( )。

A. 合同条款   B. 施工技术说明

C. 招标工程的详细范围和内容   D. 投标文件的组成

E. 重要的时间安排

答案:1. D。选项AC错误,应在开标前以有效形式递交保证金。招标人所规定的投标截止日就是提交标书最后的期限。选项B错误,标书的提交有固定的要求,基本内容是签章、密封。如果不密封或密封不满足要求,投标是无效的。

2. D。对于总价合同,如果业主在投标前对争议工程量不予更正,而且对投标者不利的情况,投标者在投标时要附上声明:工程量表中某项工程量有错误,施工结算应按实际完成量计算。

3. CDE。"投标人须知"是招标人向投标人传递基础信息的文件,包括工程概况、招标内容、招标文件的组成、投标文件的组成、报价的原则、招标投标时间安排等关键的信息。首先,投标人需要注意招标工程的详细内容和范围,避免遗漏或多报。其次,还要特别注意投标文件的组成,避免因提供的资料不全而被作为废标处理。例如,曾经有一资信良好的著名企业在投标时因为遗漏资产负债表而失去了本来非常有希望的中标机会。在工程实践中这方面的先例不在少数。还要注意招标答疑时间、投标截止时间等重要时间安排,避免因遗忘或迟到等原因而失去竞争机会。选项AB属于研究招标文件的重点。

专题 2　施工合同与物资采购合同

复习提示▷本专题重点讲解工程总承包合同中发承包双方的责任和义务、专业分包合同、劳务分包合同,本专题记忆量大,知识点容易混淆,因此应建立学习思路,采取对比记忆等方法进行学习。

[考点 1] 施工承包合同的主要内容

监理人是指在专用合同条款中指明的,受发包人委托对合同履行实施管理的法人或其他组织。总监理工程师(总监)是指由监理人委派常驻施工场地对合同履行实施管理的全权负责人。

(一)发包人的责任

(1)负责办理取得出入施工场地的专用和临时道路的通行权。

(2)发包人在约定的期限内,通过监理人向承包人提供测量基准点、基准线和水准点及其书面资料,并对真实性、准确性和完整性负责。

(3)负责赔偿以下情况造成的第三者人身伤亡、财产损失:

①工程或工程的任何部分对土地的占用所造成的第三者财产损失;

②由于发包人原因在施工场地及其毗邻地带造成的第三者人身伤亡和财产损失。

(4)治安保卫的责任。除合同另有约定外,发包人应与当地公安部门协商,统一管理施工场地的治安保卫事项,履行合同工程的治安保卫职责。

(5)施工中发生事故,承包人立即通知监理人,监理人立即通知发包人,发承包双方立即组织人员和设备进行紧急抢救和抢修。

(6)向承包人提供地质勘探资料、水文气象资料,并对准确性负责。

(二)发包人的义务与违约情形

发包人义务	发包人违约
1. 发出开工通知; 2. 提供施工场地; 3. 协助承包人办理证件和批件; 4. 组织设计交底; 5. 支付合同价款; 6. 组织竣工验收	1. 发包人未能按合同约定支付预付款或合同价款或拖延、拒绝批准付款申请和支付凭证,导致付款延误的; 2. 因发包人原因造成停工的; 3. 监理人无正当理由没有在约定期限内发出复工指示,导致承包人无法复工的; 4. 发包人无法继续履行或明确表示不履行或实质上已停止履行合同的

[提示] 该做不做即为发包人违约。

(三)承包人的责任与义务

1. 承包人的一般义务

①完成各项承包工作;②对施工作业和施工方法的完备性负责;③保证工程施工和人员的安全;④负责施工场地及其周边环境与生态的保护工作;⑤避免施工对公众与他人的利益造成损害;⑥为他人提供方便;⑦工程的维护和照管。

2. 承包人的其他责任与义务

(1)承包人不得将工程主体、关键性工作分包给第三人。承包人与分包人就分包工程向发包人承担连带责任。

(2)承包人应在接到开工通知后28天内,向监理人提交施工场地管理机构及人员安排与变动的报告。

(3)承包人应对施工场地及周围环境查勘;在全部合同工作中,应视为承包人已充分估计了应该承担的责任和风险。

(四)进度控制的主要条款内容

1. 进度计划

工程的实际进度与合同进度计划不符时:

(1)承包人可在约定期限内向监理人提交修订合同进度计划的申请报告,并附有关措施和相关资料,报监理人审批;

(2)监理人也可以直接向承包人作出修订合同进度计划的指示;

(3)承包人应按该指示修订合同进度计划,报监理人审批;

(4)监理人应在专用合同条款约定的期限内批复,在批复前应获得发包人同意。

2. 开工日期与工期

监理人应在开工日期7天前向承包人发出开工通知。工期自监理人发出开工通知中载明的开工日期起算。

3. 工期调整

(1)工期与索赔见下表。

工期调整事项	承包人可索赔范围
发包人造成工期延误	费用+工期+利润
异常恶劣的气候条件	工期
承包人造成工期延误	支付逾期竣工违约金
工期提前(发包人要求)	赶工费用+奖金

(2)由于发包人的原因造成工期延误的:①增加合同工作内容;②改变合同中任何一项工作的质量要求或其他特性;③发包人迟延提供材料、工程设备或变更交货地点的;④因发包人原因导致的暂停施工;⑤提供图纸延误;⑥未按合同约定及时支付预付款、进度款。

[提示] 谁的责任谁承担。

4. 暂停施工

承包人暂停施工的责任	1. 承包人违约引起的暂停施工； 2. 由于承包人原因为工程合理施工和安全保障所必需的暂停施工； 3. 承包人擅自暂停施工
发包人暂停施工的责任	承包人有权要求发包人延长工期和（或）增加费用，并支付合理利润
监理人暂停施工指示	1. 暂停施工期间承包人应负责妥善保护工程并提供安全保障； 2. 因发包人的原因暂停施工，且监理人未及时下达暂停施工指示的，承包人可先暂停施工，并及时向监理人提出书面请求，监理人在24h内予以答复，否则视为同意暂停施工请求
暂停施工后的复工	1. 当工程具备复工条件时，监理人应立即发出复工通知； 2. 承包人无故拖延和拒绝复工的，由承包人承担增加的费用和工期延误； 3. 因发包人原因无法按时复工的，承包人有权要求发包人延长工期和（或）增加费用，并增加合理利润
暂停施工持续56天以上	1. 监理人发出暂停施工指示后56天内未向承包人发出复工通知，除了该项停工属于由于承包人暂停施工的责任的情况外，承包人可提交书面通知，要求监理人在收到书面通知后28天内准许已暂停施工的工程或其中一部分工程继续施工。如监理人逾期不予批准，则承包人可以通知监理人，将工程受影响的部分视为变更的可取消工作； 2. 由于承包人责任引起的暂停施工，如承包人在收到监理人暂停施工指示后56天内不采取有效的复工措施，造成工期延误，可视为承包人违约

暂停施工如下图所示。

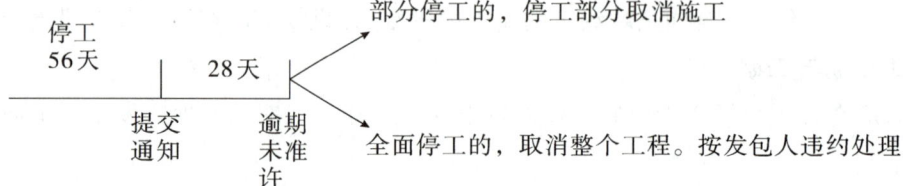

（五）费用控制的主要条款内容

1. 预付款

除专用合同条款另有约定外，承包人应在收到预付款的同时向发包人提交预付款保函，预付款保函的担保金额应与预付款金额相同。保函的担保金额可根据预付款扣回的金额相应递减。

开工日期 →7天前→ 支付预付款 →7天前→ 提交预付款担保

2. 工程进度付款

（1）付款周期。付款周期同计量周期。

（2）进度付款申请单。承包人应在每个付款周期末，按监理人批准的格式和专用合同条款约定的份数，向监理人提交进度付款申请单，并附相应的支持性证明文件。

（3）进度付款证书和支付时间。

①监理人在收到进度付款申请单及相应的支持性证明文件后14天内完成核查，提出发包

人到期应支付给承包人的金额以及相应的支持性材料。

②发包人应在监理人收到进度付款申请单后的 28 天内,将进度应付款支付给承包人。发包人不按期支付的,按专用合同条款的约定支付逾期付款违约金。

③监理人出具进度付款证书,不应视为监理人已同意、批准或接受了承包人完成的该部分工作。

(4)进度付款的修正。在对以往历次已签发的进度付款证书进行汇总和复核中发现错、漏或重复的,监理人有权予以修正,承包人也有权提出修正申请。经双方复核同意的修正,应在本次进度付款中支付或扣除。

3. 质量保证金

(1)监理人应从第一个付款周期开始,在发包人的进度付款中,按专用合同条款的约定扣留质量保证金。

(2)缺陷责任期满时,承包人向发包人申请到期应返还承包人剩余的质量保证金金额,发包人应在 14 天内会同承包人按照合同约定的内容核实承包人是否完成缺陷责任。

4. 竣工结算

(1)工程接收证书颁发后,承包人提交竣工付款申请单,监理人在收到后的 14 天内完成核查,并报送发包人。

(2)发包人在收到后 14 天内审核完毕,并由监理人出具经发包人签认的竣工付款证书。

(3)出具竣工付款证书后的 14 天内,发包人将应支付款支付给承包人。

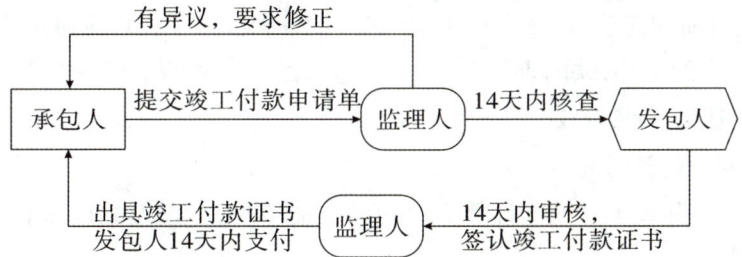

5. 最终结清

(1)缺陷责任期终止证书签发后,承包人提交最终结清申请单,监理人收到后的 14 天内送发包人审核并抄送承包人。

(2)发包人应在收到后 14 天内审核完毕,由监理人出具经发包人签认的最终结清证书。

(3)发包人应在监理人出具最终结清证书后的 14 天内,将支付款支付给承包人。

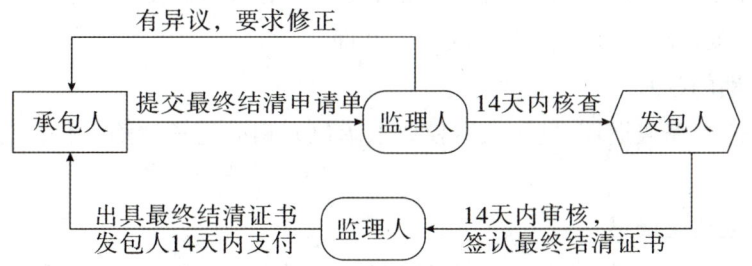

(六)竣工验收

1. 验收

(1)承包人按要求提交竣工验收申请报告,监理人28天内通知承包人整改或28天内提请发包人进行工程验收。

(2)发包人经验收后同意接收工程的,在监理人收到竣工验收申请报告后的56天内,由监理人出具经发包人签认的工程接收证书。

(3)不同意接收工程的,承包人返工重做或补救处理,承担相应的费用,然后重新提交竣工验收申请报告。

2. 实际竣工日期

(1)竣工验收合格,以提交竣工验收申请报告之日为实际竣工日期。

(2)发包人在收到竣工验收申请报告56天后未进行验收的,视为验收合格,实际竣工日期为提交竣工验收申请报告的日期。

(3)未经竣工验收,发包人擅自使用,以转移占有工程之日为实际竣工日期。

3. 竣工清场

工程接收证书颁发后,承包人应按要求对施工场地进行清理。竣工清场费用由承包人承担。

4. 施工队伍的撤离

(1)工程接收证书颁发后的56天内,除经监理人同意需在缺陷责任期内继续工作和使用的人员、施工设备和临时工程外,其余的人员、施工设备和临时工程均应撤离施工场地或拆除。

(2)除合同另有约定外,缺陷责任期满时,承包人的人员和施工设备应全部撤离施工场地。

(七)缺陷责任与保修责任

1. 缺陷责任期的起算时间

缺陷责任期自实际竣工日期起计算。提前验收的单位工程,其缺陷责任期的起算日期相应提前。

2. 缺陷责任

(1)承包人在缺陷责任期内对已交付使用的工程承担缺陷责任。

(2)缺陷责任期内,发包人对已接收使用的工程负责日常维护工作。

(3)监理人和承包人应共同查清缺陷和(或)损坏的原因(谁的原因谁承担责任)。

(4)承包人不能在合理时间内修复缺陷的,发包人可自行修复或委托其他人修复,所需费用和利润的承担,根据缺陷和(或)损坏的原因处理。

3. 缺陷责任期的延长

因承包人造成缺陷或损坏,发包人有权要求承包人相应延长缺陷责任期,但缺陷责任期最长不超过2年。

4. 缺陷责任期终止证书

在缺陷责任期,包括根据合同规定延长的期限终止后14天内,由监理人向承包人出具经发包人签认的缺陷责任期终止证书,并退还剩余的质量保证金。

5. 保修期

保修期自实际竣工日期起计算。提前验收的单位工程,其保修期起算日期相应提前。

🌐 **精选真题**

1. [2021年真题] 根据《标准施工招标文件》,监理人向承包人作出暂停施工的指示,则暂停施工期间负责保护工程并提供安全保障的主体为( )。

A. 监理人　　　　　　　　　　B. 承包人

C. 发包人　　　　　　　　　　D. 项目管理公司

2. [2021年真题] 根据《标准施工招标文件》,关于合同进度计划的说法,正确的是( )。

A. 监理人应编制施工进度计划和施工方案说明并报发包人

B. 监理人不能直接向承包人作出修订合同进度计划的指示

C. 监理人无需获得发包人的同意,可以直接在合同约定期限内批复修订的合同进度计划

D. 实际进度与合同进度不符时,承包人应提交修订合同进度计划申请报告等资料,报监理人审批

3. [2021年真题] 根据《标准施工招标文件》,关于发包人提供资料的说法,正确的是( )。

A. 发包人只提供基础资料,不对其真实性和完整性负责,承包人自行解读内容

B. 发包人提供资料有误使承包人受损时,只承担增加的费用和工期延误

C. 发包人应通过监理人向承包人提供测量基准点、基准线和水准点及书面资料

D. 发包人提供的资料使承包人推断失误,承担相关费用和利润

4. [2021年真题] 根据《标准施工招标文件》,关于暂停施工后复工的说法,正确的是( )。

A. 承包人收到复工通知后,应在发包人进行经济补偿后复工

B. 暂停施工后,监理人、发包人、承包人应协调采取有效措施消除影响

C. 具备复工条件时,监理人应立即向承包人发出复工的通知

D. 承包人无故拖延的,应承担由此增加的费用和延误的工期

E. 因发包人原因无法按时复工,应承担由此增加的费用,延误的工期和合理的利润

答案: 1. B。

2. D。选项A错误,承包人应按专用合同条款约定的内容和期限,编制详细的施工进度计划和施工方案说明报送监理人。选项B错误,监理人也可以直接向承包人作出修订合同进度计划的指示,承包人应按该指示修订合同进度计划,报监理人审批。选项C错误,监理人在批复前应获得发包人同意。

3. C。选项BD错误,发包人提供基准资料错误导致承包人测量放线工作的返工或造成工程损失的,发包人应当承担由此增加的费用和(或)工期延误,并向承包人支付合理利润。

4. BCDE。选项A错误,承包人收到复工通知后,应在监理人指定的期限内复工。

[考点 2] 工程隐蔽部位覆盖前的检查

1. 通知监理人检查

监理人检查确认质量符合隐蔽要求,并在检查记录上签字后,承包人才能进行覆盖。

2. 监理人未到场检查

监理人事后对检查记录有疑问的,可按约定重新检查。

3. 监理人重新检查

(1)经检验证明工程质量符合合同要求的,发包人承担由此增加的费用和(或)工期延误,并支付承包人合理利润;

(2)经检验证明工程质量不符合合同要求的,承包人承担由此增加的费用和(或)工期延误。

4. 承包人私自覆盖

承包人私自将工程隐蔽部位覆盖的,监理人有权指示承包人钻孔探测或揭开检查,由此增加的费用和(或)工期延误由承包人承担。

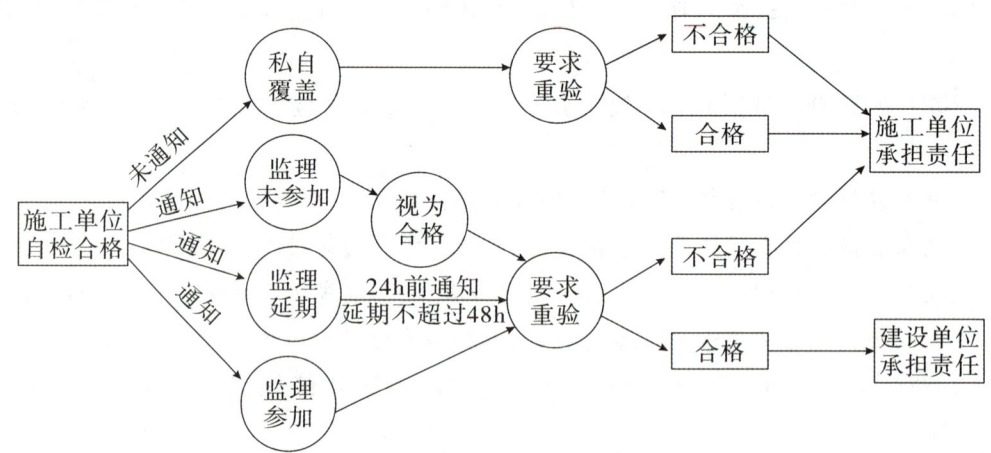

◈ 精选真题

1.[2022年真题]根据《标准施工招标文件》,承包人自检确认的工程隐蔽部位具备覆盖条件后,监理人未按与承包人约定的时间进行检查且没有其他指示,承包人正确的做法是(   )。

A. 自行完成覆盖工作,并拒绝监理人重新检查的要求

B. 自行完成覆盖工作,并将相应记录报送监理人签字确认

C. 自行完成覆盖工作,并向监理人进行索赔

D. 报告政府质量监督机构后自行完成覆盖工作成绩

2.[2020年真题]根据《标准施工招标文件》,承包人自检确认并经监理验收后覆盖隐蔽的项目,总监理工程师要求重新检验,经检验证明工程质量符合要求,则由此增加的费用和工期延误的承担方式是(   )。

A. 增加的费用和工期延误由监理人承担

B. 增加的费用和工期延误由承包人承担

C. 增加的费用由承包人承担,工期延误由发包人承担

D. 增加的费用和工期延误由发包人承担

答案：1. B。监理人未按约定的时间进行检查的,除监理人另有指示外,承包人可自行完成覆盖工作,并进行相应记录报送监理人,监理人应签字确认。监理人事后对检查记录有疑问的,可按约定重新检查。

2. D。

[考点 3] 专业分包合同

（一）工程承包人(总承包单位)的责任和义务

1. 承包人的原则性义务

(1) 向分包人提供总包合同(有关承包工程的价格内容除外)供分包人查阅。

(2) 总承包人的项目经理应及时向分包人提供所需的指令、批准、图纸,并履行其他约定的义务。否则分包人应在约定时间后 24h 内将具体要求、需要的理由及延误的后果通知承包人。

2. 工程承包人和专业分包人的工作

工程承包人	专业分包人
1. 向分包人提供各种证件、批件和相关资料,提供施工场地; 2. 组织分包人参加图纸会审,进行设计图纸交底; 3. 提供约定的设备和设施,并承担因此发生的费用; 4. 为分包人提供施工所要求的施工场地和通道等; 5. 负责整个施工场地的管理工作,确保分包人按照施工组织设计施工	1. 按分包合同约定对分包工程进行设计、施工、竣工和保修; 2. 按合同约定的时间,完成规定的设计内容,承包人承担相应的费用; 3. 约定的时间内,向承包人提供工程进度计划及相应进度统计报表; 4. 约定的时间内,向承包人提交详细施工组织设计; 5. 承包人承担施工场地交通、施工噪声及环境保护和安全文明生产等发生的费用(分包人责任造成的罚款除外); 6. 允许承包人、发包人、工程师及其三方中任何一方授权人员在工作时间内进入分包工程施工场地; 7. 已竣工工程未交付承包人之前发生损坏,分包人自费修复

[提示] (1) 专业分包合同中承包人的义务:为专业分包人提供服务。

(2) 专业分包合同中专业分包人的义务:按照合同约定保质保量地完成工作任务。

3. 分包人与发包人的关系

(1) 分包人须服从承包人转发的发包人或工程师(监理人)与分包工程有关的指令。

(2) 未经承包人允许,分包人不得与发包人或工程师(监理人)发生直接工作联系。否则将被视为违约,并承担违约责任。

4. 承包人指令

就分包工程范围内的有关工作,承包人随时可以向分包人发出指令,分包人应执行承包人根据分包合同发出的所有指令。

(二)合同价款及支付

(1)合同价款分为三种:固定价格;可调价格;成本加酬金。
(2)分包合同价款与总包合同相应部分价款无任何连带关系。
(3)承包人应在收到分包工程竣工结算报告及结算资料后28天内支付工程竣工结算价款。

🌐 **精选真题**

1.[2021年真题]根据《建设工程施工专业分包合同(示范文本)》(GF-2003-0213),承包人应在收到分包工程竣工结算报告及结算资料后( )天内支付竣工结算款。
A.28　　　　　　B.7　　　　　　C.14　　　　　　D.56

2.[2019年真题]根据《建设工程施工专业分包合同(示范文本)》(GF-2003-0213),关于专业分包的说法,正确的是( )。
A.分包工程合同价款与总包合同相应部分价款没有连带关系
B.分包工程合同不能采用固定价格合同
C.专业分包人应按规定办理有关施工噪音排放的手续,并承担由此发生的费用
D.专业分包人只有在收到承包人的指令后,才能允许发包人授权的人员在工作时间内进入分包工程施工现场

3.[2019年真题]根据《建设工程工专业分包合同(示范文本)》(GF-2003-0213),关于专业工程分包人的做法,正确的是( )。
A.须服从监理人直接发出的与专业分包工程有关的指令
B.可直接致函监理人,要求对相关指令进行澄清
C.不能以任何理由直接致函给发包人
D.在接到监理人指令后,可不执行承包人的指令

4.[2021年真题]根据《建设工程施工专业分包合同(示范文本)》(GF-2003-0213),下列工作中,属于分包人的工作有( )。
A.向监理人提供进度计划及进度统计报表
B.对分包工程进行深化设计、施工、竣工和保修
C.负责已完分包工程的成品保护工作
D.向承包人提交详细的施工组织设计
E.直接履行监理工程师的工作指令

答案:1.A。2.A。3.C。4.BCD。

[考点4] 劳务分包合同

(一)工程承包人与劳务分包人的义务

(1)工程承包人与劳务分包人的义务的主要内容见下表。

工程承包人的义务	劳务分包人的义务
1. 对工程的工期和质量向发包人负责; 2. 完成劳务分包人施工前期的工作; 3. 负责编制施工组织设计; 4. 负责工程技术交底,组织图纸会审; 5. 按时提供图纸,及时交付材料、设备; 6. 向劳务分包人支付劳动报酬; 7. 负责与发包人、监理、设计及有关部门协调现场工作关系	1. 工程质量向工程承包人负责,不得擅自与发包人联系; 2. 严格按照图纸及有关标准规范施工; 3. 自觉接受有关部门的管理、监督和检查; 4. 劳务分包人须服从承包人转发的发包人及工程师的指令; 5. 劳务分包人应对其作业内容的实施、完工负责

(2)工程承包人应完成劳务分包人施工前期的下列工作:

①向劳务分包人交付具备合同项下劳务作业开工条件的施工场地;

②满足劳务作业所需的能源供应、通信及施工道路畅通;

③向劳务分包人提供相应的工程资料;

④向劳务分包人提供生产、生活临时设施。

[提示] 劳务分包人干体力活,工程承包人干技术活。

(二)保险

保险事故发生时,劳务分包人和工程承包人有责任采取必要的措施,防止或减少损失。

办理及支付人	保险事项
发包人	施工场地内的自有人员及第三方人员生命财产
承包人	运至施工场地用于劳务施工的材料和待安装设备
	租赁或提供给劳务分包人使用的施工机械设备
劳务分包人	从事危险作业的职工办理意外伤害保险
	施工场地内自有人员生命财产和施工机械设备

[提示] 谁的东西谁办理保险。

(三)工时及工程量的确认

(1)固定劳务报酬方式。施工过程中不计算工时和工程量。

(2)按确定的工时计算劳务报酬。劳务分包人每日将提供劳务人数报承包人。

(3)按确认的工程量计算劳务报酬。由劳务分包人按月(或旬、日)将完成的工程量报承包人。对劳务分包人未经承包人认可,超出设计图纸范围和因劳务分包人原因造成返工的工程量,承包人不予计量。

(四)劳务报酬最终支付

(1)劳务分包人完工14天后,提交结算资料,最终支付劳务报酬。

(2)承包人收到资料后14天内进行核实,确认结算资料后14天内向劳务分包人支付劳务报酬尾款。

(3)劳务报酬结算价款发生争议时,按合同约定处理。

精选真题

1.[2021年真题]根据《建设工程施工劳务分包合同(示范文本)》(GF-2003-0214),关于保险的说法,正确的是( )。

A. 工程承包人为提供给劳务分包人使用的机械办理保险,劳务分包人承担保险费

B. 运至现场用于劳务施工的材料,由承包人办理保险,劳务分包人承担保险费

C. 劳务分包人必须为从事危险作业的职工办理意外伤害保险,并承担保险费

D. 施工开始前,工程承包人应获得发包人为施工现场内第三方人员生命财产办理的保险,承包人承担保险费

2.[2021年真题]根据《建设工程施工劳务分包合同(示范文本)》(GF-2003-0214),关于工时及工程量确认的说法,正确的有( )。

A. 采用固定劳务报酬方式的施工过程中不计算工时,只计算工程量

B. 采用按确定的工时计算劳务报酬的,劳务分包人每日提供劳务人数报承包人确认

C. 按确认的工程量计算劳务报酬的,劳务分包人提供完成的工程量报承包人确认

D. 因劳务分包人原因造成返工的工程量,工程承包人不予计量

E. 劳务分包人完成的超设计图纸范围的工程量,工程承包人应按实际计量

3.[2019年真题]根据《建设工程施工劳务分包合同(示范文本)》(GF-2003-0214),关于劳务分包人应承担义务的说法,正确的有( )。

A. 负责组织实施施工管理的各项工作,对工期和质量向发包人负责

B. 须服从工程承包人转发的发包人及工程师的指令

C. 自觉接受工程承包人及有关部门的管理、监督和检查

D. 未经工程承包人授权或许可,不得擅自与发包人建立工作联系

E. 应按时提交有关技术经济资料,配合工程承包人办理竣工验收

答案:1. C。2. BCD。3. BCD。

[考点5] 物资采购合同的主要内容

1.建筑材料采购合同的主要内容

(1)标的。约定质量标准的一般原则是:

①按颁布的国家标准执行;

②没有国家标准而有行业标准的则按照行业标准执行;

③没有国家标准和行业标准为依据时,可按照企业标准执行;

④没有上述标准或虽有上述标准但采购方有特殊要求,按照双方在合同中约定的技术条件、样品或补充的技术要求执行。

(2)包装。包装物一般应由建筑材料的供货方负责供应,并且一般不得另外向采购方收取包装费。

(3)验收。验收方式有驻厂验收、提运验收、接运验收和入库验收等方式。

(4)交货期限。①送货:以采购方收货戳记的日期为准。②提货:以供货方按合同规定通知的提货日期为准。③物流:以供货方发运产品时承运单位签发的日期为准。

(5)价格。①有国家定价的,应按国家定价执行;②按规定由国家定价但国家尚无定价的材料,其价格应报请物价主管部门批准;③不属于国家定价的产品,可由供需双方协商确定价格。

(6)违约责任。①供货方违约:不能按期供货、不能供货、供应的货物有质量缺陷或数量不足等。②采购方违约:不按合同要求接受货物、逾期付款或拒绝付款等。

[提示] 违约责任原则:理亏者买单、违约方吃亏。

2. 设备采购合同的主要内容

(1)设备采购合同通常采用固定总价合同,在合同交货期内价格不进行调整。

(2)合同价款的支付一般分为三次。

①预付款:支付10%(设备制造前)。

②交货:支付80%(货物送达)。

③保证期满:支付10%(设备保证金)。

精选真题

1.[2021年真题]由采购方负责提货的建筑材料,其交货期限应以(　　)为准。

A. 供货方按照合同规定通知的提货日期

B. 采购方收货戳记的日期

C. 采购方向承运单位提出申请的日期

D. 供货方发运产品时承运单位签发的日期

2.[2021年真题]建筑材料采购合同中,约定质量标准的一般原则有(　　)。

A. 按颁布的国家标准执行

B. 没有任何标准的,按第三方提供标准执行

C. 没有国家标准而有行业标准的,按行业标准执行

D. 没有国家标准和行业标准的,按企业标准执行

E. 对于采购方有特殊要求的,按合同约定的条件、样品或补充的要求执行

答案:1. A。2. ACDE。

专题3　施工合同计价方式

复习提示▷ 本专题重点讲解了单价合同、总价合同、成本加酬金合同三种合同计价方式的特点,知识点比较琐碎,内容比较多,可以建立相关的知识框架,先有大的框架再着重记忆细节,逐个击破核心考点。

考点 1 单价合同

1. 特点

(1)施工发包的工程内容和工程量不能明确、具体地予以规定时,则可采用单价合同。在结算时:

$$实际工程款的支付 = 实际完成工程量 \times 合同单价$$

(2)单价合同的特点为单价优先。对投标书中明显的数字计算错误,业主有权力先修改再评标;当总价和单价计算结果不一致时,以单价为准调整总价。

(3)单价合同的优缺点见下表。

优点	缺点
1. 公平:允许随工程量变化调整总价,业主和承包商都不存在工程量的风险。 2. 缩短招标投标时间:发包单位无须对工程范围做出完整的、详尽的规定,投标人也只需报出自己的单价	1. 协调工作量大:业主需安排专门力量来核实已经完成的工程量。 2. 对投资控制不利:实际工程量可能超过预测的工程量,实际投资容易超过计划投资

2. 分类

固定单价合同	变动单价合同
固定单价合同的特点: 1. 价格固定不变; 2. 工期短、工程量变化幅度不大	可调整单价的情形有: 1. 实际工程量发生较大变化; 2. 通货膨胀达到一定水平; 3. 国家政策发生变化; 4. 承包商的风险相对较小

🌐 **精选真题**

1. [2021年真题]某招标工程采用单价合同,如投标书中出现明显的总价和单价的计算结果不一致时,正确的做法是(   )。

   A. 分别调整单价和总价 　　　B. 以单价为准调整总价
   C. 按市场价调整单价 　　　　D. 以总价为准调整单价

2. [2021年真题]某土石方工程实行混合计价,其中土方工程实行总价包干,包干价14万元;石方工程实行单价合同,相关的工程量和价格资料如下表,则该工程结算款为(   )万元。

工程	估计工程量(m³)	实际工程量(m³)	承包单价(元/m³)
土方工程	4000	4200	
石方工程	2000	3000	120

　　A. 50.0　　　　B. 47.6　　　　C. 48.3　　　　D. 50.7

3. [2019年真题]关于单价合同的说法,正确的是(　　)。

A. 实际工程款的支付按照估算工程量乘以合同单价进行计算

B. 单价合同又分为固定单价合同、变动单价合同、成本补偿合同

C. 固定单价合同适用于工期较短,工程量变化幅度不会太大的项目

D. 变动单价合同允许随工程量变化而调整工程单价,业主承担风险较小

4. [2016年真题]某单价合同的投标报价单中,钢筋混凝土工程量为1000m^3,投标单价为300元/m^3,合价为30000元;投标报价单的总报价为8100000元。关于此投标报价单的说法,正确的有(　　)。

A. 钢筋混凝土的合同价应该是300000元,投标人报价存在明显计算错误,业主可以先做修改再进行评标

B. 评标时应根据单价优先原则对总报价进行修正,正确报价应该为8400000元

C. 实际施工中工程量是2000m^3,则钢筋混凝土工程的价款金额应该是600000元

D. 该单价合同若采用固定单价合同,无论发生影响价格的任何因素,都不对该投标单价进行调整

E. 该单价合同若采用变动单价合同,双方可以约定在实际工程量变化较大时对该投标单价进行调整

答案:1. B。

2. A。土方工程实行总价包干,则土方工程工程结算价款按照包干价14万元结算,石方工程实行单价合同,则石方工程结算价款按照实际工程量乘以合同单价结算,3000×120=360000(元)=36万元,工程结算款=14+36=50(万元)。

3. C。

4. ACDE。在评标时应根据单价优先原则对总报价进行修正,所以正确的报价应该是8100000+(300000-30000)=8370000(元)。

[考点2] 总价合同

(一)特点

(1)由于承包人的失误导致投标价计算错误,合同总价格不予调整。

(2)总价合同的原则为总价优先。特点包括以下内容:

①发包单位可以较早确定或预测工程成本;

②业主的风险较小,承包人承担较多的风险;

③评标时易于迅速确定最低报价的投标人;

④在施工进度上能极大地调动承包人的积极性;

⑤发包单位能更容易、更有把握地对项目进行控制;

⑥必须完整而明确地规定承包人的工作;

⑦必须将设计和施工的变化控制在最小限度内。

(二) 分类

总价合同分为固定总价合同和变动总价合同两种。

1. 固定总价合同

(1) 固定总价合同适用以下情况:

①工程量小、工期短(一年左右),变化小;

②工程设计详细,图纸完整;

③工程结构和技术简单,风险小;

④投标期相对宽裕;

⑤双方权利义务清楚,合同条件完备。

(2) 固定总价合同中可以约定,在发生重大工程变更、累计工程变更超过一定幅度可以对合同价格进行调整。

2. 变动总价合同

(1) 可调价格情形:设计变更、工程量变化、通货膨胀。

(2) 合同双方可约定,在以下条件下可对合同价款进行调整:

①法律、行政法规和国家有关政策变化影响合同价款;

②工程造价管理部门公布的价格调整;

③一周内非承包人原因停水、停电、停气造成的停工累计超过 8h。

(3) 采用变动总价合同时,对建设周期一年半以上的工程项目,应考虑下列因素引起的价格变化问题:

①劳务工资以及材料费用的上涨;

②其他影响工程造价的因素,如运输费、燃料费、电力等价格的变化;

③外汇汇率的不稳定;

④国家或者省、市立法的改变引起的工程费用的上涨。

(三) 风险

合同分类	对业主而言	对承包商而言
固定总价合同	1. 对投资控制有利;承包商承担了较大的风险,业主的风险较小。 2. 报价中不可避免地要增加一笔较高的不可预见风险费	1. 价格风险:报价计算错误、漏报项目、物价和人工费上涨。 2. 工作量风险:工程量计算错误、工程范围不确定、工程变更、设计深度不够造成误差
变动总价合同	不利于投资控制,突破投资的风险增大	风险相对较小

🌐 **精选真题**

1. [2019年真题] 在固定总价合同模式下,承包人承担的风险是( )。

A. 全部价格的风险,不包括工作量的风险

B. 全部工作量和价格的风险

C. 全部工作量的风险,不包括价格的风险

D. 工程变更的风险,不包括工程量和价格的风险

2. [2021年真题]一般情况下,固定总价合同适用的情形有(　　)。

A. 抢险、救灾工程

B. 工程内容和工程量一时不能明确

C. 工程结构简单,风险小

D. 工程量小、工期短,工程条件稳定

E. 工程设计详细、图纸完整、清楚,工程任务和范围明确

3. [2020年真题]采用变动总价合同时,对于建设周期2年以上的工程项目,需考虑引起价格变化的因素有(　　)。

A. 劳务工资及材料费的上涨　　　B. 燃料费与电力价格的变化

C. 外汇汇率的变动　　　　　　　D. 法规变化引起的工程费上涨

E. 承包人用工制度的变化

4. [2019年真题]根据《建设工程施工合同(示范文本)》(GF-2017-0201),采用变动总价合同时,双方约定可对合同价款进行调整的情形有(　　)。

A. 承包人承担的损失超过其承受能力

B. 一周内非承包人原因停电造成的停工累计达到7小时

C. 外汇汇率变化影响合同价款

D. 工程造价管理部门公布的价格调整

E. 法律、行政法规和国家有关政策变化影响合同价款

答案:1. B。2. CDE。3. ABCD。4. DE。

[考点3] 成本加酬金合同

成本加酬金合同也被称为成本补偿合同,这是与固定总价合同正好相反的合同,在合同签订时,工程实际成本往往不能确定,只能确定酬金的取值比例或者计算原则。

(一)适用范围

(1)工程施工的最终合同价格将按照工程的实际成本再加上一定的酬金进行计算:

$$实际工程款的支付 = 实际成本 + 酬金$$

(2)成本加酬金合同通常用于如下情况:

①工程特别复杂,工程技术、结构方案不能预先确定;

②不可能进行竞争性的招标活动,如研究开发性质的工程项目;

③时间特别紧迫,如抢险、救灾工程,来不及进行详细的计划和商谈。

（二）优缺点

对象	优点	缺点
业主	1. 分段施工缩短工期； 2. 减少承包商的对立情绪； 3. 利用承包商的施工技术专家，帮助改进或弥补设计中的不足； 4. 根据自身情况，较深入地介入和控制工程施工和管理； 5. 通过确定最大保证价格约束工程成本不超过某一限值，从而转移一部分风险	1. 承担价格变化或工程量变化的风险； 2. 对投资控制很不利
承包商	1. 不承担任何价格变化或工程量变化的风险； 2. 利润有保证	1. 合同的不确定性大； 2. 难以合理安排工程计划

（三）合同形式

形式	适用范围	特点
成本加固定费用	1. 直接成本实报实销； 2. 适用于工程变化不大的项目	1. 承包商为尽快得到酬金会尽力缩短工期； 2. 可在固定费用之外给承包商另加奖金，以鼓励承包商积极工作
成本加固定比例费用	工程初期很难描述工作范围和性质，或工期紧迫，无法按常规编制招标文件招标	报酬费用总额随成本增加而增加，不利于缩短工期和降低成本
成本加奖金	招标时图纸规范准备不充分，不能确定合同价格，只能制定估算指标	1. 奖金按成本估算指标确定； 2. 加大奖金 60%~75% 底点 ─ 奖金 100% 估算指标 ─ 罚款 110%~135% 顶点； 3. 最大罚款额不超过最高酬金值
最大成本加费用	1. 设计深度足够，投标人报工程成本总价和固定酬金（包括管理费、风险费、利润）； 2. 非代理型 CM 模式的合同	1. 实际成本超过工程成本总价，超过部分由承包商承担； 2. 实施过程节约了成本，归业主或双方共享

[提示]（1）成本加固定费用合同的结算价 = 实际成本 + 固定报酬。
（2）成本加固定比例费用合同的结算价 = 实际成本 × (1 + 固定报酬率)。

(四)不同合同的计价方式

不同的合同计价方式具有不同的特点、应用范围,对设计深度的要求也是不同的,其比较见下表。

比较	总价合同	单价合同	成本加酬金合同
应用范围	广泛	工程量暂不确定的工程	紧急工程、保密工程等
业主的投资控制工作	容易	工作量较大	难度大
业主的风险	较小	较大	很大
承包商的风险	大	较小	无
设计深度的要求	施工图设计	初步设计或施工图设计	各设计阶段

🌐 **精选真题**

1. [2021年真题]关于成本加酬金合同的说法,正确的是( )。
A. 对业主来说,成本加酬金合同风险较小
B. 需等待所有施工图完成后才开始招标和施工
C. 采用该合同方式对业主的投资控制很不利
D. 对承包人来说,风险比固定总价合同的高,利润无保证

2. [2020年真题]发承包双方在合同中约定直接成本实报实销,发包方再额外支付一笔报酬,若发生设计变更或增加新项目,当直接费超过原估算成本的10%时,固定的报酬也要增加。此合同属于成本加酬金合同中的( )。
A. 成本加固定比例合同 B. 成本加奖金合同
C. 最大成本加费用合同 D. 成本加固定费用合同

3. [2019年真题]下列建设工程项目中,宜采用成本加酬金合同的是( )。
A. 采用的技术成熟,但工程量暂不确定的工程项目
B. 时间特别紧迫的抢险救灾工程项目
C. 工程结构和技术简单的工程项目
D. 工程设计详细、工程任务和范围明确的工程项目

4. [2021年真题]关于施工合同计价方式的说法,正确的有( )。
A. 单价合同风险由承发包双方分担
B. 总价合同主要适用于紧急工程、保密工程
C. 总价合同风险主要由发包人承担
D. 成本加酬金合同风险主要由业主承担
E. 成本加酬金合同主要适用于工程量不确定的工程

答案:1. C。2. D。3. B。4. AD。

专题 4　施工合同执行过程的管理

复习提示▷ 本专题重点讲解施工合同变更管理,建议考生重点掌握,考生需抓住关键词,通过先分析、后综合来对本专题的内容进行梳理。

[考点 1]　施工合同跟踪

1. 含义

施工合同跟踪有两个方面的含义:

(1)单位跟踪人——承包单位的合同管理职能部门对合同执行者履行情况进行的跟踪、监督和检查。

(2)人跟踪事——合同执行者对合同计划的执行情况进行的跟踪、检查与对比。

2. 对象

(1)承包的任务(工程施工的质量、工程进度、工程数量、成本的增加或减少)。

(2)工程小组或分包人的工程和工作。

(3)业主和其委托的工程师(监理人)的工作(是否及时、完整地提供了工程施工的实施条件,如场地、图纸、资料等,是否及时给予了指令、答复和确认等,是否及时并足额地支付了应付的工程款项)。

⊕ **精选真题**

[2017 年真题] 下列工程任务或工作中,可作为施工合同跟踪对象的有(　　)。

A. 工程施工质量　　　　　　　　　B. 工程施工进度
C. 政府质量监督部门的质量检查　　D. 业主工程款项支付
E. 施工成本的增加和减少

答案:ABDE。

[考点 2]　合同实施

1. 合同实施的偏差分析

(1)产生偏差的原因分析。

(2)合同实施偏差的责任分析。必须以合同为依据,按合同规定落实双方的责任。

(3)合同实施趋势分析。

①最终工程状况。如总工期的延误、总成本的超支、质量标准、所能达到的生产能力(或功能要求)等。

②承包商将承担的后果。例如:被罚款、被清算,甚至被起诉,对承包商资信、企业形象、经营战略的影响等。

③最终工程经济效益(利润)水平。

2. 合同实施偏差处理

根据合同实施偏差分析的结果,承包商应该采取相应的调整措施,具体措施见下表。

措施分类	关键词	实例
组织措施	组织论、与人有关	增加人员投入、调整人员安排、调整工作流程和工作计划等
技术措施	设计、方案、材料、机械	变更技术方案、采用新的高效率的施工方案等
经济措施	钱	增加投入、采取经济激励措施等
合同措施	合同、索赔	进行合同变更、签订附加协议、采取索赔手段等

◆ **精选真题**

1. [2016 年真题] 下列合同实施偏差分析的内容中,不属于合同实施趋势分析的是( )。

A. 总工期的延误 B. 总成本的超支
C. 最终工程经济效益水平 D. 项目管理团队绩效奖惩

2. [2021 年真题] 下列施工合同实施偏差的处理措施中,属于组织措施的有( )。

A. 调整施工方案 B. 调整人员安排
C. 进行合同变更 D. 调整工作流程
E. 调整工作计划

3. [2018 年真题] 下列工作内容中,属于合同实施偏差分析的有( )。

A. 产生偏差的原因分析 B. 实施偏差的费用分析
C. 实施偏差的责任分析 D. 合同实施趋势分析
E. 合同终止的原因分析

答案:1. D。2. BDE。3. ACD。

[考点 3] 合同变更管理

合同变更是指合同成立以后和履行完毕以前由双方当事人依法对合同的内容所进行的修改,包括合同价款、工程内容、工程的数量、质量要求和标准、实施程序等的一切改变都属于合同变更。

1. 工程变更的原因

(1)业主新的变更指令,对建筑的新要求。
(2)由于设计人员、监理人员、承包商的原因导致图纸修改。
(3)工程环境的变化。
(4)由于产生新技术和知识,有必要改变原方案。
(5)政府部门对工程新的要求。
(6)由于合同实施出现问题,必须调整合同目标或修改合同条款。

2. 变更范围和内容

(1)取消合同中任何一项工作,但被取消的工作不能转由发包人或其他人实施。

(2)改变合同中任何一项工作的质量或其他特性。

(3)改变合同工程的基线、标高、位置或尺寸。

(4)改变合同中任何一项工作的施工时间或改变已批准的施工工艺或顺序。

(5)为完成工程需要追加的额外工作。

3. 变更权

(1)经发包人同意,监理人可向承包人作出变更指示,承包人应遵照执行。

(2)没有监理人的变更指示,承包人不得擅自变更。

4. 变更程序

(1)变更的提出。

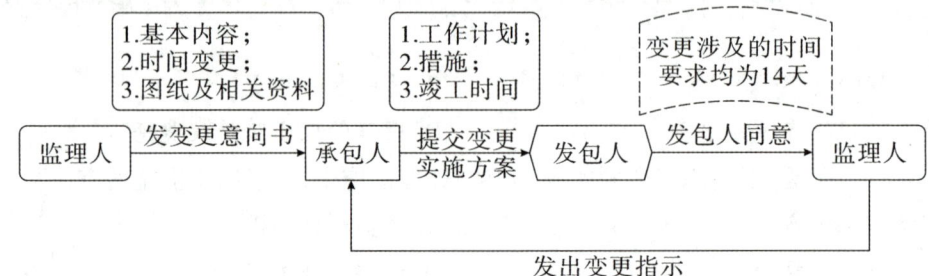

①符合约定变更情形,发包人同意之后,监理人可向承包人发出变更意向书。

②在合同履行过程中,已经发生通用合同条款约定情形的,监理人按程序发出变更指示。

③承包人可向监理人提出书面变更建议。监理人收到承包人书面建议后,应与发包人共同研究,确认存在变更的,应在收到承包人书面建议后的14天内作出变更指示。经研究后不同意作为变更的,应由监理人书面答复承包人。

④若承包人收到监理人的变更意向书后认为难以实施此项变更,应立即通知监理人。

(2)变更指示。

变更指示只能由监理人发出。变更指示应说明变更的目的、范围、变更内容以及变更的工程量及其进度和技术要求,并附有关图纸和文件。

5. 变更估价

(1)承包人收到变更指示或变更意向书后的14天内,向监理人提交变更报价书。

(2)监理人收到承包人变更报价书后的14天内,商定或确定变更价格。

6. 估价原则

条件	依据
已标价工程量清单或预算书有相同项目	相同项目单价认定
已标价工程量清单或预算书中无相同项目,但有类似项目	参照类似项目的单价认定
变更导致实际完成的变更工程量变化幅度超过15%	按照合理的成本与利润构成的原则,由合同当事人商定或确定变更工作的单价
已标价工程量清单或预算书中无相同项目或类似项目单价	

◉ **精选真题**

1. [2021年真题] 根据《标准施工招标文件》,监理人在收到承包人提出的书面变更建议后,确认存在变更的,应在( )天内作出变更指示。
   A. 14 B. 5 C. 7 D. 28

2. [2020年真题] 根据《标准施工招标文件》,关于变更权的说法,正确的是( )。
   A. 没有监理人的变更指示,承包人不得擅自变更
   B. 设计人可根据项目实际情况自行向承包人作出变更指示
   C. 监理人可根据项目实际情况按合同约定向承包人作出变更指示
   D. 总承包人可根据项目实际情况按合同约定向分包人作出变更指示

3. [2021年真题] 根据《标准施工招标文件》,变更的范围和内容包括( )。
   A. 改变合同中任何一项工作的质量或其他特性
   B. 改变合同工程的基线、标高、位置或尺寸
   C. 改变合同中任何一项工作的施工时间
   D. 改变合同中任何一项工作已批准的施工工艺或顺序
   E. 取消合同任何一项工作转由其他人实施

4. [2020年真题] 在施工过程中,引起工程变更的原因有( )。
   A. 发包人修改项目图纸
   B. 设计错误导致图纸修改
   C. 总承包人改变施工方案
   D. 工程环境变化
   E. 政府部门提出新的环保要求

   答案:1. A。2. A。3. ABCD。4. ABDE。

专题5 施工合同的索赔

复习提示 ▷ 本专题重点讲解施工合同索赔程序,理解是记忆的前提和基础。建议考生先理解施工合同索赔,然后对其进行分类归纳,厘清思路,将各层连贯起来,重点记忆。

[考点1] 施工合同索赔的依据与证据

1. 索赔的依据与证据

项目	规定	区分
依据	合同文件;法律、法规;工程建设惯例	索赔的依据决定索赔能否成立
证据	合同文件;经批准的施工进度计划、施工方案;施工日记和现场记录;工程有关照片和录像;工程签证;往来函件;会议纪要;财务报告、财务凭证等	索赔的证据与索赔事件有直接关联

[提示] 索赔证据:①能留下来的可以,口头的不行;②法律法规不能作为索赔证据,只能作为法律依据、法律支持;③施工标准和技术规范也可作为索赔证据。

2. 索赔证据的基本要求

索赔证据应该具有真实性、及时性、全面性、有效性、关联性。

3. 索赔事件

承包商可以提出索赔的事件有：

(1) 发包人违反合同给承包人造成时间、费用的损失；

(2) 因工程变更造成的时间、费用损失；

(3) 由于监理工程师对合同文件的歧义解释、技术资料不确切，造成时间、费用的增加；

(4) 发包人提出提前完成项目或缩短工期而造成承包人的费用增加；

(5) 发包人延误支付期限造成承包人的损失；

(6) 合同规定以外的项目进行检验且检验合格，所发生的损失或费用；

(7) 非承包人的原因导致项目缺陷修复，所发生的损失或费用；

(8) 非承包人的原因导致工程暂停施工；

(9) 物价上涨，法规变化及其他。

4. 索赔成立

索赔的成立，应该同时具备以下三个前提条件：

(1) 有损失——与合同对照，事件已造成了承包人工程项目成本的额外支出或直接工期损失；

(2) 无责任——造成费用增加或工期损失的原因，按合同约定不属于承包人的行为责任或风险责任；

(3) 按规定——承包人按合同规定的程序和时间提交索赔意向通知和索赔报告。

以上三个条件必须同时具备，缺一不可。

🌐 精选真题

1. [2021年真题] 关于建设工程索赔的说法，正确的是(　　)。

A. 导致索赔的事件必须是对方的过错，索赔才能成立

B. 只要对方存在过错、不管是否造成损失，索赔都能成立

C. 未按照合同规定的程序提交索赔报告，索赔不能成立

D. 只要索赔事件的事实存在，在合同有效期内任何时候提出索赔都能成立

2. [2020年真题] 施工合同履行过程中发生如下事件，承包人可以据此提出施工索赔的是(　　)。

A. 工程实际进展与合同预计的情况不符的所有事件

B. 实际情况与承包人预测情况不一致最终引起工期和费用变化的事件

C. 实际情况与合同约定不符且最终引起工期和费用变化的事件

D. 仅限于发包人原因引起承包人工期和费用变化的事件

3. [2019年真题] 建设工程施工合同索赔成立的前提条件有(　　)。

A. 与合同对照，事件已造成了承包人工程项目成本的额外支出或直接工期损失

B. 造成工程费用的增加，已经超出承包人所能承受的范围

C. 造成费用增加或工期损失的原因，按合同约定不属于承包人的行为责任或风险责任

D. 造成工期损失的时间，已经超出承包人所能承受的范围

E. 承包人按合同规定的程序和时间提交索赔意向通知和索赔报告

答案：1. C。2. C。3. ACE。

[考点 2] 施工合同索赔的程序

（一）索赔意向通知

1. 索赔意向通知内容

首先要提出索赔意向，这是索赔工作程序的第一步。索赔意向通知要简明扼要地说明以下四个方面的内容：

（1）索赔事件发生的时间、地点和简单事实情况描述；

（2）索赔事件的发展动态；

（3）索赔依据和理由；

（4）索赔事件对工程成本和工期产生的不利影响。

一般索赔意向通知仅仅表明索赔的意向，应该尽量简明扼要，涉及索赔内容，但不涉及索赔金额。

2. 索赔通知流程

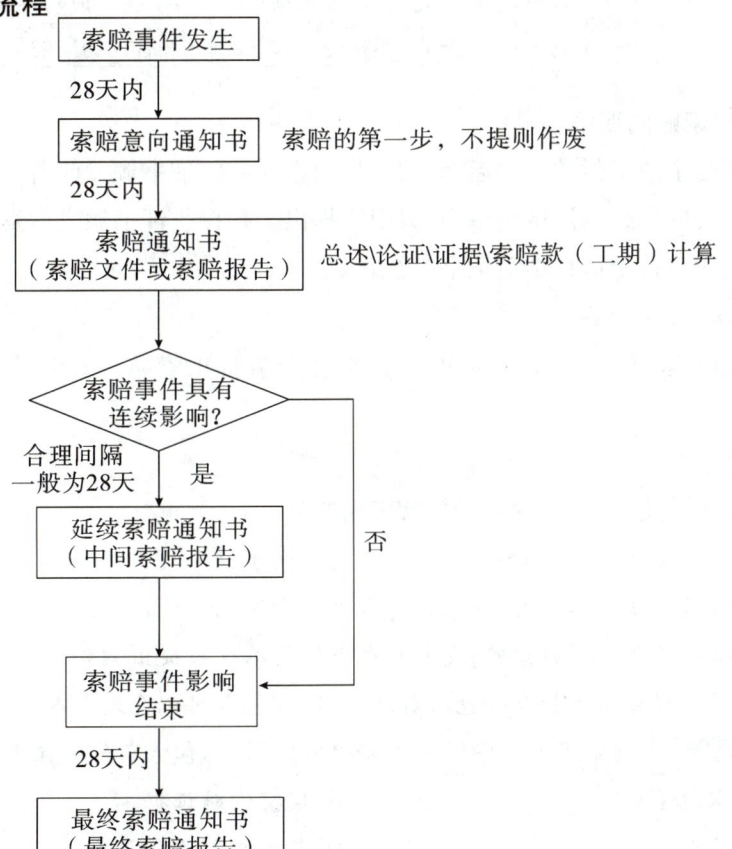

(1)索赔事件发生后28天内,承包人向监理人递交索赔意向通知书。

(2)索赔意向通知书后28天内,承包人向监理人正式递交索赔通知书。

(3)索赔事件具有连续影响的,承包人应按合理时间间隔继续递交延续索赔通知。

(4)在索赔事件影响结束后的28天内,承包人应向监理人递交最终索赔通知书。

(二)索赔文件

1.索赔文件的主要内容

(1)总述部分。

(2)论证部分。它是索赔报告的关键部分,其目的是说明自己有索赔权,是索赔能否成立的关键。

(3)索赔款项(或工期)计算部分。

(4)证据部分。

2.索赔文件的审核

(1)索赔文件应该交由工程师(监理人)审核。

(2)监理人在收到索赔通知书或有关证明材料后的42天内,将索赔处理结果答复承包人。

(3)承包人接受索赔处理结果的,发包人应在作出索赔处理结果答复后28天内完成赔付。

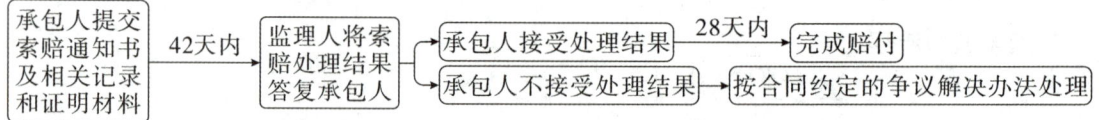

3.承包人提出索赔的期限

(1)承包人接受了竣工付款证书后,无权再提出合同接收证书颁发前所发生的任何索赔。

(2)承包人提交的最终结清申请单中,只限于提出工程接收证书颁发后发生的索赔。

(3)索赔的期限自接受最终结清证书时终止。

(三)反索赔的工作内容

反索赔的工作内容可以包括两个方面:(1)防止对方提出索赔;(2)反击或反驳对方的索赔要求。

🌐 精选真题

1.[2021年真题]关于工程索赔的说法,正确的是(　　)。

A.承包人可以向发包人提出索赔,发包人不可以向承包人提出索赔

B.非分包人的原因导致工期拖延时,分包人可以向发包人提出索赔

C.承包人可以向发包人提出索赔,发包人也可以向承包人提出索赔

D.承包人根据工程师指示指令分包人加速施工,分包人可以向发包人提出索赔

2.[2021年真题]工程施工过程中发生索赔事件以后,承包人首先要做的是(　　)。

A.提出索赔意向通知　　　　　　B.提交索赔证据

C.提交索赔报告　　　　　　　　D.与监理人进行谈判

3.[2021年真题]根据《建设工程施工合同(示范文本)》(GF-2017-0201),承包人应在发出索赔意向通知书后( )天内向监理人正式递交索赔报告。

A. 7　　　　　　B. 28　　　　　　C. 14　　　　　　D. 21

4.[2020年真题]根据《标准施工招标文件》,关于承包人索赔程序的说法,正确的是( )。

A. 应在索赔事件发生后的28d内,向监理人递交索赔意向通知书

B. 应在发出索赔意向通知书28d内,向监理人正式递交索赔通知书

C. 索赔事件具连续影响的,应按合理时间间隔递交延续索赔通知书

D. 有连续影响的,应在递交延续索赔通知书28d内与发包人谈判确定当期索赔的额度

E. 有连续影响的,应在索赔事件影响结束后的28d内向监理人递交最终索赔通知书

答案: 1. C。工程施工中承包人向发包人索赔、发包人向承包人索赔以及分包人向承包人索赔的情况都有可能发生。

2. A。3. B。

4. ABCE。索赔事件具有连续影响的,承包人应按合理时间间隔继续递交延续索赔通知,说明连续影响的实际情况和记录,列出累计的追加付款金额和(或)工期延长天数。在索赔事件影响结束后的28天内,承包人应向监理人递交最终索赔通知书,说明最终要求索赔的追加付款金额和延长的工期,并附必要的记录和证明材料。

专题6　建设工程施工合同风险管理、工程保险和工程担保

复习提示▷本专题重点讲解工程担保和工程保险,本专题内容考频较高,均为重点,需要考生细心把握。

[考点1] 施工合同风险管理

合同风险是指合同中的以及由合同引起的不确定性。

1. 工程合同风险

(1)按合同风险产生的原因,具体分类见下表。

类别	性质	举例
合同工程风险	客观原因	不利的地质条件变化、工程变更、物价上涨、不可抗力等
合同信用风险	主观原因	业主拖欠工程款、承包商层层转包、非法分包、偷工减料、以次充好、知假买假等

(2)按合同的不同阶段进行划分,可以将合同风险分为合同订立风险和合同履约风险。

2. 施工合同风险的类型

项目外界环境风险	项目组织成员资信和能力风险	管理风险
1. 政治环境变化。 2. 经济环境变化。 3. 合同所依据的法律环境变化。 4. 自然环境变化	1. 业主资信和能力风险。 2. 承包商（分包商、供货商）资信和能力风险。 3. 政府机关的干预、苛求等	1. 对环境调查和预测的风险。 2. 合同条款不严密、错误、二义性，工程范围和标准存在不确定性。 3. 承包商投标策略错误，错误地理解业主意图和招标文件，导致实施方案错误、报价失误等。 4. 承包商的技术设计、施工方案、施工计划和组织措施存在缺陷和漏洞，计划不周。 5. 实施控制过程中的风险

🌐 精选真题

1. [2021年真题] 下列施工合同风险中，属于管理类的是（　　）。
   A. 合同主体的资信和能力风险
   B. 对现场环境调查和预测的风险
   C. 项目周边居民或单位的干预、抗议风险
   D. 合同依据的法律环境变化的风险

2. [2021年真题] 下列风险产生的原因中，可能导致合同信用风险的是（　　）。
   A. 不利的地质条件变化   B. 物价上涨
   C. 承包人的层层转包   D. 不可抗力

3. [2019年真题] 下列施工工程合同风险产生的原因中，属于合同工程风险的是（　　）。
   A. 物价上涨   B. 非法分包
   C. 偷工减料   D. 恶意拖欠

答案：1. B。2. C。3. A。

[考点2] 工程施工涉及的保险

1. 工程一切险
（1）包括建筑工程一切险、安装工程一切险两类。
（2）要求投保人办理保险时应以双方名义共同投保。
（3）为了保证保险的有效性和连贯性，国内工程通常由项目法人办理保险，国际工程一般要求承包人办理保险。

2. 第三者责任险
（1）该项保险是指由于施工的原因导致项目法人和承包人以外的第三人受到财产损失或人身伤害的赔偿。
（2）该险种一般附加在工程一切险中。被保险人是项目法人和承包人。

3. 承包人设备险
保险的范围包括承包人运抵施工现场的施工机具和准备用于永久工程的材料及设备。

4. 人身意外伤害险

(1)对从事危险作业的工人和职工(农民工)办理意外伤害保险。

(2)此项保险义务由发包人、承包人负责对本方参与现场施工人员投保(谁家孩子谁负责)。

🌐 **精选真题**

1.[2022年真题]下列工程保险的险种中,以工程发包人和承包人双方名义共同投保的是( )。

A. 建筑工程一切险　　　　　　　　B. 工伤保险

C. 人身意外伤害险　　　　　　　　D. 执业责任险

2.[2021年真题]根据《标准施工招标文件》,发包人应负责赔偿第三者人身伤亡和财产损失的情况有( )。

A. 工地附近小孩进入工地场区引起的意外伤害

B. 施工围挡倒塌导致路过行人的伤害

C. 发包人现场管理人员的工伤事故

D. 工程施工过程中承包人发生安全事故

E. 政府相关人员进入施工现场检查时的意外伤害

答案:1. A。2. ABE。

[考点 3]　建设工程担保

担保的内容处于一种不确定的状态,即当债务人不按主合同之约定履行债务导致债权无法实现时,担保的权利和义务才能确定并成为现实。

1. 担保方式

我国常用的担保方式有保证、抵押、质押、留置和定金五种。

2. 担保类型

建设工程中经常采用的担保种类有投标担保、履约担保、支付担保、预付款担保、工程保修担保等。

类型	形式	作用	对象	金额	期限
投标担保	1.投标保证金; 2.银行保函; 3.担保公司担保书; 4.同业担保书	筛选投标人	乙给甲	≤投标估算价2%但≤80万元	有效期应当与投标有效期一致
履约担保	1.银行履约保函; 2.履约担保书; 3.保证金; 4.同业担保	保护业主合法权益	乙给甲	合同金的10%; 质量保证金≤结算金额的3%	起于开工之日至竣工交付之日或保修期满结束

(续表)

类型	形式	作用	对象	金额	期限
预付款担保	1. 银行保函； 2. 担保公司担保	按约定返还预付款	乙给甲	合同金额的10%（逐月减少）	承包人领取预付款之前至全部还清预付款
支付担保	1. 银行保函； 2. 履约保证金； 3. 担保公司担保	按约定支付工程款	甲给乙	合同金额20%~25%（分段滚动担保）	起始于开工之日至全部工程款结算完成

精选真题

1. [2021年真题]根据《建设工程施工合同（示范文本）》(GF-2017-0201)，担保金额在担保有效期内随着工程款支付可以逐期减少的担保是(　　)。

　　A. 投标担保　　　　　　　　　　B. 履约担保

　　C. 预付款担保　　　　　　　　　D. 支付担保

2. [2021年真题]根据《招标投标法实施条例》，投标保证金的数额不得超过招标项目估算价的(　　)。

　　A. 1%　　　B. 2%　　　C. 3%　　　D. 5%

3. [2020年真题]根据《建设工程施工合同（示范文本）》(GF-2017-0201)，发包人累计扣留的质量保证金不得超过工程价款结算总额的(　　)。

　　A. 2%　　　B. 5%　　　C. 10%　　　D. 3%

4. [2019年真题]根据《建设工程施工合同（示范文本）》(GF-2017-0201)，招标人要求中标人提供履约担保时，招标人应同时向中标人提供的担保是(　　)。

　　A. 履约担保　　　　　　　　　　B. 工程款支付担保

　　C. 预付款担保　　　　　　　　　D. 资金来源证明

答案：1. C。2. B。3. D。

4. B。招标文件要求中标人提交履约担保的，中标人应当提交。招标人应当同时向中标人提供工程款支付担保。

强化练习

一、单项选择题

1. 下列关于施工平行发承包模式的特点，说法正确的是(　　)。

　　A. 对业主的质量控制不利

　　B. 对业主的组织协调有利

　　C. 对业主来说，对于投资的早期控制不利

　　D. 业主的管理成本低

2. 某建设工程业主将土建、安装、装饰装修等若干单位工程分别发包给甲、乙、丙三家施工单位，则对于甲、乙、丙三家施工单位之间的关系，说法正确的是(　　)。

　　A. 三家施工单位对工程质量承担连带责任

　　B. 三家施工单位之间存在直接合同关系

　　C. 业主负责对三家施工单位的合同管理与

组织协调

D. 如甲施工单位阻碍了乙施工单位的施工,乙施工单位应向甲施工单位提出索赔

3. 某工程项目中,甲公司作为工程承包人与乙公司作为劳务分包人签订了劳务分包合同,约定由乙公司负责现场的脚手架搭设,甲公司负责提供该分包工程所需的材料,对运至施工场地用于该分包工程的材料,应由( )办理或获得保险。
   A. 发包人　　　B. 乙公司
   C. 甲公司　　　D. 监理人

4. 关于施工总承包模式和施工总承包管理模式比较的说法,正确的是( )。
   A. 采用费率招标的施工总承包模式,对投资控制有利
   B. 施工总承包管理模式下,发包方招标和合同管理的工作量较小
   C. 施工总承包管理模式可以提前开工,缩短建设周期
   D. 施工总承包管理模式下发包方管理和组织协调的工作量增大

5. 发包人应在专用合同条款约定的期限内,通过监理人向承包人提供的资料不包括( )。
   A. 测量基准点　　B. 测量基准线
   C. 测量长度　　　D. 测量水准点

6. 承包人应在接到开工通知后( )天内,向监理人提交承包人在施工场地的管理机构以及人员安排的报告。
   A. 7　　　　　　B. 14
   C. 28　　　　　 D. 56

7. 某承包人承揽一房屋建筑项目,现已按合同约定通过竣工验收。根据《标准施工招标文件》,承包人的缺陷责任期应自( )起计算。

A. 发包人组织竣工验收之日
B. 工程接收证书中写明的实际竣工日期
C. 发包人签认工程接收证书之日
D. 监理向承包人出具经发包人签认的工程接收证书之日

8. 某工程施工现场狭窄,施工过程中,由于承包人塔式起重机安装中存在缺陷,导致使用过程中发生塔式起重机倒塌事故,砸坏项目周边一幢建筑物的屋面。该事故造成的损失,应由( )。
   A. 承包人承担由此增加的费用和工期延误,以及第三者的财产损失
   B. 承包人承担由此增加的费用和工期延误,发包人承担第三者的财产损失
   C. 发包人承担由此增加的费用和工期延误,以及第三者的财产损失
   D. 发包人承担由此增加的费用和工期延误,承包人承担第三者的财产损失

9. 关于施工总承包模式的说法,正确的是( )。
   A. 工程质量的好坏取决于业主的管理水平
   B. 施工总承包模式适用于建设周期紧迫的项目
   C. 施工总承包模式下业主对施工总承包单位的依赖较大
   D. 施工总承包合同一般采用单价合同

10. 根据《标准施工招标文件》中"通用合同条款"的规定,下列情况中承包人无权要求发包人延长工期和(或)增加费用的是( )。
    A. 未按合同约定及时支付预付款、进度款
    B. 改变合同中任何一项工作的质量要求或其他特性
    C. 由于承包人原因,未能按合同进度计划完成工作
    D. 增加合同工作内容

11. 某合同工程于某年11月初办理了合同工程接收证书,2周以后,承包人提出提交最终结算申请单,并提出10月下旬尚有一费用超支索赔问题没有超过28天需要研究解决,在此事件中承包人( )。
   A. 可以索赔,因为索赔事件发生没有超过28天
   B. 可以索赔,因为工程还没有接受最终结清证书
   C. 不可以索赔,因为此事件发生在接受工程接受证书之前
   D. 不可以索赔,因为此事件发生在接受最终结清证书之后

12. 施工期限( )的项目一般实行固定总价合同。
   A. 半年   B. 一年左右
   C. 两年   D. 三年

13. 监理人收到承包人变更报价书后的( )天内,根据合同约定的估价原则,商定或确定变更价格。
   A. 14   B. 15
   C. 20   D. 30

14. 索赔报告中,旨在解决索赔权能否成立的关键部分是( )。
   A. 总述部分
   B. 论证部分
   C. 索赔款项(或工期)计算部分
   D. 证据部分

15. 下列施工合同风险中,属于管理风险的是( )。
   A. 业主改变设计方案
   B. 对环境调查和预测的风险
   C. 自然环境的变化
   D. 合同所依据环境的变化

16. 施工承包合同履约担保的有效期始于( )之日。
   A. 投标截止
   B. 发出中标通知书
   C. 施工承包合同签订
   D. 工程开工

17. 施工总承包模式在进度控制方面的主要特点是( )。
   A. 可实现边设计边施工,缩短建设周期
   B. 施工总进度计划的编制和控制由业主负责
   C. 项目开工日期较迟,建设周期较长,对项目总进度控制不利
   D. 业主用于招标的时间较多

18. 某建设项目包括多层住宅、高层住宅、小学及幼儿园等若干单位工程,现业主将多层住宅工程发包给甲施工单位,高层住宅工程发包给乙施工单位,小学及幼儿园工程发包给丙施工单位。对业主来说,这样的发包方式在费用控制与进度控制方面的特点是( )。
   A. 对投资的早期控制不利,且不利于缩短建设周期
   B. 对投资的早期控制不利,但有利于缩短建设周期
   C. 对投资的早期控制较为有利,且不利于缩短建设周期
   D. 对投资的早期控制较为有利,但有利于缩短建设周期

19. 下列关于评标的说法,错误的是( )。
   A. 初步评审包括技术评审和商务评审
   B. 详细评审是评标的核心
   C. 评标方法可以采用综合评分法
   D. 评标委员会推荐的中标候选人应限定在1~3人

20. 根据《建设工程工程量清单计价规范》

（GB 50500—2013），某工程定额工期为20个月，合同工期为18个月。合同实施中，发包人要求该工程提前1个月竣工，征得承包人同意后，调整了合同工期。关于该工程工期和赶工费用的说法，正确的是（　　）。

A. 发包人要求的合同工期比定额工期提前了1个月竣工，应承担提前竣工3个月的赶工费用

B. 发包人要求工程提前1个月竣工，应承担提前竣工1个月的赶工费用

C. 发包人要求压缩的工期天数不超过定额工期的20%，应承担提前竣工3个月的赶工费用

D. 发包人要求压缩的工期天数未超过定额工期的10%，不支付赶工费用

21. 发包人在收到承包人竣工验收申请报告（　　）天后未进行验收的，视为验收合格。

A. 14　　　　　　B. 28
C. 56　　　　　　D. 60

22. 某工程项目承包人在2022年7月12日向发包人提交了竣工验收申请报告，发包人收到报告后，于2022年8月5日组织竣工验收，参加验收各方于2022年8月10日签署有关竣工验收合格的文件，发包人于2022年8月20日按照有关规定办理了竣工验收备案手续，本项目的实际竣工日期为（　　）。

A. 2022年8月10日
B. 2022年7月12日
C. 2022年8月5日
D. 2022年8月20日

23. 合同跟踪的对象不包括（　　）。

A. 承包的任务

B. 工程小组或分包人的工程和工作

C. 总承包商和其委托的工程师的工作

D. 业主和其委托的工程师（监理人）的工作

24. 合同实施的偏差分析中最终的工程状况的内容不包括（　　）。

A. 总工期的延误　　B. 总成本的超支
C. 管理标准　　　　D. 质量标准

25. 某工程施工过程中，为了纠正出现的进度偏差，承包人采取了夜间加班和增加劳动力投入措施，该措施属于纠偏措施中的（　　）。

A. 技术措施　　　　B. 组织措施
C. 经济措施　　　　D. 合同措施

26. 根据九部委《标准施工招标文件》，对于施工合同变更的估价，已标价工程量清单中无适用项目的单价，监理工程师确定承包商提出的变更工作单价时，应按照（　　）原则。

A. 固定总价　　　　B. 固定单价
C. 可调单价　　　　D. 成本加利润

27. 施工合同索赔的依据中不包括（　　）。

A. 合同文件　　　　B. 法律、法规
C. 部门规章　　　　D. 工程建设惯例

28. 根据《标准施工招标文件》，合同工程接收证书颁发前发生的索赔事件，承包人有权提出索赔的最迟时间节点是（　　）。

A. 承包人接受竣工付款证书之日
B. 发包人颁发工程接收证书之日
C. 承包人提交最终结清申请单之日
D. 发包人实际支付竣工结算价款之日

29. 根据《标准施工招标文件》，对于承包人向发包人的索赔请求，其索赔意向书应交由（　　）审核。

A. 业主　　　　　　B. 设计人

C. 项目经理　　　D. 监理人

30. 当一方向另一方提出索赔要求，被索赔方应采取适当的反驳、应对和防范措施，这称为（　　）。
    A. 反索赔　　　　B. 索赔
    C. 索赔和反索赔　D. 以上都不对

31. 某合同约定，合同价格为工程成本总价加固定酬金。若实际成本超过合同中规定的成本总价，超过部分由承包人承担；若节约，由双方按约定比例分成。该合同属于成本加酬金合同形式中的（　　）。
    A. 成本加固定费用合同
    B. 成本加固定比例费用合同
    C. 成本加奖金合同
    D. 最大成本加费用合同

32. 某工程由于图纸、规范等准备不充分，招标方仅能制定一个估算指标，则在招标时宜采用成本加酬金合同形式中的（　　）。
    A. 成本加固定费用合同
    B. 成本加固定比例费用合同
    C. 最大成本加费用合同
    D. 成本加奖金合同

33. 采用邀请招标，招标人应当向（　　）个以上具备承担招标项目的能力、资信良好的特定法人或者其他组织发出投标邀请书。
    A. 一　　　　　B. 两
    C. 三　　　　　D. 四

34. 标前会议上，招标人对投标人书面提出的问题和会议上即席提出的问题给予解答，会议结束后，招标人应将会议纪要用书面形式发给（　　）。
    A. 提出问题的投标人
    B. 所有参加标前会议的投标人
    C. 所有未参加标前会议的投标人
    D. 每一个招标文件收受人

35. 根据《建设工程施工专业分包合同（示范文本）》（GF-2003-0213），承包人应提供总包合同供分包人查阅，但可以不包括其中有关（　　）。
    A. 承包工程的价格内容
    B. 承包工程的进度要求
    C. 项目业主的情况
    D. 违约责任的条款

36. 下列关于承包人的其他责任和义务的说法，错误的是（　　）。
    A. 承包人可以将工程主体、关键工作分包发给第三人
    B. 承包人不得将工程主体、关键性工作分包给第三人
    C. 承包人应与分包人就分包工程向发包人承担连带责任
    D. 承包人应对施工场地和周围环境进行查勘

37. 根据《标准施工招标文件》中"通用合同条款"的规定，不属于发包人违约情形的是（　　）。
    A. 由于工程施工，给项目周边环境与生态造成破坏
    B. 发包人拖延批准付款申请和支付凭证，导致付款延误
    C. 监理人无正当理由没有在约定期限内发出复工指示，导致承包人无法复工
    D. 由于资金周转困难，发包人无法继续履行合同

38. 监理人收到承包人提交的最终结清申请单后的（　　）天内，提出发包人应支付给承包人的价款送发包人审核并抄送承包人。
    A. 7　　　　　　B. 14
    C. 28　　　　　 D. 42

39. 监理人审查后认为已具备竣工验收条件

的,应在收到竣工验收申请报告后的( )天内提请发包人进行工程验收。
A. 14 B. 28
C. 30 D. 56

40. 总价合同对设计深度的要求应用于( )。
A. 各设计阶段
B. 初步设计阶段
C. 初步设计或施工图设计
D. 施工图设计

41. 项目经理应按分包合同的约定,及时向分包人提供所需的指令、批准、图纸并履行其他约定的义务,否则分包人应在约定时间后( )h内将具体要求、需要的理由及延误的后果通知承包人。
A. 12 B. 24
C. 36 D. 48

二、多项选择题

1. 与施工总承包模式相比较,平行发承包模式的优点有( )。
A. 平行发承包的工作程序比施工总承包模式更为简单
B. 以施工图设计为基础招标,投标人进行投标报价较有依据
C. 可以实现边设计边施工,缩短建设周期
D. 符合质量控制上的"他人控制"原则,对业主的质量控制有利
E. 业主在合同管理与组织协调方面的工作量较小

2. 正式投标时,需要注意的问题包括( )。
A. 投标文件应当对招标文件提出的实质性要求作出响应
B. 投标地点的确认
C. 标书的提交要有固定的要求,基本内容是签章、密封
D. 如需提交投标担保,应注意要求的担保方式、金额以及担保期限等
E. 投标的截止日期

3. ( )原因造成返工的工程量,工程承包人不予计量。
A. 不可抗力 B. 超出设计图纸范围
C. 因发包人 D. 因劳务分包人
E. 因总包单位

4. 下列关于总价合同的特点的说法,正确的有( )。
A. 业主的风险较小,承包人将承担较多的风险
B. 承包人的风险较小,业主将承担较多的风险
C. 评标时易于迅速确定最低报价的投标人
D. 必须完整而明确地规定承包人的工作
E. 必须将设计和施工方面的变化控制在最小限度内

5. 承包人发出的索赔意向通知应包括的内容有( )。
A. 索赔事件发生的时间、地点
B. 索赔事件的发展动态
C. 索赔依据和理由
D. 承包人为该索赔事件付出的努力和附加开支
E. 要求费用或工期补偿的数量

6. 投标担保可以采用的形式有( )。
A. 担保公司担保书 B. 投标保证金
C. 不动产抵押 D. 银行保函
E. 动产抵押

7. 下列关于发包人支付担保的说法,正确的有( )。
A. 可由担保公司提供担保
B. 担保的额度为工程合同价总额的10%
C. 实行履约金分段滚动担保

D. 支付担保的主要作用是确保工程费用及时支付到位

E. 支付担保的具体形式由合同当事人在专用合同条款中约定

8. 根据《施工专业分包合同(示范文本)》(GF-2003-0213),承包人的工作中包括( )。

A. 组织分包人参加发包人组织的图纸会审

B. 提供本合同专用条款中约定的设备和设施

C. 负责整个施工场地的管理工作

D. 在合同约定的时间内,向承包人提交详细施工组织设计

E. 随时向分包人提供确保分包工程的施工所要求的施工场地和通道

9. 关于缺陷责任和保修责任的说法,错误的有( )。

A. 在全部工程竣工验收前,已经发包人提前验收的单位工程,其缺陷责任期的起算日期按实际竣工验收日期起计算

B. 在缺陷责任期,包括根据合同规定延长的期限终止后14天内,由监理人向承包人出具经发包人签认的缺陷责任期终止证书,并退还剩余的质量保证金

C. 缺陷责任期内,承包人对已经接收使用的工程负责日常维护工作

D. 由于承包人原因造成某项工程设备无法按原定目标使用而需要再次修复的,发包人有权要求承包人相应延长缺陷责任期,最长不得超过12个月

E. 承包人不能在合理时间内修复缺陷,发包人自行修复,承包人承担费用

10. 按合同的不同阶段进行划分,合同风险分为( )。

A. 合同订立风险   B. 合同履约风险

C. 合同谈判风险   D. 合同招标风险

E. 合同违约风险

11. 下列干扰事件中,承包人可以进行索赔的有( )。

A. 承包人选择的分包人不能按时进场施工

B. 发包人对合同规定以外的项目进行检验,且检验合格

C. 发包人要求提前完成项目或者缩短工期

D. 承包人为项目创优而自主增加投入

E. 监理工程师对合同文件的歧义解释影响了工程进展

12. 下列关于工程一切险的说法,正确的有( )。

A. 工程一切险包括建筑工程一切险、安装工程一切险

B. 国际工程一般要求项目法人办理保险

C. 要求投保人办理保险时应以双方名义共同投保

D. 如承包商不愿投保工程一切险,可以对其自有的材料等分别进行投保,但应征得业主的同意

E. 国内工程通常由项目法人办理保险

13. 属于《中华人民共和国招标投标法》规定的招标方式包括( )。

A. 直接发包   B. 询价采购

C. 竞争性谈判   D. 邀请招标

E. 公开招标

14. 根据《标准施工招标文件》,下列选项中关于承包人的责任与义务的说法,正确的有( )。

A. 完成各项承包工作

B. 保证工程施工和人员的安全

C. 组织设计交底

D. 组织竣工验收

E. 对施工作业和施工方法的完备性负责

15. 根据《标准施工招标文件》，费用控制的主要条款内容包括( )。
    A. 预付款　　　　B. 工程进度付款
    C. 质量保证金　　D. 进度计划
    E. 竣工结算

16. 根据《标准施工招标文件》，监理人发出的变更指示应包括的内容有( )。
    A. 变更目的　　　B. 变更范围
    C. 变更程序　　　D. 变更内容
    E. 变更的工程量

17. 出现合同实施偏差，承包商采取的调整措施可以分为( )。
    A. 组织措施　　　B. 技术措施
    C. 合同措施　　　D. 经济措施
    E. 管理措施

18. 反索赔的工作内容包括( )。
    A. 索赔值审核
    B. 防止对方提出索赔
    C. 反击或反驳对方的索赔要求
    D. 索赔事件的真实性
    E. 干扰事件的原因、责任分析

19. 常见的索赔证据中，包括经过发包人或者工程师（监理人）批准的承包人的( )。
    A. 施工进度计划　B. 施工方案
    C. 技术规范　　　D. 施工组织设计
    E. 现场实施情况记录

20. 投标人在准备施工投标时，正确的做法有( )。
    A. 投标人需要注意投标文件的组成，避免因提供的资料不全而被作为废标处理
    B. 投标人不需对招标工程的自然、经济和社会条件进行调查
    C. 施工方案应由投标人的项目经理主持制定
    D. 投标文件应当对招标文件提出的实质性要求和条件作出响应
    E. 对于以实测工程量结算工程款的单价合同，投标人无须核算工程量

21. 当采用变动单价时，合同中可以约定合同单价调整的情况有( )。
    A. 工程量发生较大的变化
    B. 承包商自身成本发生较大的变化
    C. 通货膨胀达到一定水平
    D. 国家相关政策发生变化
    E. 业主资金不到位

22. 在最大成本加费用合同中，投标人所报的固定酬金中应包括的费用有( )。
    A. 管理费　　　　B. 临时设施费
    C. 暂定金额　　　D. 利润
    E. 风险费

23. 变更意向书应要求承包人提交的实施方案内容有( )。
    A. 实施变更工作的证书
    B. 实施变更工作的计划
    C. 实施变更工作的措施
    D. 实施变更工作的竣工时间
    E. 实施变更工作的指令

参考答案及解析

一、单项选择题

1. C [解析] 选项 A 错误，符合质量控制上的"他人控制"原则，对业主的质量控制有利。选项 B 错误，对业主的组织与协调不利。选

项D错误，业主的管理成本高。故选C。

2. C [解析]采用平行发承包模式，各个施工单位分别与业主签订施工承包合同，各个施工单位之间没有直接的合同关系，也不是总包与分包的关系，由业主负责对所有承包商的管理及组织协调。故选C。

3. C [解析]运至施工场地用于劳务施工的材料和待安装设备，由工程承包人办理或获得保险，且不需劳务分包人支付保险费用。故选C。

4. C [解析]选项A错误，施工总承包模式下，采用所谓的"费率招标"，实际上是开口合同，对业主方的合同管理和投资控制十分不利。选项B错误，施工总承包管理模式下，业主方的招标及合同管理工作量大，对业主不利。选项D错误，施工总承包管理模式下，大大减轻了业主的组织协调工作。故选C。

5. C [解析]发包人应在专用合同条款约定的期限内，通过监理人向承包人提供测量基准点、基准线和水准点及其书面资料，并对其真实性、准确性和完整性负责。故选C。

6. C [解析]承包人应在接到开工通知后28天内，向监理人提交承包人在施工场地的管理机构以及人员安排的报告。故选C。

7. B [解析]除专用合同条款另有约定外，经验收合格工程的实际竣工日期，以提交竣工验收申请报告的日期为准，并在工程接收证书中写明。缺陷责任期自实际竣工日期起计算。故选B。

8. A [解析]承包人应对施工作业和施工方法的完备性和安全可靠性负责，并避免对公众与他人的利益造成损害。场地狭窄并非业主方过失，事故发生的真正原因是承包人塔式起重机安装缺陷所造成。故选A。

9. C [解析]选项A错误，项目质量的好坏很大程度上取决于施工总承包单位的选择，取决于施工总承包单位的管理水平和技术水平。选项B错误，施工总承包模式一般要等施工图设计全部结束后，才能进行施工总承包的招标，开工日期较迟，建设周期势必较长，对项目总进度控制不利。选项D错误，施工总承包合同一般实行总价合同。故选C。

10. C [解析]由于承包人原因，未能按合同进度计划完成工作，无权要求发包人延长工期和增加费用。故选C。

11. C [解析]承包人按合同约定提交的最终结清申请单中，只限于提出工程接收证书颁发后发生的索赔。提出索赔的期限自接受最终结清证书时终止。故选C。

12. B [解析]在工程施工承包招标时，施工期限一年左右的项目一般实行固定总价合同，通常不考虑价格调整问题，以签订合同时的单价和总价为准，物价上涨的风险全部由承包商承担。故选B。

13. A [解析]除专用合同条款对期限另有规定外，监理人收到承包人变更报价书后的14天内，根据合同约定的估价原则，总监理工程师与合同当事人进行商定或确定变更价格。故选A。

14. B [解析]论证部分是索赔报告的关键部分，是索赔能否成立的关键。故选B。

15. B [解析]管理风险：①对环境调查和预测的风险；②合同条款不严密、错误、二义性，工程范围和标准存在不确定性；③承包商投标策略错误，错误地理解业主意图和招标文件，导致实施方案错误、报价失误等；④承包商的技术设计、施工方案、施工计划和组织措施存在缺陷和漏洞，计划不周；⑤实施控制过程中的风险。故选B。

16. D [解析]履约担保的有效期始于工程开

工之日,终止日期则可以约定为工程竣工交付之日或者保修期满之日。故选D。

17. C [解析] 施工总承包模式一般要等施工图设计全部结束后,才能进行施工总承包的招标,开工日期较迟,建设周期势必较长,对项目总进度控制不利。施工总进度计划的编制、控制和协调由施工总承包单位负责,而项目总进度计划的编制、控制和协调,以及设计、施工、供货之间的进度计划协调由业主负责。故选C。

18. B [解析] 对业主来说,要等最后一份合同签订后才知道整个工程的总造价,对投资的早期控制不利。某一部分施工图完成后,即可开始这部分工程的招标,开工日期提前,可以边设计边施工,缩短建设周期。故选B。

19. A [解析] 详细评审包括技术评审和商务评审。故选A。

20. B [解析] 工程实施过程中,发包人要求合同工程提前竣工的,应征得承包人同意后与承包人商定采取加快工程进度的措施,并应修订合同工程进度计划。发包人应承担承包人由此增加的提前竣工(赶工补偿)费用。故选B。

21. C [解析] 发包人在收到承包人竣工验收申请报告56天后未进行验收的,视为验收合格,实际竣工日期以提交竣工验收申请报告的日期为准,但发包人由于不可抗力不能进行验收的除外。故选C。

22. B [解析] 除专用合同条款另有约定外,经验收合格工程的实际竣工日期,以提交竣工验收申请报告的日期为准,并在工程接收证书中写明。故选B。

23. C [解析] 合同跟踪的对象包括承包的任务、工程小组或分包人的工程以及工作及业主和

其委托的工程师(监理人)的工作。故选C。

24. C [解析] 最终的工程状况,包括总工期的延误、总成本的超支、质量标准、所能达到的生产能力(或功能要求)等。故选C。

25. B [解析] 组织措施包括增加人员投入、调整人员安排、调整工作流程和工作计划等。故选B。

26. D [解析] 已标价工程量清单中无适用或类似子目的单价,可按照成本加利润的原则商定或确定。故选D。

27. C [解析] 索赔的依据主要有:合同文件;法律、法规;工程建设惯例。故选C。

28. A [解析] 承包人按合同约定接受了竣工付款证书后,应被认为已无权再提出在合同工程接收证书颁发前所发生的任何索赔。故选A。

29. D [解析] 承包人应在知道或应当知道索赔事件发生后28天内,向监理人递交索赔意向通知书,并说明发生索赔事件的事由,由监理人负责审核。故选D。

30. A [解析] 当一方向另一方提出索赔要求,被索赔方应采取适当的反驳、应对和防范措施,这称为反索赔。故选A。

31. D [解析] 最大成本加费用合同是指工程成本总价基础上加固定酬金费用的方式,即当设计深度达到可以报总价的深度,投标人报一个工程成本总价和一个固定的酬金(包括各项管理费、风险费和利润)。如果实际成本超过合同中规定的工程成本总价,由承包商承担所有的额外费用;若实施过程中节约了成本,节约的部分归业主,或者由业主与承包商分享,在合同中要确定节约分成比例。故选D。

32. D [解析] 成本加奖金合同,在招标时,当图纸、规范等准备不充分,不能据以确定合

同价格,而仅能制定一个估算指标时可采用这种形式。故选 D。

33. C [解析]招标人采用邀请招标方式,应当向三个以上具备承担招标项目的能力、资信良好的特定法人或者其他组织发出投标邀请书。故选 C。

34. D [解析]标前会议上,招标人除了介绍工程概况以外,还可以对招标文件中的某些内容加以修改或补充说明,以及对投标人书面提出的问题和会议上即席提出的问题给予解答,会议结束后,招标人应将会议纪要用书面通知的形式发给每一个招标文件收受人。故选 D。

35. A [解析]承包人不能提供有关承包工程的价格内容的总合同给分包人。故选 A。

36. A [解析]承包人不得将工程主体、关键性工作分包给第三人。除专用合同条款另有约定外,未经发包人同意,承包人不得将工程的其他部分或工作分包给第三人。故选 A。

37. A [解析]由于施工的原因造成了环境和生态的破坏,属于承包人的责任。故选 A。

38. B [解析]监理人收到承包人提交的最终结清申请单后的 14 天内,提出发包人应支付给承包人的价款送发包人审核并抄送承包人。故选 B。

39. B [解析]监理人审查后认为已具备竣工验收条件的,应在收到竣工验收申请报告后 28 天内提请发包人进行工程验收。故选 B。

40. D [解析]总价合同对设计深度的要求主要应用于施工图设计。故选 D。

41. B [解析]项目经理应按分包合同的约定,及时向分包人提供所需的指令、批准、图纸并履行其他约定的义务,否则分包人应在约定时间后 24h 内将具体要求、需要的理

由及延误的后果通知承包人。故选 B。

二、多项选择题

1. CD [解析]选项 A 错误,这两种模式的工作程序相类似,均为施工图设计完成—施工招投标—施工—完工验收。选项 B 错误,两种模式一般都以施工图设计为投标报价的基础,因此,投标人进行投标报价较有依据。选项 E 错误,相对施工总承包模式而言,平行发承包模式在合同管理与组织协调方面,业主的工作量较大。故选 CD。

2. ACDE [解析]正式投标时需要注意以下几方面:①注意投标的截止日期。②投标文件的完备性,投标文件应当对招标文件提出的实质性要求和条件作出响应。③注意标书的标准,标书的提交有固定的要求,基本内容是签章、密封;如果不密封或密封不满足要求,投标是无效的。④注意投标的担保,通常投标需要提交投标担保,应注意要求的担保方式、金额以及担保期限等。故选 ACDE。

3. BD [解析]对劳务分包人未经工程承包人认可,超出设计图纸范围和因劳务分包人原因造成返工的工程量,工程承包人不予计量。故选 BD。

4. ACDE [解析]总价合同的特点是:①发包单位可以在报价竞争状态下确定项目的总造价,可以较早确定或者预测工程成本;②业主的风险较小,承包商将承担较多的风险;③评标时易于迅速确定最低报价的投标人;④在施工进度上能极大地调动承包人的积极性;⑤发包单位能更容易、更有把握地对项目进行控制;⑥必须完整而明确地规定承包人的工作;⑦必须将设计和施工方面的变化控制在最小限度内。故选 ACDE。

5. ABC [解析]索赔意向通知要简明扼要地说明以下四个方面的内容:①索赔事件发生

的时间、地点和简单事实情况描述。②索赔事件的发展动态。③索赔依据和理由。④索赔事件对工程成本和工期产生的不利影响。故选ABC。

6. ABD ［解析］投标担保可以采用银行保函、担保公司担保书、同业担保书和投标保证金担保方式。故选ABD。

7. ACDE ［解析］支付担保的形式有银行保函、履约保证金、担保公司担保。发包人的支付担保实行分段滚动担保,支付担保的额度为工程合同价总额的20%~25%。支付担保的作用之一是确保工程费用及时支付到位。故选ACDE。

8. ABCE ［解析］选项D属于专业工程分包人的主要责任和义务。故选ABCE。

9. ACDE ［解析］选项A错误,在全部工程竣工验收前,已经发包人提前验收的单位工程,其缺陷责任期的起算日期相应提前。选项C错误,缺陷责任期内,发包人对已经接收使用的工程负责日常维护工作。选项D错误,缺陷责任期最长不得超过2年,即24个月。选项E错误,发包人本身不负责施工,委托其他单位施工,费用由承包商承担。故选ACDE。

10. AB ［解析］按合同的不同阶段进行划分,可以将合同风险分为合同订立风险和合同履约风险。故选AB。

11. BCE ［解析］承包商可以提起索赔的事件有:①发包人违反合同给承包人造成时间、费用的损失;②因工程变更造成的时间、费用损失;③由于监理工程师对合同文件的歧义解释、技术资料不确切,或由于不可抗力导致施工条件的改变,造成了时间、费用的增加;④发包人提出提前完成项目或缩短工期而造成承包人的费用增加;⑤发包人延误支付期限造成承包人的损失;⑥合同规定以外的项目进行检验,且检验合格,或非承包人的原因导致项目缺陷的修复所发生的损失或费用;⑦非承包人的原因导致工程暂时停工;⑧物价上涨、法规变化及其他。故选BCE。

12. ACDE ［解析］选项B错误,为了保证保险的有效性和连贯性,国内工程通常由项目法人办理保险,国际工程一般要求承包人办理保险。故选ACDE。

13. DE ［解析］《中华人民共和国招标投标法》规定的招标方式有两种,分别是公开招标和邀请招标。故选DE。

14. ABE ［解析］承包人的责任与义务有:①完成各项承包工作;②对施工作业和施工方法的完备性负责;③保证工程施工和人员的安全;④负责施工场地及其周边环境与生态的保护工作;⑤避免施工对公众与他人的利益造成损害;⑥为他人提供方便;⑦工程的维护和照管。故选ABE。

15. ABCE ［解析］费用控制的主要条款内容包括预付款、工程进度付款、质量保证金、竣工结算和最终结清。故选ABCE。

16. ABDE ［解析］根据《标准施工招标文件》中通用合同条款的规定,变更指示只能由监理人发出。变更指示应说明变更的目的、范围、变更内容以及变更的工程量及其进度和技术要求,并附有关图纸和文件。承包人收到变更指示后,应按变更指示进行变更工作。故选ABDE。

17. ABCD ［解析］根据合同实施偏差分析的结果,承包商应该采取相应的调整措施。调整措施可以分为组织措施、技术措施、经济措施和合同措施。故选ABCD。

18. BC ［解析］反索赔的工作内容可以包括两

个方面：一是防止对方提出索赔，二是反击或反驳对方的索赔要求。选项 ADE 属于对索赔报告的反击或反驳要点相关方面。故选 BC。

19. ABDE [解析]常见的索赔证据中包括经过发包人或者工程师（监理人）批准的承包人的施工进度计划、施工方案、施工组织设计和现场实施情况记录。故选 ABDE。

20. AD [解析]选项 B 错误，投标人需要对招标工程的自然、经济和社会条件进行调查。选项 C 错误，施工方案应由投标人的技术负责人主持制定。选项 E 错误，对于单价合同，尽管是以实测工程量结算工程款，但投标人仍应根据图纸仔细核算工程量，当发现相差较大时，投标人应向招标人要求澄清。故选 AD。

21. ACD [解析]采用变动单价合同时，合同双方可以约定一个估计的工程量，当实际工程量发生较大变化时可以对单价进行调整；当然也可以约定，当通货膨胀达到一定水平或国家政策发生变化时，可以对哪些工程内容的单价进行调整以及如何调整等。故选 ACD。

22. ADE [解析]在最大成本加费用合同中，在工程成本总价基础上加上固定酬金费用的方式，即当设计深度达到可以报总价的深度，投标人报了一个工程成本总价和一个固定的酬金，包括各项管理费、风险费和利润。故选 ADE。

23. BCD [解析]变更意向书应要求承包人提交包括拟实施变更工作的计划、措施和竣工时间等内容的实施方案。故选 BCD。

第7章 施工信息管理

考情分析

信息管理是较不重要的内容,主要介绍施工信息管理的任务和方法、施工文件归档管理的内容,在近4年考试中年均考2分。这部分内容较难理解,能够出题的知识点很多,但考查分值很少,复习过程中,建议以了解为主。

扫码领取本章视频课程

近4年考试真题分值统计表

（单位:分）

序号	专题名	2022		2021(2)		2021(1)		2020		2019	
		单选	多选	单选	多选	单选	多选	单选	多选	单选	多选
1	施工信息管理系统	1	—	1	—	1	—	1	—	1	—
2	施工文件归档管理	1	—	1	—	1	—	—	2	—	2
	合计	2	—	2	—	2	—	1	2	1	2

思维导图

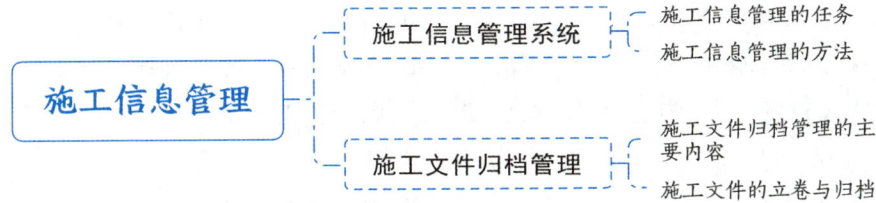

核心考点

专题1 施工信息管理系统

复习提示▷ 本专题重点讲解信息管理的内涵及工程管理信息化,建议考生理解记忆,在初步理解的基础上复习。

[考点1] 施工信息管理的任务

1.建设工程项目信息管理的内涵

（1）信息管理指的是信息传输的合理的组织和控制。

（2）建设工程项目的信息管理的目的是通过有效的项目信息传输的组织和控制为项目建设的增值服务。

2.施工项目相关的信息管理工作

(1)施工相关的信息管理工作包括:①收集并整理相关公共信息;②收集并整理工程总体信息;③收集并整理相关施工信息;④收集并整理相关项目管理信息。

(2)施工信息的内容见下表。

施工信息	作用	内容
施工记录信息	单纯做记录	施工日志、质量检查记录、材料设备进场记录、用工记录表等
施工技术资料信息	1.反映是否合格; 2.提供技术信息	主要原材料、成品、半成品、构配件、设备出厂质量证明和试(检)验报告,施工试验记录,预检记录,隐蔽工程验收记录,基础、主体结构验收记录,设备安装工程记录,施工组织设计,技术交底资料,工程质量检验评定资料,竣工验收资料,设计变更洽商记录,竣工图等

3.信息管理手册的主要内容

(1)施工方、业主方和项目参与其他各方都应编制各自的信息管理手册。
(2)信息管理手册是信息管理的核心指导文件。
(3)信息管理手册由信息管理部门负责主持编制。

🌐 **精选真题**

1.[2022年真题]下列项目管理相关资料中,能够反映项目竣工验收信息的是( )。
A.单位工程交工质量核定表　　B.项目成本偏差分析
C.施工安全设施验收记录表　　D.年度完成工作分析表

2.[2021年真题]下列施工项目相关的信息中,属于施工记录信息的是( )。
A.施工合同信息　　B.施工日志
C.自然条件信息　　D.材料管理信息

3.[2016年真题]国际工程管理领域中,信息管理的核心指导文件是( )。
A.技术标准　　B.信息编码体系
C.信息管理手册　　D.工程档案管理制度

答案: 1.A。项目竣工验收信息主要包括施工项目质量合格证书、单位工程交工质量核定表、交工验收证明书、施工技术资料移交表、施工项目结算、回访与保修书等。

2.B。3.C。

[考点2] 施工信息管理的方法

(一)工程管理信息化简介

施工方信息管理手段的核心是实现工程管理信息化。

1.工程管理的信息资源

(1)组织类。如建筑业的组织信息、项目参与方的组织信息、与建筑业有关的组织信息和专家信息等。

(2)管理类。如与投资控制、进度控制、质量控制、合同管理和信息管理有关的信息等(三控两管)。

(3)经济类。如建设物资的市场信息、项目融资的信息等。

(4)技术类。如与设计、施工和物资有关的技术信息等。

(5)法规类信息等。

出于工程项目大量数据处理的需要,利用信息技术的手段进行信息管理。其核心的技术是基于网络的信息处理平台。

(二)工程管理信息化的意义

工程管理信息化有利于提高项目的经济和社会效益,以达到为项目建设增值的目的。

功能	意义
信息存储数字化和存储相对集中	1.有利于项目信息的检索和查询; 2.有利于数据和文件版本的统一; 3.有利于项目的文档管理
信息处理和变换的程序化	有利于提高数据处理的准确性及效率
信息传输的数字化和电子化	1.提高数据传输抗干扰能力、使数据传输不受距离限制; 2.可提高数据传输的保真度和保密性
信息获取便捷、信息透明度提高、信息流扁平化	有利于项目参与方之间的信息交流和协同工作

🌐 **精选真题**

1.[2021年真题]可提高工程管理数据传输的抗干扰能力,使数据传输不受距离限制,可提高数据传输的保真度和保密性,这一功能可通过信息技术的( )来实现。

A.信息储存数字化和集中化　　　　B.信息传输的数字化和电子化

C.信息处理和变换的程序化　　　　D.信息获取的便捷性和信息流扁平化

2.[2017年真题]下列工程管理信息资源中,属于管理类工程信息的是( )。

A.与建筑业有关的专家信息　　　　B.与合同有关的信息

C.建设物资的市场信息　　　　　　D.与施工有关的技术信息

答案:1.B。2.B。

专题2　施工文件归档管理

复习提示▷ 本专题重点讲解文件归档的质量、时间和相关要求,知识点较多且分散,建议考生对比记忆与理解立卷与归档中的相关要求。

[考点1] 施工文件归档管理的主要内容

1.施工文档资料

(1)建设工程文件一般分为工程准备阶段文档、监理文件、施工文件、竣工图和竣工验收文件。

（2）施工文档资料是城建档案的重要组成部分，是建设工程进行竣工验收的必要条件，是全面反映建设工程质量状况的重要文档资料。

2. 施工文件档案管理

施工文件档案管理的内容主要包括工程施工技术管理资料、工程质量控制资料、工程施工质量验收资料、竣工图四大部分。

（1）工程质量控制资料：①原材料、设备出厂合格证、进场检验报告；②施工试验记录和见证检测报告；③隐蔽工程验收记录文件；④交接检查记录。

（2）竣工图的编制要求：

①项目竣工图应由施工单位负责编制；

②图纸无变动的，由竣工图编制单位在施工图上加盖并签署竣工图章；

③一般性图纸变更，可在原图上更改，加盖并签署竣工图章；

④重大改变及图面变更面积超过35%的，应重新绘制竣工图；

⑤同一建筑物、构筑物重复的标准图、通用图可不编入竣工图中，但应在图纸目录中列出图号，指明该图所在位置并在编制说明中注明。

🌐 精选真题

1.［2021年真题］关于竣工图编制要求正确的是(　　)。

A. 竣工图不能委托设计单位编制

B. 一般性图纸变更及符合杠改或划改要求的，可不编制竣工图

C. 同一建筑物重复的标准图也必须编入竣工图中

D. 重大变更及图面变更面积超过35%的，应当重新绘制竣工图

2.［2020年真题］根据《建设工程文件归档规范》(GB/T 50328—2014)，建设工程文件应包括(　　)。

A. 工程准备阶段文件　　　　　　B. 前期投资策划文件

C. 监理文件　　　　　　　　　　D. 施工文件

E. 竣工图和竣工验收文件

3.［2017年真题］下列施工文件档案中，属于工程质量控制资料的有(　　)。

A. 工程质量事故记录文件　　　　B. 工程项目原材料检验报告

C. 施工试验记录　　　　　　　　D. 隐蔽工程验收记录文件

E. 交接检查记录

答案：1. D。选项A错误，竣工图可委托设计单位编制。选项B错误，一般性图纸变更及符合杠改或划改要求的可在原图上修改。选项C错误，同一建筑物重复的标准图可不编入竣工图中。

2. ACDE。3. BCDE。

[考点 2] 施工文件的立卷与归档

(一)施工文件的立卷

1. 立卷的基本原则

(1)一个建设工程由多个单位工程组成时,工程文件按单位工程立卷。

(2)卷内资料一般排列顺序为封面、目录、文件部分、备考表、封底。

2. 卷内文件的排列

(1)文字材料按事项、专业顺序排列;图纸按专业排列,同专业图纸按图号顺序排列。

(2)同一事项的请示与批复、同一文件的印本与定稿、主件与附件不能分开,文件排列顺序见下表。

前	批复	印本	主件	文字
后	请示	定稿	附件	图纸

3. 案卷的编目

(1)施工档案保管期限分为永久、长期、短期三种期限:

①永久,指工程档案需永久保存;

②长期,指工程档案的保存期限等于该工程的使用寿命;

③短期,指工程档案保存少于 20 年。

同一案卷内有不同保管期限的文件,该案卷保管期限应从长。

(2)密级分为绝密、机密、秘密三种。同一案卷内有不同密级的文件,应以高密级为本卷密级。

(二)施工文件的归档

1. 归档文件的质量要求

(1)归档的文件应为原件。

(2)工程文件应采用耐久性强的书写材料,有碳素墨水和蓝黑墨水。

(3)工程文件文字材料幅面尺寸规格宜为 A4 幅面,图纸采用国家标准图幅。

(4)竣工图章尺寸为 50mm×80mm。

(5)所有竣工图均应加盖竣工图章。

(6)利用施工图改绘竣工图,必须标明变更修改依据。变更部分超过图面 1/3 的,应重新绘制竣工图。

2. 施工文件归档的时间和相关要求

(1)根据建设程序和工程特点,归档可以分阶段分期进行。

(2)施工单位在工程竣工验收前,将档案向建设单位归档(归档前,档案需经建设单位、监理单位审查)。

(3)工程档案一般不少于两套,一套由建设单位保管,一套(原件)移交当地城建档案馆(室)。

🌐 精选真题

1. [2022年真题]根据《建设工程文件归档规范》(GB/T 50328—2014),关于施工文件立卷的说法,正确的是(　　)。

   A. 声像资料应与纸质文件在案卷设置上一致

   B. 专业分包的分部工程,应并入相应单位工程立卷

   C. 文字材料按事项、专业顺序排列

   D. 卷内既有文字材料又有图纸资料时,图纸排列在前

2. [2021年真题]关于施工文件归档的说法,正确的是(　　)。

   A. 可以采用纯蓝墨水书写的文件

   B. 归档图纸可以使用计算机出图的复印件

   C. 根据建设程序和工程特点,归档可分阶段分期进行

   D. 利用施工图改绘竣工图,可以不标明变更修改依据,但图面必须清晰整洁

3. [2019年真题]下列施工归档文件的质量要求中,正确的有(　　)。

   A. 归档文件应为原件

   B. 工程文件文字材料尺寸宜为A4幅面,图纸采用国家标准图幅

   C. 竣工图章尺寸为 60mm×80mm

   D. 所有竣工图均应加盖竣工图章

   E. 利用施工图改绘竣工图,必须标明变更修改依据

答案: 1. C。选项A错误,声像资料应按建设工程竣工图各阶段立卷,重大事件及重要活动的声像资料应按专题立卷,声像档案与纸质档案应建立相应的标识关系。选项B错误,施工文件可按单位工程、分部工程、专业、阶段等组卷,竣工验收文件按单位工程、专业组卷。选项D错误,既有文字材料又有图纸的案卷,文字材料排前,图纸排后。

2. C。3. ABDE。

强化练习

一、单项选择题

1. 工程管理的信息资源包括组织类、管理类、经济类、技术类工程信息,以及法规类信息等,下列属于经济类工程信息的是(　　)。

   A. 投资控制信息　　B. 项目融资信息

   C. 进度控制信息　　D. 合同管理信息

2. 关于建设工程信息内涵的说法,正确的是(　　)。

   A. 信息管理是指信息的收集和整理

   B. 信息管理的目的是有效地反映工程项目管理的实际情况

   C. 建设工程项目的信息是指工程项目部在项目运行各阶段产生的信息

   D. 建设工程项目管理信息交流的问题会不同程度地影响项目目标实现

3. 投资控制、进度控制的信息属于(　　)。

   A. 组织类工程信息　B. 管理类工程信息

   C. 技术类工程信息　D. 法规类信息

4. 下列关于施工文件立卷的说法,正确的是(　　)。

A. 竣工验收文件按单位工程、专业组卷

B. 卷内备考表排列在卷内文件的首页之前

C. 保管期限为永久的工程档案,其保存期限等于该工程的使用寿命

D. 同一案卷内有不同密级的文件,应以低密级为本卷密级

5. 档案的保管期限不包括( )。

A. 中期　　　　B. 短期

C. 长期　　　　D. 永久

6. 下列关于归档施工文件的说法,不符合归档文件质量要求的是( )。

A. 工程文件的内容及其深度必须符合国家有关的技术规范、标准和规程

B. 归档文件可以为复印件,但必须加盖单位印章

C. 竣工图可以利用施工图改绘

D. 工程文件使用碳素墨水书写

7. 施工方信息管理手段的核心是( )。

A. 实现工程管理信息化

B. 编制信息管理手册

C. 建立基于互联网的信息处理平台

D. 实现办公自动化

8. 由于建设工程项目大量数据处理的需要,在当今时代应重视利用信息技术的手段进行信息管理,其核心技术是( )。

A. 施工图预算程序

B. 设施管理信息处理系统

C. 基于网络的信息处理平台

D. 项目管理系统

二、多项选择题

1. 下列属于施工技术资料信息的有( )。

A. 质量检查记录

B. 用工记录表

C. 隐蔽工程验收记录

D. 工程质量检验评定资料

E. 技术交底资料

2. 施工文件档案管理的内容主要包括四大部分,分别有( )。

A. 工程施工技术管理资料

B. 工程合同文档资料

C. 工程质量控制资料

D. 竣工图

E. 工程施工质量验收资料

3. 关于竣工图编制的要求,下列说法正确的有( )。

A. 项目竣工图应由建设单位负责编制

B. 涉及图面变更面积超过40%,应重新绘制竣工图

C. 竣工图应真实反映项目竣工验收时的实际情况

D. 若按施工图施工没有变动的,由竣工图编制单位在施工图上加盖并签署竣工图章

E. 一般性图纸变更,可在原图上更改,加盖并签署竣工图章

4. 工程档案一般不少于两套,分别由( )保管。

A. 设计单位

B. 建设单位

C. 施工单位

D. 当地城建档案馆(室)

E. 建设主管部门

5. 施工文件档案卷内的文字材料按事项、专业顺序排列,同一事项的请示与批复、同一文件的印本与定稿、主件与附件不能分开,排列顺序有( )。

A. 批复在前、请示在后

B. 请示在前、批复在后

C. 印本在前、定稿在后

D. 定稿在前、印本在后

E. 主件在前、附件在后

参考答案及解析

一、单项选择题

1. B [解析] 经济类工程信息包括建设物资的市场信息、项目融资的信息等。故选 B。

2. D [解析] 选项 A 错误，信息管理是指信息传输的合理的组织和控制。选项 B 错误，建设工程项目管理的目的是通过有效的项目信息传输的组织和控制为项目建设的增值服务。选项 C 错误，建设工程项目的信息包括在项目决策过程、实施过程和运行过程中产生的信息，以及其他与项目建设有关的信息。故选 D。

3. B [解析] 管理类工程信息包括与投资控制、进度控制、质量控制、合同管理和信息管理有关的信息等。故选 B。

4. A [解析] 选项 B 错误，卷内备考表排列在卷内文件的尾页之后。选项 C 错误，永久是指工程档案需永久保存，长期是指工程档案的保存期限等于该工程的使用寿命。选项 D 错误，同一案卷内有不同密级的文件，应以高密级为本卷密级。故选 A。

5. A [解析] 档案的保管期限分为永久、长期、短期三种期限。故选 A。

6. B [解析] 归档的文件应为原件。故选 B。

7. A [解析] 施工方信息管理手段的核心是实现工程管理信息化。故选 A。

8. C [解析] 工程项目大量数据处理，需要利用信息技术的手段进行信息管理，其核心技术是基于网络的信息处理平台。故选 C。

二、多项选择题

1. CDE [解析] 施工技术资料信息包括：主要原材料、成品、半成品、构配件、设备出厂质量证明和试(检)验报告，施工试验记录，预检记录，隐蔽工程验收记录，基础、主体结构验收记录，设备安装工程记录，施工组织设计，技术交底资料，工程质量检验评定资料，竣工验收资料，设计变更洽商记录，竣工图等。选项 AB 属于施工记录信息。故选 CDE。

2. ACDE [解析] 施工文件档案管理的内容主要包括工程施工技术管理资料、工程质量控制资料、工程施工质量验收资料、竣工图四大部分。故选 ACDE。

3. CDE [解析] 选项 A 错误，项目竣工图应由施工单位负责编制。选项 B 错误，重大改变及图面变更面积超过 35% 的，应重新绘制竣工图。故选 CDE。

4. BD [解析] 工程档案一般不少于两套，一套由建设单位保管，一套(原件)移交当地城建档案馆(室)。故选 BD。

5. ACE [解析] 施工文件档案卷内的文字材料按事项、专业顺序排列，同一事项的请示与批复、同一文件的印本与定稿、主件与附件不能分开，并按批复在前、请示在后，印本在前、定稿在后，主件在前、附件在后的顺序排列。故选 ACE。